大学公共课系列
21世纪高等院校基础教育课程体系规划教材

SHIYONG KEJI XINXI
JIANSUO YU LIYONG

◎ 徐军玲　徐荣华　编著

实用科技信息检索与利用

复旦大学出版社

前言

当今社会,全球信息化的程度不断提高,信息资源无限膨胀,信息价值日趋突出。人类社会逐渐显现出"全球经济化"、"社会知识化"、"信息网络化"、"教育终身化"、"学习社会化"等一系列以信息时代为特征的知识经济时代。信息已与材料、能源并列成为社会的三大支柱,成为人类学习、生活以及从事科学研究的基础。因此,提高自学能力、研究能力和创新能力,掌握信息获取与利用的方法,已成为社会所有成员必须具备的基本技能。

随着以计算机、网络技术、通讯技术为代表的信息技术的迅猛发展,信息载体也发生了巨大的变化,除传统纸质信息外,每天都有大量的磁载体信息、电子版信息及各类网上信息涌现出来,这些浩如烟海的信息多样性、离散性与无序性及其复杂的检索界面和使用方法,增加了信息利用的难度,极大地影响了人们获取信息的质量与效率。信息检索作为一门专门研究信息存储与信息获取的学科,对于培养和提高人们的信息获取能力、信息组织能力、信息综合能力和信息评价能力,具有重要的意义。

本书结合现代信息检索的发展情况,精简了理论体系及手工检索工具方面的教学内容,以网络信息检索体系为主体,突出信息检索的实用性和通用性,将重点放在介绍数字信息资源和文献信息的检索方法和技巧上,并结合网络化信息环境的特点和检索的实际需要,系统、全面地介绍了信息检索的基本理论和基础知识,尤其是网络信息资源检索的特点、检索技术和检索方法;介绍了多种不同的网络信息资源检索工具、搜索引擎、中外网络数据库、网络信息资源检索系统的功能及其使用方法,以及对不同类型网络信息资源的获取方法和应用领域,为广大科研工作者、在校生快速有效地获取所需的信息资源提供了有效的途径和方法。

全书共分三大部分:第1、2章为基础篇,简要介绍信息与信息源以及信息检索的基础知识;第3、4、5章为资源篇,主要介绍各类信息资源、中外文数据库检索方法及搜索引擎的使用方法;第6章为实践篇,介绍信息资源的综合利用与毕业论文的写作方法,使学生逐步建立起创造型思维方式,提高自学能力,激发创新能力。

笔者在多年从事信息检索教学的基础上编写了此书,在编写过程中参考了许多相关教材、文献和网站内容,除在书后所附的参考文献中列出之外,限于篇幅等原因,尚有少数未予著录,在此,谨向所有作者表示衷心的感谢!囿于编者的学识水平有限,时间仓促,书中难免有不足和欠妥之处,敬请同行、专家和读者不吝赐教,不胜感激。

作　者

2011 年 5 月

目 录

第1章　信息与信息资源

- 1.1 信息基本知识 …… 1
  - 1.1.1 信息 …… 1
  - 1.1.2 知识 …… 2
  - 1.1.3 情报 …… 3
  - 1.1.4 文献 …… 3
  - 1.1.5 信息、知识、情报、文献的关系 …… 4
- 1.2 文献基本知识 …… 4
  - 1.2.1 文献的类型 …… 4
  - 1.2.2 文献的特点与发展趋势 …… 11
  - 思考题 …… 12

第2章　信息检索

- 2.1 信息检索基础 …… 13
  - 2.1.1 信息检索的概念 …… 13
  - 2.1.2 信息检索的类型 …… 13
  - 2.1.3 信息检索的意义 …… 14
  - 2.1.4 信息检索的基本原理 …… 15
  - 2.1.5 信息检索系统 …… 16
  - 2.1.6 信息检索语言的概念及作用 …… 17
  - 2.1.7 信息检索语言的类型 …… 17
- 2.2 信息检索技术 …… 22
  - 2.2.1 布尔逻辑检索 …… 22
  - 2.2.2 截词检索 …… 23

第2章　信息检索

  2.2.3　位置检索 ……24
  2.2.4　字段限制检索 ……24
2.3　信息检索工具 ……25
  2.3.1　信息检索工具的定义及特征 ……25
  2.3.2　信息检索工具的类型 ……25
2.4　信息检索方法、途径与步骤 ……27
  2.4.1　信息检索的方法 ……27
  2.4.2　信息检索的途径 ……28
  2.4.3　信息检索的步骤 ……29
2.5　信息检索效果的评价与提高措施 ……31
思考题 ……33

第3章　网络数据库检索

3.1　CNKI 中国期刊全文数据库信息检索系统 ……34
  3.1.1　中国期刊全文数据库概述 ……34
  3.1.2　检索方法 ……35
  3.1.3　检索结果的处理 ……45
3.2　维普中文科技期刊数据库信息检索系统 ……48
  3.2.1　概述 ……48
  3.2.2　检索方法 ……48
  3.2.3　检索结果的处理 ……59
3.3　万方数据资源信息检索系统 ……60
  3.3.1　概述 ……60
  3.3.2　检索方法 ……61
  3.3.3　检索结果处理 ……70
3.4　电子图书数据库信息检索系统 ……70
  3.4.1　概述 ……70
  3.4.2　超星数字图书馆 ……71
  3.4.3　方正 Apabi 数字图书馆 ……73
  3.4.4　书生之家数字图书馆 ……74
3.5　SpringerLink 数据库 ……75
  3.5.1　概述 ……75
  3.5.2　检索方法 ……76

第3章　网络数据库检索

3.5.3　检索实例 ……80
3.6　EBSCOhost 数据库 ……83
   3.6.1　概述 ……83
   3.6.2　检索方法 ……84
   3.6.3　检索结果 ……87
   思考题 ……89

第4章　网络信息资源检索

4.1　网络信息检索工具概述 ……91
   4.1.1　网络信息资源的概念 ……91
   4.1.2　网络信息资源的类型 ……91
   4.1.3　网络信息资源的特点 ……94
   4.1.4　网络信息资源的检索方法 ……94
   4.1.5　网络信息资源的检索步骤 ……95
4.2　搜索引擎 ……96
   4.2.1　搜索引擎的原理 ……96
   4.2.2　搜索引擎的类型 ……97
   4.2.3　搜索引擎的基本检索功能 ……98
   4.2.4　搜索引擎存在的问题 ……100
4.3　常用搜索引擎 ……101
   4.3.1　Google 搜索引擎 ……101
   4.3.2　百度中文搜索引擎 ……106
   4.3.3　搜狗搜索引擎 ……109
   4.3.4　AltaVista 搜索引擎 ……112
   4.3.5　Infoseek 搜索引擎 ……115
   4.3.6　雅虎搜索引擎 ……116
4.4　常用特色搜索引擎 ……118
   思考题 ……121

第5章 特种文献检索

5.1 专利文献检索 ……122
    5.1.1 专利的基础知识 ……122
    5.1.2 专利文献基础知识 ……124
    5.1.3 专利文献的检索 ……126
    5.1.4 中国专利信息手工检索 ……130
    5.1.5 中国专利信息网络检索 ……133
    5.1.6 国外专利信息网络检索 ……140

5.2 标准文献及其检索 ……153
    5.2.1 标准概述 ……153
    5.2.2 标准文献概述 ……154
    5.2.3 中国标准文献信息网络检索 ……157
    5.2.4 国外标准文献信息网络检索 ……165

5.3 学位论文及其检索 ……171
    5.3.1 学位论文概述 ……171
    5.3.2 中国学位论文数据库检索 ……173
    5.3.3 国外学位论文数据库检索 ……179

5.4 会议文献及其检索 ……183
    5.4.1 会议文献概述 ……183
    5.4.2 会议文献检索 ……183

思考题 ……191

第6章 信息资源的综合利用及毕业论文的写作

6.1 信息资源的搜集、整理与分析 ……193
    6.1.1 信息资源的搜集原则与方法 ……193
    6.1.2 信息资源的整理与鉴别 ……195
    6.1.3 信息资源的分析和研究方法 ……196

6.2 毕业论文写作 ……197
    6.2.1 撰写毕业论文的目的及要求 ……197
    6.2.2 毕业论文选题的原则 ……199
    6.2.3 毕业论文的写作步骤 ……201
    6.2.4 毕业论文的基本格式 ……201

思考题 ……206

附录 A 中国图书馆图书分类法(简表) ……207
附录 B 常用网络学术资源网址 ……222
附录 C 科学技术报告、学位论文和学术论文的编写格式
　　　　GB 7713-87 ……227
附录 D 《文后参考文献著录规则》(GB /T 7714-2005) ……234
附录 E 2009 年 EI 收录的中国期刊 ……236

参考文献 ……242

第1章　信息与信息资源

1.1 信息基本知识

1.1.1 信息

信息是当今社会使用范围最广、频率最高的词汇之一，从日常生活到科学研究，人们都在自觉或不自觉地传递信息，接收和利用信息，信息变得与空气、水一样重要，与材料、能源并列构成世界三大要素。如何才能快而准地获取所需的信息，已成为衡量人才的重要标准之一。

不同的学科，从不同的角度对信息这个概念有着不同的解释。信息论的创始人申农从通信系统理论的角度认为：信息是用来消除随机的不确定性(uncertainty)的东西。这一定义从通信科学的角度来指出信息的一个价值——减少不确定性，即当一个信息为人们所感知和确认后，这一信息就成为一定意义上的知识，这种知识可以作为信息来传递。

控制论创始人N·维纳试图从信息自身具有的内容属性上给信息下定义，认为信息就是信息，既非物质，也非能量。他认为，物质、能量和信息是相互有区别的，信息是人与环境互相交换的内容的名称，是人类了解自然及人类社会的依据。

根据《科学技术信息系统标准与使用指南——术语标准》，信息的定义是：信息是物质存在的一种方式、形态或运动状态，也是事物的一种普遍属性，一般指数据、消息中所包含的意义，可以使消息中所描述事件的不确定性减少。

半个多世纪以来，科学界一直在对信息的定义进行积极的探讨。有关信息的定义和解释多种多样，至今仍没有统一的、能为各界普遍认同的定义。相对具有广泛影响的定义为："信息是指应用文字、数据或信号等形式通过一定的传递和处理，来表现各种相互联系的客观事物在运动中所具有的特征性内容的总称。"可以认为，信息是由事物发出的、体现它存在和运动状态的信号和消息。信息的概念有广义和狭义之分。广义的信息是指物质、能量存在和运动状态的表征。狭义的信息是指人类社会共享的一切知识、学问以及从客观现象中提炼出来的各种消息的总和，即现代信息。概括起来，信息的主要功能包括以下两个方面：

(1) 信息和材料、能源一样，是一种重要的资源；

(2) 材料、能源提供的是具体的物质，而信息提供的是知识和智慧。因此，信息可以定义为：信息是一切事物的运动状态、特征及其反应。

信息主要具有以下基本属性：

(1) 普遍性　信息是普遍存在的。从宏观的宇宙天体到微观粒子，从自然界到人类社会，都在时时刻刻产生大量的信息。

(2) 客观性　信息既不是物质，也不是能源，信息是客观存在的，是现实世界中各种事物运动与状态的反映。

(3) 寄载性　信息不能独立存在，必须借助于一定的符号存储于一定的载体中（包括人脑），同一个信息可以依附于不同的载体，没有载体，就没有信息。信息与载体，两者是不能分割的。

(4) 传递性　信息可通过语言、文字、图像、电磁波等载体形式在空间、时间上传递，信息的传递性是实现信息资源共享的基础。

(5) 时效性　信息是对事物存在方式及运动方式的反映，随着事物的变化，信息也将变化。

(6) 相对性　人们认识能力与认识条件不同，信息接受者（信宿）获得信息与信息量的多寡不同，从这个意义上说，信息的价值具有相对性。

(7) 共享性　信息作为一种资源，可以在同一时间或不同时间被多个用户共同享用，信息资源共享的双方或多方均不会损失信息内容，相反还会产生新的信息。

(8) 可存储性　信息可以被收集、加工、整理、筛选、归纳、综合，并可通过记忆和各种载体把信息存储起来。

1.1.2　知识

知识是人类社会实践经验和智慧的总结，是人的主观世界对于客观世界的概括和如实反映。知识是人类通过信息对自然界、人类社会以及思维方式与运动规律的认识与概括，是人的大脑通过思维重新组合的系统化的信息的集合，是信息中最有价值的部分。因此，人类既要通过信息感知世界、认识世界和改造世界，而且还要根据所获得的信息组成新的知识。可见，知识是人类在改造客观世界实际中所获得的认识和经验的总和，是信息的一部分，是一种特定的人类信息。

知识的存在必须有一定的物质形式。人脑、文献、实物这三种知识载体都是物质的。人们为了进行知识的传递和交流，还必须使知识具有能为感觉器官所感知的形式，即借助于文字、语言、符号、代码、电磁波、图像和实物等形式加以表现。因此，人类不仅要通过信息感知世界、认识和改造世界，而且要根据所获得的信息组成知识。可见，知识是信息的一部分。

根据国际经济合作组织（OECD）出版的《以知识为基础的经济》报告，知识可分为以下几种类型：

- Know what——知识就是知道什么
- Know why——知识就是知道为什么
- Know how——知识就是知道怎么做
- Know who——知识就是知道谁有知识

1.1.3 情报

情报是知识的传递,是指那些被人们用来解决特定问题所需要的、经过激活过程活化了的知识。这里的激活过程,就是指对文献(即知识)进行加工整理,使之有序化、系统化。它具有很强的针对性。它在人们的意志、决策和行动的思考中起着参考借鉴作用。

情报是针对特定目的、特定对象、特定时间所提供或寻找的能起借鉴和参考作用的信息或知识,知识性、传递性和效用性是情报的三个基本属性。

1. 情报的知识性

人们在生产和生活活动中,通过各种媒介手段(书刊、广播、会议、参观等),随时都在接收、传递和利用大量的感性和理性知识。这些知识中就包含着人们所需要的情报。情报的本质是知识,可以说,没有一定的知识内容,就不能成为情报。

2. 情报的传递性

情报的传递性是说知识要变成情报,还必须经过运动。钱学森说情报是激活的知识,即是指情报的传递性。人的脑海中或任何文献上无论贮存或记载着多少丰富的知识,如果不进行传递交流,人们无法知道其是否存在,就不能成为情报。情报的传递性表明情报必须借助一定的物质形式才能传递和被利用。这种物质形式可以是声波、电波、印刷物或其它,其中最主要的是以印刷物等形式出现的文献。

3. 情报的效用性

运动着的知识也不都是情报,只有那些能满足特定要求的运动的知识才可称之为情报。例如,电视、广播每天都在传递的大量信息,是典型的运动的知识。但对大多数人来说,这些电视、广播的内容只是消息,而只有少数人利用电视、广播的内容增加了知识或解决了问题。这部分知识才可将其称之为情报。

1.1.4 文献

1. 文献的定义

我国颁布的《中华人民共和国国家标准——文献著录总则》(GB 3792.1-83)中将文献定义为"文献是记录有知识的一切载体"。具体地说**文献**就是指以文字、图像、符号、声频、视频、代码等手段将信息、知识记录或描述在一定的物质载体上,并能起到存储和传播信息情报和知识作用的一切载体。但"一切载体"比较笼统,有的载体是固态的,有的载体是动态的,如借助声波传播信息。信息通道的概念被提出后,载体被分为存储型和传播型。文献应属于存储型的固态载体,如印刷品、缩微制品、磁盘和光盘等,而不是可承载和传递同样信息的电话、语音信箱、图文电视、电子公告板、网络等瞬时信息的附载物。

2. 文献的构成要素及属性

纵观人类各个历史阶段的文献,虽然在内容、外在形式、记录方式等方面发生了深刻的变化,但是文献作为信息、知识载体的性质始终没有变。文献主要由三个要素组成:

(1) 信息内容　构成文献内核的信息、知识、数据、事实,这是文献的灵魂。

(2) 信息符号　记录信息、知识、数据、事实的符号系统,如语言文字、图形、声频、视频、编码等。

(3) 载体材料　负载信息、知识、数据、事实的物质载体,如从古代的甲骨、金石泥陶、竹简丝帛、纸张发展到现代的光电介质和磁性介质。

这三个要素缺一不可,一本白纸,再厚也不是文献;而口述的知识,再多也不是文献;存于人脑的知识,也不能称为文献。由此可见,文献必须包含知识内容,而知识内容只有记录在物质载体上,才能构成文献。

文献的属性主要有:知识信息性、物质实体性、人工记录性、动态发展性等。文献的作用概括起来有以下三个方面:文献是人类最宝贵的知识宝藏;文献是传播、交流知识的主要渠道,是情报信息的重要来源;文献是人类学习的工具,通过文献可以超越时空的局限,了解历史,探索未来。文献包括各种图书、期刊、会议文献、科技报告、专利文献、学位论文、科技档案等各种类型的出版物,甚至包括用声音、图像以及其他手段记录知识的全部现代出版物。

1.1.5　信息、知识、情报、文献的关系

信息、知识、情报、文献之间的关系可归纳为:世界是物质的,物质的运动产生了信息;各种信息经过人们系统化的加工处理,便转化为知识,信息是知识的重要组成部分;特定的知识经过传递转化为情报;情报应用于实践,解决实践中存在的问题,创造出物质财富或精神财富,这时的情报便转化为生产力,产生新的信息,这样形成了一个无限的循环过程;而文献是记录有知识的载体,也是信息和情报的载体,文献必须包含知识内容,而知识内容只有记录在物质载体上,才能构成文献。由此可见,信息包含知识和情报,文献是记录有知识的载体。当文献中记录的知识传递给用户,并为用户所利用时,就转化为情报;情报虽大多来自文献,但也可能来自口头和实物,所以情报与文献存在交叉关系,它们可以相互转化。目前,学术界比较一致的看法是:信息＞文献＞知识＞情报。信息、知识、文献、情报之间的关系如图1-1所示。

图1-1　信息、知识、文献、情报之间的关系

1.2　文献基本知识

1.2.1　文献的类型

现代文献根据划分标准的不同,有多种分类形式。

1. 按文献的载体划分

根据文献媒体形式的不同,文献可分为以下几种形式:

(1) 印刷型

以纸质材料作为载体,通过铅印、油印和胶印、木版印等印刷方式,将知识固化在纸张上的一类文献。它既是文献信息资源的传统方式,也是现代文献资源的主要形式之一。它的主要优点是便于阅读、传递,便于大量印刷,成本低。缺点是信息存储密度低、分量重,体积大,收藏

空间大,保存期短,管理困难。

(2) 缩微型

以感光材料为载体,通过光学缩微技术将文字或图像固化在感光材料上形成的一类文献。常见的缩微型文献有缩微平片和缩微胶卷。这种文献的优点是体积小,信息存储密度高,重量轻(仅为印刷型文献的1/1 000),易传递、价格低、便于收藏,缺点是阅读必须借助缩微阅读机,且设备比较昂贵,检索与阅读不便。

(3) 声像型

又称视听型,以磁性和光学材料为载体,通过特定设备,使用声、光、磁、电等技术将信息转换为声音、图像、影视和动画等形式,给人以直观、形象的感受。这是一种非文字形式的文献。常见的有各种视听资料,如唱片、录音带、电影胶片、幻灯片等。这种文献的特点是信息存储密度高,形象直观、生动、逼真,使人闻其声,观其形,但使用时需要借助一定的设备,成本高,不易检索和更新。

(4) 电子型

指一切以数字形式生产和发行的信息资源,包括各种数据库及网络上传递的各种网络信息资源。按其载体材料、存储技术和传递方式,可分为联机型、光盘型和网络型。电子型文献中的信息如文字、图像、声音等都以数字代码方式存储在磁带、磁盘和光盘等介质上。其特点是集文本、图像、声音、超链接等各种形式于一体,信息存储密度高,出版周期短,易更新,传递信息迅速,存取速度快,信息共享性好,易复制,同时具备完善的检索功能,不受时间、地域限制,可以随时随地存取,是当今社会最重要的信息资源。缺点是需借助计算机等先进技术设备才能阅读。此类文献有:电子图书、电子期刊、联机数据库、网络数据库、光盘数据库。

2. 按文献加工深度划分

按文献内容性质和加工程度的不同,文献可分为以下四个级别。

(1) 零次文献

零次文献指未经过任何加工、未经公开发表或交流的文献。特点是:客观性、零散性、不成熟性。如实验记录、草稿、书信、私人日记、笔记、工程图纸、谈话记录等。零次文献在原始文献的保存、原始数据的核对、原始构思的核定(权利人)等方面有着重要的作用。其特点是来源直接、真实,内容新颖。这类文献因为在较小的范围内交流、使用、参考,其传播渠道少,或常保密,或限制使用以及因珍稀的原因,不为人们知晓而多被埋没。

(2) 一次文献

一次文献又称原始文献,是以著者本人的经验、研究或研制成果作为依据而创作或撰写,并公开发表或出版的各种文献。一次文献是文献的主体,是最基本的信息源,是文献检索的对象。其特点是论述比较具体、详细和系统化,有观点、有事实、有结论。一般包括期刊论文、专著、研究报告、会议文献、学位论文、专利说明书、技术标准、技术档案、科技报告等。一次文献是以科研生产活动的第一手成果为依据而创作的文献,内容丰富,参考价值大,是我们利用的主要对象。

(3) 二次文献

二次文献又称检索工具,是图书信息研究机构将大量的、分散的、无序的一次文献,按照一定的方法进行加工、整理、浓缩,把文献的外表特征和内容特征著录下来,使之成为有组织、有系统的检索工具。二次文献是一次文献的集约化、有序化的再次出版,是贮藏、利用一次文献的主要的、科学的途径。一般包括目录、题录、文摘、索引、检索工具书和网上搜索引擎等检索工具,可对一次文献进行报道和线索指引。其特点是不对一次文献的内容作学术性的分析、评论或补充。

(4) 三次文献

三次文献又称参考性文献,是根据一定的目的和需求,通过二次文献提供的线索,选用一次文献的内容,对有关知识信息进行综合、分析、提炼、重组而编写出的文献,是围绕某一专题,对各种文献所含的知识信息的深度加工、浓缩或重组,是文献的研究成果和产物,具有参考性和指导性。如综述、手册、百科全书、年鉴、学科年度总结、指南等参考工具书。三次文献具有综合性高、针对性强、系统性好、知识信息面广的特点,有较高的实际使用价值,能直接提供参考和借鉴。

从零次文献、一次文献、二次文献到三次文献,它是一个由分散到集中,由无组织到系统化,由博而略的对知识信息进行不同层次的加工过程。零次文献是一次文献的素材,一次文献是二次、三次文献最基本的信息源,是文献信息检索和利用的主要对象;二次文献是一次文献的集中提炼和有序化,它是文献信息检索的工具,故又称之为检索工具;三次文献是把分散的零次文献、一次文献、二次文献,按照某一特定的目的进行综合分析加工而成的成果,是高度浓缩的文献信息,也是我们利用的一种重要情报源。

3. 按文献的出版划分

根据文献的出版形式的类型和特点不同,一般将文献分为十大类。

(1) 图书

图书是记录和保存知识、表达思想、传播信息的最古老、最主要的文献之一,至今仍占据科学文献的主导地位。联合国教科文组织将图书定义概括为:凡由出版社或出版商出版的 49 页以上的印刷品,具有特定的书名和著者名,编有国际标准书号(ISBN),有定价并取得版权保护的出版物,称为图书;5 页以上、48 页以下的称为小册子。图书是对已有的科研成果与知识的系统的全面的概括和论述,并经过作者认真的核对、鉴别、筛选、提炼和融会贯通编写而成。图书又可分为三类:一类是教科书、科普读物和一般生产技术图书,属阅读性的图书;一类是辞典、手册和百科全书等,属工具性的图书;另一类是含有独创性内容的专著,属原始文献。图书的特点是内容比较系统、全面、成熟、可靠,但图书编辑出版周期较长,内容不便于随着时间的变化而更新。如果想对某些问题获得较全面的、系统的知识,或对陌生的问题需要初步了解,阅读图书是一个行之有效的方法。

图书主要著录特征有:主要责任者、书名(版本)、出版社、出版地、出版年。图书著录的格式如下所示:

【实例 1】 徐军玲,洪江龙.① 科技文献检索② [M].③ 上海:④ 复旦大学出版社,⑤ 2006.⑥

【实例 2】 Gill, R.① Mastering English Literature② [M].③ London:④ Macmillan,⑤ 1985.⑥

说明:① 主要责任者;② 题名;③ 文献类型标志符,其中:M——专著;C——论文集;N——报纸文章;J——期刊文章;D——学位论文;R——报告;④ 出版地;⑤ 出版社名;⑥ 出版年月。

其中 ISBN 号是国际标准书号的简称,其定长为 10 位数字。自 2007 年 1 月 1 日,国际标准书号的格式由 10 位修订为 13 位。共分 5 段:

① 前缀。用三位数字代表图书。

② 组号(国家、地区、语言区号)。1~5位数。其中：0和1为英语区：美、英、加拿大、澳大利亚、南非、新西兰；2为法语区：法国及法属殖民地；3为德语区；4为日语区；5为俄语区；6暂空；7为中语区。

③ 出版社号。2~5位数，这是国家给出版社的一个专用号，一个出版社只有唯一的一个号码。出版社的规模越大，出书越多，其号码就越短。

④ 书序号。1~6位数，这是出版社给本社出版的书籍的一个专用号。出版社的规模越大，出书越多，序号越长。

⑤ 计算机校验码号。1位数，计算机校验码号是用1分别乘ISBN的前12位中的奇数位(从左边开始数起)，用3乘以偶数位，乘积之和以10为模，10与模值的差值即可得到校验位的值，其值范围应该为0~9。例如：ISBN号：978-7-301-04815-3，计算机校验码号的算法为：$9+8+3+1+4+1+3\times[7+7+0+0+8+5]=107$

107/10=10……余7

10-7=3

因此该书的计算机校验码号为3。

(2) 期刊

期刊又称杂志，它是指定期或不定期连续出版的、有统一的名称、固定的开本、版式、有连续的序号、汇集了多位作者分别撰写的多篇文章，并由专门的机构编辑出版的连续性出版物。期刊上刊登的论文大多数是原始文献，包含许多新成果、新水平、新动向，与图书相比，它具有出版周期短、报导速度快、内容新颖、信息含量大、学科广、数量大、种类多等特点，是传递科技情报、交流学术思想最基本的文献形式。据估计，期刊情报约占整个情报源的60%~70%，因此，受到科技工作者的高度重视。期刊按内容性质分为学术性期刊、通讯性期刊、消息性期刊、综述与述评性期刊、资料性期刊和检索性期刊等；按时间长短分为周刊、月刊、双月刊、季刊、年刊。对某一问题需要深入了解时，较普遍的办法是查阅期刊论文。

期刊主要著录特征有：作者、文章题名、刊名、年、卷、期、页码。期刊论文的著录格式如下所示：

【实例3】 夏鲁惠.①高等学校毕业论文教学情况调研报告②[J].③高等理科教育,④2004(1):⑤46-52.⑥

【实例4】 Heider, E. R. & D. C. Oliver.① The structure of color space in naming and memory of two languages②[J]. ③ Foreign Language Teaching and Research,④ 1999,(3):⑤ 62-67.⑥

说明：① 著者；② 篇名；③文献类型标志符；④ 刊名；⑤ 出版年份,卷号(期号)；⑥ 起止页码。

和图书一样，期刊也有国际标准刊号ISSN号，实现对全世界期刊文献的管理。ISSN号由8位数字分两段组成，前7位是期刊代号，末位是计算机校验位，(算法同ISBN，模仍用11，只是加权数用8，7,…,2这7个数)。如ISSN1000-0402计算机检验位的求出如下所示：

ISSN 1 0 0 0 0 4 0
×   8 7 6 5 4 3 2
─────────────
$1\times8+0\times7+0\times6+0\times5+0\times4+4\times3+0\times2=20$

20/11=1……余9

11-9=2

科技人员应熟悉与本专业相关的期刊,特别是核心期刊。核心期刊即指少数刊载某一学科大量高质量专业论文的期刊。核心期刊有以下特点:
① 刊载专业文献密度高,信息含量高;
② 水平较高,代表本学科的最新发展水平;
③ 出版相对稳定,所载文献寿命较长;
④ 利用率和被引率较高。
核心期刊对于科学研究、科技管理、信息管理等均有较大的意义:
① 核心期刊集中了某学科大量高质量的文献,可以用最少的时间获取最大的信息量,可以提高科学研究的效率;
② 图书馆和信息部门可用较少的经费获得较多的期刊信息;
③ 在核心期刊发表论文,是对论文质量的认可,核心期刊为期刊论文提供了一种评价标准。

(3) 报纸

报纸是以刊载新闻报道和时事评论为主的定期出版物。它具有固定的名称,统一开本,有编号或年月标志,定期或不定期连续出版,每期内容不重复并由多名责任者撰写不同文章的出版物。报纸因具有时事性、时效性、普及性、大众性、出版周期短、传递信息快速、传播范围广、信息量大的特点而受到广大读者的喜爱,是不容忽视的文献信息源。但报纸受篇幅限制,报导内容不具体不系统、时效性极强、信息量大,造成报纸查找的不方便。

报纸著录格式如下所示:

【实例 5】 李大伦.① 经济全球化的重要性② [N].③ 光明日报,④ 1998 - 12 - 27(3).⑤
【实例 6】 French, W.① Between Silences: A Voice from China② [N].③ Atlantic Weekly,④ 1987 - 8 - 15(33).⑤

说明:① 作者;② 篇名;③ 文献类型标志符;④ 报纸名;⑤ 出版日期(版面)。

(4) 专利文献

专利文献是指发明人或专利权人申请专利时向专利局所呈交的一份详细说明发明的目的、构成及效果的书面技术文件,经专利局审查,公开出版或授权后的文献。专利文献包括专利说明书、专利权利要求书、专利公报、专利分类表、专利检索工具等,其中专利说明书是专利文献的主体,也是科研人员检索的主要对象。

根据专利权种类及其应用情况,专利的类型主要有:发明专利、实用新型专利和外观设计专利。发明专利是指对产品、方法提出的新方案或对原有产品、方法提出的改进;实用新型专利是指对产品的形状、构造或组合提出的新的实用技术方案;外观设计专利是指对产品的形状、图案、配色或其结合作出的新颖设计,一般不出版说明书。专利文献在形式上具有统一的格式;在文字上它是一种法律文件,文字较简练,特别要求保护权利范围;在内容上具有广泛性、详尽性、实用性、新颖性、独创性以及具有较强的系统性、完整性和报道的及时性等特点。由于只有符合新颖性、创造性和实用性的发明创造才能获得专利权,所以专利文献对工程技术人员,特别是产品工艺设计人员来说,是一种具有启发性的重要参考资料,可以此借鉴国际先进技术,避免重复劳动。

专利文献主要著录特征有:① 国别号:如 CN 代表中国,GB 代表英国,US 代表美国,

WO 为国际专利合作组织专利,JP 为日本专利,DE 为德国专利,GB 为英国专利,EP 为欧洲专利,SU 为俄罗斯专利等;② 专利号。专利说明书著录格式如下所示:

【实例 7】 94:7568r.① Ion exchange progress for desalination.② Shimizu, Hiroshi③ (Rohm and Haas Co.).④ US. 4202737⑤ (Cl. 210-32;B01D15/06),⑥ 13 May 1980. Appl. 93074802⑦ Aug 1978;⑧ 12pp.⑨

说明:① 文摘号;② 专利名称;③ 发明人;④ 发明人的服务机构;⑤ 专利号;⑥ 专利分类号;⑦ 专利申请日期及申请号;⑧ 专利正式公布日期;⑨ 专利说明书总页数。

(5) 标准文献

标准文献是对产品和工程建设的质量、规格及其检验方面所做的技术规定,是生产、建设、管理等方面的共同依据。标准文献能较全面地反映制订国的经济和技术政策、技术、生产及工艺水平、自然条件及资源情况等,可提供其他文献不可能包含的特殊技术信息。其主要特点:

① 标准的制订、审批程序有专门规定,并有固定的代号,格式整齐划一;
② 一个标准一般只能解决一个问题;
③ 时效性强;
④ 不同种类、不同级别的标准在不同范围内执行;
⑤ 有一定的法律效力和约束力;
⑥ 有自身的检索系统。

标准文献主要著录特征:标准级别、标准名称、标准号、审批机构、颁布时间、实施时间。标准文献著录格式如下所示:

【实例 8】 American National Standards Institute. ① Integrated services digital network (ISDN) basic access interface for use on metallic loops for application on the network side of the NT (layer 1 specification).② ANSI TI-601-1988,③ Sept. 1988④

说明:① 标准颁布国家;② 标准名称;③ 标准号;④ 标准颁布时间。

其中常用的国别代号:美国为 ANSI,英国 BS,法国 NF,德国 DIN,日本 JIS,中国 GB 等。

标准号由"国别代码+顺序号+年代号"组成。中国标准分强制性和推荐性两类。标准代号:GB——国家标准;DB——地方标准;Q——企业标准;T——推荐性标准。如 GB/T 表示中华人民共和国推荐性国家标准。

(6) 会议文献

会议文献指在国际或国内重要的学术或专业性会议上宣读发表的论文。会议文献可分为会前文献,如会议日程表、会议议程和会议论文预印本,以及会后文献,如各种会议录、论文集等。会后文献是主要的会议文献,是科技工作者获得最新情报的一个重要来源。会议文献的特点是:

① 文献针对性强 每个会议都有其特定的主题,因而会议文献所涉及的专业领域集中,内容专深。

② 信息传递速度快 任何学科中的最新发现或发明,大部分是在科技会议上首次公布的。

③ 能反映具有代表性的各种观点　学术会议通常带有研讨争鸣的性质,要求论文具有独到的见解,可以及时全面地了解本专业的发展现状和水平,掌握有关领域的新发现、新动向和新成就。

会议文献主要著录特征:① 会议特征:如 Conference,Congress 等;② 主办会议的机构特征:如 society,association 等;③ 会议文献类型的特征:如会前出版的文献 paper,会后出版的文献 proceedings。会议文献著录格式如下所示:

【实例 9】　Methods for analysis of deamidation and isoaspartate formation in peptides and proteins.① Aswad,Dand W.;Guzzetta,Andrew W.②(Department Molecular Biology and Biochemistry,University California,Irvine,CA USA).③ Deamidation/isosparate Form. Pept. Proteins,④ 1995,⑤ 7 - 29,⑥ (eng).⑦ Edited by Aswad,Dana W.⑧ CRC:Boca Raton,Fla.⑨

说明:① 论文篇名;② 著者名;③ 著者工作单位和地址;④ 会议录名称;⑤ 会议时间;⑥ 起止页码;⑦ 原文种;⑧ 会议录编者名;⑨ 出版社,所在城市、州或国家名。

(7) 科技报告

科技报告是指国家政府部门或科研生产单位关于某项研究成果的总结报告,或是研究过程中的阶段进展报告。它的特点是:在形式上每份报告单独成一册,篇幅长短不等,有机构名称和报告号码的顺序,统一编号,由主管机构连续出版;在内容方面,对许多最新研究课题与尖端科学的反映很快,而且内容详尽、专深,其中还包括各种研究方案的选择和比较,甚至记录下成功的经验和失败的教训,这是其他类型出版物所没有的,是一种不可多得的情报源。科技报告可分成技术报告(Technical Reports)、技术备忘录(Technical Memorandums)、札记(Notes)、通报(Bulletins)和其他(如译文、专利等)几种类型。有些报告因涉及尖端技术或国防问题等,所以又分绝密、秘密、内部限制发行和公开发行几个等级。

目前国际上较著名的科技报告是美国政府的四大报告。分别为:

PB(Publishing Board)报告:PB 报告是美国国家技术信息服务处(NTIS)出版的报告。报道美国政府资助的科研项目成果,其内容涉及广泛,几乎包括自然科学和工程技术所有学科领域,主要侧重民用工程,如土木建筑、城市规划、环境保护、生物医学等方面。

AD(ASTIA Documents)报告:AD 报告是美国国防技术信息中心(DTIC)出版的报告。AD 报告主要报道美国国防部所属的军事机构与合同单位完成的研究成果,主要来源于陆海空三军的科研部门、企业、高等院校、国际组织及国外研究机构。AD 报告的内容涉及与国防有关的各个领域,如空间技术、海洋技术、核科学、自然科学、医学、通信、农业、商业、环境等 38 类。

NASA(National Aeronautics and Space Administration)报告:NASA 报告是美国国家航空宇航局出版的报告。NASA 报告的内容侧重于航空和空间科学技术领域,广泛涉及空气动力学、飞行器、生物技术、化工、冶金、气象学、天体物理、通信技术、激光、材料等方面。

DOE(Department of Energy)报告:DOE 报告是美国能源部出版的报告,主要报道能源部所属的研究中心、实验室以及合同户的研究成果,也有国外能源机构的文献。内容包括能源保护、矿物燃料、化学化工、风能、核能、太阳能与地热、环境与安全、地球科学等。

科技报告主要著录特征:报告名称、报告号、报告单位、出版年。科技报告著录格式如下所示:

【实例 10】 Bummes J S.① Application of approximation theory in antenna design, signal processing and filtering.② Final report. AD – A244 – 725,③Promethe-Sus Inc.,④1991.⑤

说明：① 著者名；② 论文篇名；③ 报告号；④ 研究机构；⑤ 报告完成时间。

(8) 学位论文

学位论文是指科研单位、高等院校的本科毕业生、硕士和博士研究生为申请学士、硕士、博士等学位提交的学术论文。学位论文的质量参差不齐,但都是就某一专题进行研究而作的总结,内容专一,阐述详细,具有一定的独创性,有较大的参考价值。

学位论文的主要著录特征：① 学位和学位论文名称,如 PhD. Dissertation, Master Thesis；② 授予学位的大学名称、地点及授予年份等。学位论文著录格式如下所示：

【实例 11】 张筑生.①微分半动力系统的不变集[D].②北京：③北京大学数学系数学研究所,④ 1983：⑤1 – 7.⑥

说明：① 作者；② 篇名；③ 出版地；④ 保存者；⑤ 出版年份；⑥ 起止页码。

(9) 政府出版物

政府出版物是指各国政府部门及其所属机构发表、出版的文献。特点是内容范围广泛,具有正式性、权威性,与其它信息源有一定的重复,它与国际国内政治经济形势密切相关,对了解某国的方针政策、经济状况及科技水平有较高的参考价值。政府出版物的内容十分广泛,既有科学技术方面的,也有社会经济方面的。就文献的性质而言,政府出版物可分为行政性文件(如国会记录、政府法令、方针政策、规章制度以及调查统计资料等)和科学技术文献(如统计资料、科技报告、科普资料等)两大类。

(10) 产品样本资料

产品样本资料指产品目录、产品样本、产品说明书和产品手册等一类的厂商产品宣传和使用资料。产品样本资料通常对定型产品的性能、构造、原理、用途、用法和操作规程等作具体说明。其特点：① 产品样本资料图文并茂,形象直观,大多是对定型产品的性能、构造原理、用途、使用方法、操作规程、产品规格等所作的具体说明；② 内容成熟,数据可靠,对科技人员进行技术革新、设计、试制新产品以及引进设备等都有一定的参考价值。

(11) 技术档案

技术档案是生产和科学研究部门在某种科研生产活动中所形成的具有保存价值的技术文件,包括任务书、协议书、技术指标、审批文件、研究计划、方案大纲、技术措施、调查材料、设计资料、试验和工艺记录等。技术档案是生产建设和科技工作中用以积累经验、吸取教训和提高质量的重要信息。技术档案一般为内部使用,不公开出版发行,有些有密级限制,因此在参考文献和检索工具中极少引用。

1.2.2 文献的特点与发展趋势

1. 文献数量急剧增长

随着科学技术的迅猛发展,文献的数量也随着知识量的增加急剧增长。特别是近20年来，原有的学科不断分化，新学科不断涌现，产生了大量有特定研究对象的分支学科、边缘学科、交叉学科、综合性学科。据统计，目前全世界每年出版各种文献总量约 12 000 万册，平均每天出版文献约 32 万件。文献的产出率在于人们对文献的吸收率。文献数量的激增，一方面表明文献信息资源的丰富，另一方面也给人们有效的选择、利用、获取所需文献造成了一定的障碍。

2. 文献内容交叉重复

现代科学技术交叉渗透，导致知识的产生和文献的内容也相互交叉、彼此重复。同一内容的文献往往用不同的形式、不同的文字、在不同的载体上多次发表。据世界知识产权组织统计，世界各国每年公布的专利说明书的重复率高达 65%～70%。

3. 文献寿命缩短，新陈代谢加速

现代科学技术的迅速发展，使得新知识、新技术、新产品等层出不穷。文献资源也随之出现新陈代谢加快、老化加剧、使用寿命缩短的趋势。据统计，各类科技文献的平均使用寿命一般是：科技图书 10～20 年；科技报告 10 年；学位论文 5～7 年；期刊论文 3～5 年；标准文献 5 年。但是，由于各国科技水平的差异性和各学科发展的不平衡性，相应文献的使用寿命长短也有所不同。

4. 文献分布集中又分散

由于现代科学技术向纵深发展和相互渗透，使得各学科、各专业之间的相互联系、交叉渗透逐渐增强。这使文献资源的专业性质难于固定，因而导致了文献出版呈现出既集中又分散的现象，同一学科的论文分散在许多相关学科的刊物上发表已是普遍现象。

5. 文献载体及语种、译文大量增加

随着声、光、电、磁等技术和新的化学材料的广泛使用，使文献载体发生了重大变化，缩微、声像、光盘、机读文档等新型文献载体使用越来越广泛。这些新型的非纸张型文献，增大了信息存储的密度，延长了保存时间，加快了信息传递与检索的速度，实现了资料共享。而目前科技文献使用的语种已近 70 种，常用的有 12 种，其中英语占 58%，德语占 11%，俄语占 11%，法语占 7%，日语占 3%，西班牙语占 2%，中文和其它语种占 8%。语种增多和各国科技交流的频繁也产生大量的翻译文献。

思考题

1. 什么叫文献？信息、知识、情报、文献之间的关系如何？
2. 简述一次文献、二次文献、三次文献及它们之间的相互关系。
3. 图书、期刊和专利文献的著录特征各是什么？请举例说明。
4. 根据文献的载体形式的不同，文献有哪些类型？它们的特点是什么？
5. 现代科技文献有哪些主要特征？

第2章 信息检索

2.1 信息检索基础

2.1.1 信息检索的概念

信息检索（Information Retrieval）是指将信息按一定方式组织和存储起来，并根据用户的需求找出特定信息的整个过程。因此广义的信息检索包括信息的存储与信息检索两个过程。信息存储是对信息进行著录、标引、整序，编制检索工具和建立检索系统的过程；信息检索是指面向信息需求而进行高度选择性的查找过程。但在实际应用中，对于用户而言，信息检索仅指过程的后一部分，即信息的查找过程。信息检索的目的是为了解决特定的信息需求和满足用户的需要。

随着计算机、网络技术的发展，信息检索也从原来的手工作业向自动化、智能化、网络化、检索化方向发展。

2.1.2 信息检索的类型

信息检索根据检索（查找）的目的和对象的不同，可以分为书目信息检索、全文信息检索、数据信息检索和事实信息检索。

1. 书目信息检索

书目信息检索是以标题、作者、摘要、来源出处、专利号、收藏处等为检索的目的和对象，检索的结果是与课题相关的一系列书目信息线索，用户通过这些线索决定取舍和进一步获得的手段。例如，要查找"关于自动控制系统有些什么参考文献？"就需要我们根据课题要求，按照一定的检索标识，从所收藏的文献中查出所需要的文献。

2. 全文信息检索

全文信息检索一般以论文、著作、报告或专利说明书的全文为检索的目的和对象，检索的结果是与课题相关的论文或专利说明书的全文文本。全文信息检索是在书目信息检索基础上更深层次的内容检索，通过对全文的阅读，为研究的创新点提供参考与借鉴。如 CNKI 中国期刊全文数据库信息检索系统、维普中文科技期刊全文数据库信息检索系统、万方数据资源信息检索系统等网络数据库均提供全文信息。

3. 数据信息检索

数据信息检索是以具有数量性质，并以数值形式表示的数据为检索目的和对象，检索的结果是经过测试、评价过的各种数据，可直接用于分析和研究。如查找"2010年中国经济增长率是多少？"、"喜马拉雅山有多高？"以及各种统计数据、工程数据等，均属于数据信息检索的范畴。

4. 事实信息检索

事实信息检索是以事项为检索目的和对象，检索的结果是有关某一事物的具体答案，但此事实信息检索过程中所得到的事实、概念、思想等非数值信息须进行进一步分析、推理。如要想了解中国发明专利历年的申请案中，国外来华申请专利历年所占的百分比是多少，就需要对历年的数据进行统计，然后进行分析比较，最终才能得出答案。

这4种类型的检索，检索对象不同，检索结果也不同。书目信息检索是从存储有标题项、作者项、出版项或文摘项的检索系统中获取有关的信息线索；全文信息检索是从存储有整篇论文、专利说明书乃至整本著作的检索系统中获取全文信息；数据信息检索是从存储有大量的数据、图表的检索系统中获取一个确定的数值；而事实信息检索是从存储有大量知识信息、事实信息和数据信息的检索系统中获取某一事项的具体答案。在这4种检索形式中，书目信息检索是最典型和最重要也是最常利用的情报检索。掌握了书目信息检索的方法就能以最快的速度、在最短的时间内，以最少的精力了解前人和别人取得的经验和成果。

2.1.3 信息检索的意义

随着人类社会的不断进步和科学技术的持续发展，特别是进入知识经济时代，科学技术以前所未有的速度向前飞速发展。一方面，学科专业化趋势日益明显，传统的学科界限不断被打破，学科越分越细，新学科不断涌现，研究领域越来越专、越来越窄；另一方面，学科综合化日益突出，交叉学科、边缘学科、综合学科层出不穷，不同学科之间相互渗透、相互配合、共同发展，已经成为现代科学发展的规律，没有哪一门学科可以脱离科学技术的整体水平去独立发展。这种新趋势给人类获取知识和信息带来了极大的困难，人们越来越迫切地需要精确、及时、方便地获取各种有效的科技情报。面对浩如烟海的文献信息资料，人们急需掌握信息检索工具和检索方法。信息检索的重要意义和作用主要体现在以下几个方面。

1. 有利于减少重复劳动，提高科研成功率

科学技术史表明，科技发展的重要前提是积累、继承和借鉴前人的成果。没有继承和借鉴，就不可能有提高和创新；没有交流和综合，就没有发展。在当代物质条件下，科学上的继承、借鉴、交流和综合主要是通过信息检索所提供的途径来实现的。

任何一个科研项目，从选题立项、实际研究到成果鉴定，每一步都离不开信息。只有充分掌握有关信息，才能避免重复，少走弯路，保证科研的高起点、高水平，缩短研究周期，获得预期效果。反之，如果不能很好地借鉴，就容易造成重复劳动，使研究工作走弯路、进展缓慢甚至失败。例如，日本高能物理研究所，由于检索和利用了国外的情报资料，研制成功的第一台高能加速器的投资为40亿美元，仅为国外同类投资的50%。又如，我国葛洲坝工程二江电站出线方案，由于情报人员及时搜集、查阅、分析了大量国内外情报资料，提出高压架线路方案，该方案被采纳后,仅投资一项就节约了400万元。

2. 有利于节省科研时间,提高科研效率

随着科学技术的迅速发展,科技信息急剧增加。面对数量庞大的信息,科技人员很难查到有用信息,而无用信息却严重干扰他们的视线,为此耗费了大量的时间和精力。同时,由于现代科学技术交叉渗透,使得信息的专业性质不十分固定,这也给获取信息增大了难度。如果掌握信息文献检索的方法,就能大大节省查找资料的时间,从而加快科研速度,早出科研成果。例如,北京低压电器厂开发研制漏电保护开关,科技人员经过一年多的探索,仍未找到有效的技术方案,后花7天时间查阅与此课题相关的专利信息,经过对专利信息的分析研究,仅用3天时间就研制出一套切实可行的技术方案,开发出具有国际先进水平的新产品,并申请了专利。

在当今世界,提高科研效率,加快科研速度的意义还在于使相同科研课题在国内外竞争中处于有利位置。专利法规定,对相同的发明成果,按先申请原则授予专利权,即只授予第一个申请人专利权,其后申请的发明作为已知技术处理。显然,如果忽视科研速度,即使科研获得了成功,但由于发明失去了时间的新颖性,也会变成无效劳动,给国家带来损失。

3. 提高信息素养,有利于培养复合型、开拓性人才

信息素养被定义为从各种信息源检索、评价和使用信息的能力,是信息社会劳动者必须掌握的终身技能。美国是世界上信息化程度最高的国家,2000年1月,美国通过了《高等教育信息素养能力标准》,作为评估学生信息素养的一个指南。许多大学纷纷以此标准为基础以图书馆为中心推出信息素养教育项目或计划。此标准包括的五项标准是:① 确定信息需要的范畴;② 有效地索取所需信息;③ 鉴别信息质量及其来源,并将所选择的信息融入自己的知识和价值系统;④ 有效地利用所获信息完成某一具体任务;⑤ 了解信息使用的经济、法律和社会等问题并能合理合法地获取利用信息。

随着科学技术的迅速发展,科技信息急剧增加,信息素养不仅是一种能力素质,还是一种基础素质。只有具备了这种素养,才能在激烈的竞争中求生存、求发展,立于不败之地。因此,掌握信息检索方法是在校大学生和科技人员必须具备的基本技能。

4. 有利于为决策提供科学依据

虽然科技信息本身不能确保决策正确无误,但它是决策的基础。一个国家、地区或组织要发展什么,限制什么,引进什么,都需要有准确、可靠和及时的科技信息作依据,才能作出正确的决策。例如,企业在市场中要不断开发新产品,选择投资项目,确定营销策略,这一切都离不开准确及时的竞争信息。信息竞争是企业成败的关键,是企业决策的智囊、市场导向的风向标、市场投资的指示灯,是现代企业生存和发展的战略武器和重要保障。事实证明,不仅科技人员需要科技信息,计划、管理、决策部门也同样需要科技信息。

2.1.4 信息检索的基本原理

信息检索包括信息存储和信息检索两个过程。信息检索对提问标识与存储在检索工具中的标引标识进行比较,两者一致或信息标引的标识包含着检索提问标识,则具有该标识的信息就从检索工具输出,输出的信息就是检索命中的信息。其中,"存储"是为了检索,而"检索"又必须先进行"存储",因此信息存储和信息检索是相互依存的关系。

信息的存储和检索过程可用图 2-1 表示：

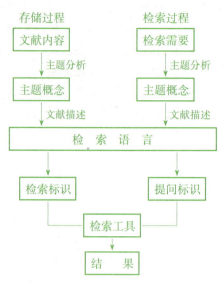

图 2-1　信息检索与存储的过程

信息检索的基本原理是：为了使用户能在大量文献信息中准确、及时、全面地获取特定的文献信息，通过对大量的、分散无序的文献信息进行搜集、加工组织、存储，建成各种各样的检索系统，在统一存储过程和检索过程所用检索语言和名称规范的基础上，将用户表达检索课题的标识与检索系统中表达文献信息内容和形式特征的标识进行相符性比较，凡是双方标识一致的，就将具有这些标识的文献信息按要求从检索系统中输出。检索系统所输出的文献信息可能是用户需要的最终信息，也可能是用户需要的中介信息，用户依此中介信息的指引，可以进一步获得最终所需要的文献和信息。

2.1.5　信息检索系统

信息检索系统是指拥有特定的存储和检索技术设备，存储经过加工的信息资源，供用户检索所需信息的工作系统。因此，检索系统是由信息资源、设备、方法（信息存储和检索方法）、人员（系统管理人员和用户）等因素有机结合而成的，具有采集、加工、存储、查找、传递信息等功能。根据检索设备和载体的不同，它包括手工信息检索系统和计算机信息检索系统。

1. **手工信息检索系统**

手工信息检索系统又称印刷型检索工具，是用人工查找信息的检索系统。其主要类型有各种书本式的目录、题录、文摘和各种参考工具书等。它具有方便、灵活、判断准确，可随时根据需求修改检索策略，查准率高的特点。但由于手工操作，检索速度受到限制，效率不高。

2. **计算机信息检索系统**

计算机信息检索系统又称现代化检索系统，是用计算机技术、电子技术、远程通信技术、光盘技术、网络技术等构成的存储和检索信息的检索系统。它具有检索速度快，能大大提高检索效率，节省人力和时间，可采用灵活的逻辑运算和后组式组配方式，便于进行多元概念检索，能提供远程检索服务的特点。

2.1.6 信息检索语言的概念及作用

1. 信息检索语言的概念

信息检索语言又称标引语言、索引语言、概念标识系统等,是信息检索系统存储和检索信息时共同使用的一种约定性语言,用以达到信息存储和检索的一致性,提高检索效率。即在文献存储时,文献的内容特征(如分类、主题)和外表特征(如书名、著者、出版项)按照约定的语言来描述;检索文献时的提问也按照约定的语言来加以表达,这种在文献存储和检索过程中,共同使用、共同遵守的语言就是信息检索语言。

2. 信息检索语言的作用

由于自然语言不可避免地存在词汇上的歧义性,语义上的歧解性,不便用于标引和检索工作,因此信息检索领域出现了各种信息检索语言。信息检索包括信息的存储和检索两个方面。无论是信息的存储,还是信息的检索,都必须使用信息检索语言进行标引与表达,信息检索语言实际上是编制检索工具的方法和标准,如果检索者不遵循这一共同的标准,就不能快速、准确、全面地查找所需要的文献信息,达不到预期的效果。因此,信息检索语言在信息检索中起着重要的作用,主要有:

(1) 保证不同标引人员表征文献信息的一致性;
(2) 使内容相同及相关的文献集中化;
(3) 保证检索提问与文献信息标引的一致性;
(4) 保证检索者按不同需求检索文献信息时,都能获得最高的查全率和查准率。

2.1.7 信息检索语言的类型

虽然信息检索语言的基本原理是一致的,但是,它们为表达概括文献信息内容和检索课题的概念及其相互关系时所采用的具体方法及适应性各有特色,因而形成了不同的信息检索语言种类。

1. 按规范化程度划分

(1) 人工语言

人工语言又称规范语言,是人为对标引词和检索词加以控制和规范,每个检索词只能表达一个概念的检索语言。人工语言经过规范化控制,采用特定词汇来网罗、指示宽度适当的概念,词和事物之间具有一一对应的关系,排除了自然语言中同义词、多义词、同形异义词现象,用户在检索时可以省略对其概念的全部同义词或近义词的输入,也避免了这些词在输入时的麻烦和出错,从而有效避免漏检和误检。分类语言、主题语言中标题词语言、叙词语言和单元词语言均属人工语言。

(2) 自然语言

自然语言是直接从原始信息中抽取出的自由词作为标引词和检索词的检索语言。自然语言对主题概念中的同义词、多义词等不加处理,如关键词语言。由于自然语言使用自由词,因此不用编制词表、检索时选词灵活随意,标引和检索速度快,便于检索规范词难于表达的特定概念,但由于自然语言未经规范,因此检索时会影响检索效率。

2. 按组配方式划分

(1) 先组式语言

先组式语言指在检索前,检索词已被预先用固定关系组配好,并编制在词表中。信息存储和检索人员在标引和查找信息时,依据词表选用组配好的语词进行操作,不能自由组配,如标题词语言。先组式语言有较好的直接性和专指性,但灵活性较差。

(2) 后组式语言

后组式语言指在检索前,检索词在词表中没有被预先组配,即在编制词表时不规定各主题词的组配关系,在标引和检索时再根据检索者的具体需求将各个主题词进行组配,来表达较为复杂的主题概念,如叙词、单元词、关键词语言均属于这一类。由于后组式语言提供了灵活的组配方式,因而在计算机检索中得到广泛应用。

3. 按描述文献信息资源的特征划分

(1) 描述信息资源内容特征的检索语言。指主要依据信息资源内容特征而形成的检索语言,主要有分类语言、主题语言、分类主题一体化语言。

(2) 描述信息资源外部特征的语言。信息资源的外表特征包括题名、著者、号码等。具体如图 2-2 所示。

图 2-2 信息检索语言的分类

在这两类信息检索语言中,描述外部特征的信息检索语言按字母或号码顺序排列,比较直观,容易理解,使用起来比较简单,误检和漏检的可能性少,容易掌握;而表达文献内容特征的信息检索语言的结构和作用比较复杂,它在揭示文献特征与表达信息提问方面,具有更大的深度。在用来标引与检索时,更需要依赖标引与检索人员的智力判断,更带有主观性,远比外表特征语言复杂。因而,对信息资源内容特征语言的研究,成为信息检索语言研究的重点。

下面重点介绍表达文献内容性的分类检索语言和主题检索语言。

1. 分类检索语言与分类法

分类检索语言用分类号和类目来表达各种主题概念的检索语言。它以学科体系为基础,将各种概念按学科性质和逻辑层次结构进行分类和系统排列。分类检索语言的具体表现形式是分类表。其特点是能集中体现学科的系统性,反映事物的平行、隶属、派生关系,有利于从学科或专业的角度进行族性检索,能达到较高的查全率。它的基本结构是按知识门类的逻辑次序,从点到面、从一般到具体、从低级到高级、从简单到复杂的层层划分,逐级展开的分门别类的层次制号码检索体系。

所谓**分类法**,即根据图书的内容,按照知识门类区分图书的方法。由于分类法是用分类表和分类规则来标引、组织、检索文献信息,所以习惯上又将分类检索语言称为分类法。分类法的主体是类目表,分类号是表达文献信息内容和检索课题的主要依据。一部完整的分类表,大体可由编制说明、大纲、简表、详表、辅助表、索引、附录等组成。目前国内外比较常见的分类法有《中国图书馆图书分类法》(简称《中图法》)、《中国科学院图书馆分类法》(简称《科图法》)、

《杜威十进分类法》(DDC)、《美国国会图书馆图书分类法》(LC)和《国际专利分类表》(IPC)等。

(1)《中国图书馆图书分类法》(简称《中图法》)

《中国图书馆图书分类法》简称《中图法》,是目前我国最有影响的大型综合性图书分类法。《中图法》按知识门类分为5大部类,在5大部类的基础上,按照从总到分,从一般到具体的编排原则,建成由22个大类组成的体系系列,每一大类下又分成若干小类,如此层层划分,形如一个知识的地图。《中国图书馆图书分类法》基本类目如表2-1所示。

表2-1 《中国图书馆图书分类法》基本类目

5 大 基 本 部 类	22 个 基 本 大 类	
马克思主义、列宁主义、毛泽东思想、邓小平理论	A	马克思主义、列宁主义、毛泽东思想、邓小平理论
哲　　学	B	哲学、宗教
社会科学	C	社会科学总论
	D	政治、法律
	E	军事
	F	经济
	G	文化、科学、教育、体育
	H	语言、文字
	I	文学
	J	艺术
	K	历史、地理
自然科学	N	自然科学总论
	O	数理科学和化学
	P	天文学、地球科学
	Q	生物科学
	R	医药、卫生
	S	农业科学
	T	工业技术
	U	交通运输
	V	航空、航天
	X	环境科学、安全科学
综合性图书	Z	综合性图书

分类号采用拉丁文字母与阿拉伯数字相结合的混合号码制。其中拉丁文字母表示大类,其他各级类目用阿拉伯数字表示,每三位数字后用分隔符号"."以示醒目。其中"T 工业技术"的内容十分庞杂,为适应这一大类文献分类的需要,《中国图书馆图书分类法》设置了双字母标记其所属的16个二级类目,其16个二级类目如下所示(更详细的类目参见本书附录 A):

T	工业技术		
TB	一般工业技术	TL	原子能技术
TD	矿业工程	TM	电工技术
TE	石油、天然气工业	TN	无线电电子学、电讯技术
TF	冶金工业	TP	自动化技术、计算机
TG	金属学、金属工艺	TQ	化学工业
TH	机械、仪表	TS	轻工业、手工业
TJ	武器工业	TU	建筑科学
TK	能源与动力工程	TV	水利工程

(2) 图书馆索书号的构成方法

索书号是图书馆赋予每一种馆藏图书的号码,具有唯一性。图书馆的馆藏图书都是按索书号进行排架的,因此索书号可准确地确定馆藏图书在书架上排列的位置,是读者查找图书最重要的代码信息。

索书号由分类号与著者号或种子号两部分组成,索书号第一部分是根据图书的学科主题所取的分类号,这样就可以将同一学科主题的图书集中排列在一起,起到方便读者查找的作用;索书号第二部分是按图书作者姓名编排的著者号码,通过采用著者号码,同一作者所著的同一学科主题的图书会被集中在一起,也有些图书馆按书刊入馆藏时间的先后用种次号来代替著者号。馆藏图书根据索书号排列先后顺序的步骤是:先比较分类号,采用从左至右逐位对比的方法(字符序列以 ASCII 码字符集为依据),如分类号相同,再比较著者号或种次号。如以下索书号应按从左到右顺序排列:

TM1/H429   TM1/H429-1   TM1/J327   TM1-53/M138   TM11/H658

2. 主题检索语言

主题检索语言又称**主题法**,是以文献的主题为依据用语词作为概念标识,将概念标识进行字顺排列,并用参照系统等方法间接显示概念之间的相互关系的一种检索语言。即指以自然语言的字符为字符,以规范化或未经规范化的名词术语为基本词汇,以概念之间的形式逻辑作为语法和构词法,用一组词语作为文献检索标识而构成的一种检索语言。

主题检索语言和分类检索语言相比,具有专指度高、直观性好、灵活性强等优点,但由于主题检索语言是按字顺排列,所以同一门学科的文献容易被分散在各处,在族性检索方面不及分类检索语言。

主题检索语言包括标题词语言、叙词语言、关键词语言和单元词语言。下面分述标题词语言、叙词语言、关键词语言和单元词语言的特点。

(1) 标题词语言与标题词表

① 标题词语言

标题词语言是一种规范化的检索语言,标题词是从自然语言中选取的、经过规范化处理的、表示事物概念的词、词组或短语。标题词语言是主题检索语言系统中最早的一种类型,标题词按字顺排列,词间语义关系用参照系统显示,并以标题词表的形式体现。其特点是有较好的通用性、直接性和专指性,按照词表列举的主标题和副标题进行标引,操作简便,但灵活性较差,使用时必须从规定的组配顺序入手进行查找,无法实现多元检索,影响检索效果。适宜于从事物的主题概念出发而进行的检索。优于分类法。

② 标题词表

标题词表是将标题词按字母顺序排列的词表。标题词表中主、副标题词已事先固定组配，标引，并具有固定的含义，只能选用标题词表中已"定型"的标题词作标引词和检索词，否则不能确切地表达文献的主题概念。因此它所反映的主题概念必然受到限制。尤其是当今社会科学技术发展迅速，现代科技主题的内涵与外延越来越复杂，不可能用一对主、副标题词完全、确切地表达出来，就需补充其他的主、副标题词，其结果不仅增加了标引和检索的工作量，而且还降低了标引和检索的准确性，直接影响到检索系统存储和检索的质量和效率。因此，标题词语言已不适应现代信息检索系统的发展，著名的标题词语言——《工程主题词表》(SHE)1993 年已由《工程索引叙词表》(EI Thesaurus)取代。

任何一个标题词，都是一个完整的标识，可独立地标引一个文献的主题。标题词表是标题词的汇编，标题词表的结构由三部分组成：

- **编制说明**：指出本表的编制经过，收录标题词的学科范围、选词原则、标题形式、参照系统、检索方法、各种符号的意义、标引及排列规则等。
- **主表**：是标题词表的正文，包括全部标题词和非标题词，按字顺排列，并有参照体系和注释。
- **副表**：也称标题细分表，副表就像分类表中的复分表那样，有通用和专用等。副表中的标题词一般只能用作标题词的限定词，因此有时也称副标题词或限定词。

(2) 叙词语言与叙词表

① 叙词语言

叙词语言是以自然语言为基础，以概念组配为基本原理，并经过规范化处理，表达主题的最小概念单元，作为信息存储和检索依据的一种检索语言。叙词语言是采用表示单元概念的规范化语词的组配来对文献内容主题进行描述的检索语言，也是目前使用最广泛的主题语言。它用叙词表达主题概念，检索时可由多个叙词组成任意合乎逻辑的组配，形成多种检索方式。

叙词语言吸取了多种检索语言的原理和方法，包括：

- 它保留了单元词法组配的基本原则；
- 采用了组配分类法的概念组配，以及适当采用标题词语言的预先组配方法；
- 采用了标题词语言对语词进行严格规范化的方法，以保证词与概念的一一对应；
- 采用并进一步完善了标题词语言的参照系统，采用了体系分类法的基本原理编制叙词分类索引和等级索引，采用叙词轮排索引，从多方面显示叙词的相关关系。

因此叙词语言在直观性、单义性、专指性、组配性、多维检索性、网络性、语义关联性、手检与机检的兼容性、符合现代科技发展的适应性等方面，都较其他检索语言更加完善和优越，是目前应用较广的一种检索语言。如 EI、CA 等著名检索工具均采用了叙词法进行编排。

② 叙词表

叙词语言吸取了多种信息检索语言的原理和方法，作为标引和检索人员之间的共同语言，是通过叙词表来实现的。叙词表通常是由一个主表和若干个辅表构成。主表是叙词表的主体,可以独立存在,主表又称叙词字顺表,是叙词表的核心部分,它收录全部叙词与非叙词,按叙词的字顺排列,并标注显示词间关系的参照系统。辅表是为便于使用主表而编制的各种辅助索引,一般由叙词分类索引和叙词等级索引组成。

(3) 关键词语言

关键词语言是直接从原文的标题、摘要或全文中抽选出来,具有实质意义的,未经规范化处理的自然语言语汇,作为信息存储和检索依据的一种检索语言。所谓关键词就是将文献原来所用的,能描述其主题概念的那些具有关键性的词抽出,不加规范或只作极少量的规范化处理,按字顺排列,以提供检索途径的方法。它与标题词语言、叙词语言同属主题语言系统。但是,标题词语言、叙词语言使用的都是经规范化的自然语言,而关键词语言基本上不作规范化处理。例如,《浅析信息教育与知识经济的关系》一文中,"信息教育"和"知识经济"这两个词描述了这篇文献的主题,因此它们就可以作为检索词。

由于关键词是用非规范化的自然语言——关键词来表达文献或信息资源主题内容,不需要编制专门的关键词表也能标引和检索文献,因此关键词语言已被广泛地应用于手工检索和计算机检索。

(4) 单元词语言

单元词是指从文献中抽取出来的,能表达文献主题的最基本的、不能再分的、具有独立概念的名词术语,又称元词。单元词语言是一种规范化的检索语言,具有相对的独立性,词与词之间没有隶属关系和固定组合关系,检索时根据需要进行组配。例如,对于"信息教育"这一概念,"信息"和"教育"都是单元词,因为它们不能再分。而"信息教育"则不是单元词。由于科学技术的迅猛发展,表达事物的概念,除了单一概念外,还需有许许多多的复合概念,而单元词的专指度较低,词间无语义关系,对查准率有较大的影响,现已逐渐被叙词语言所取代。

2.2 信息检索技术

信息检索过程实际上是将用户输入的检索提问词与文献记录标引词进行对比匹配的过程。为了提高检索效率,计算机检索常采用一些运算方法,从概念相关性、位置相关性等方面对检索提问实行技术处理。

2.2.1 布尔逻辑检索

在实际检索中,检索提问涉及的概念往往不止一个,而同一个概念又往往涉及多个同义词或相关词。为了正确地表达检索提问,系统中采用布尔逻辑运算符将不同的检索词组配起来,使一些具有简单概念的检索单元通过组配成为一个具有复杂概念的检索式,并可限定检索词在记录中必须存在的条件或不能出现的条件,用以表达用户的信息检索要求,这种检索方式通常称为**布尔逻辑检索**。常用的逻辑算符主要有以下几种:

1. 逻辑"与"

逻辑"与"通常用符号"AND"或"*"表示,是对具有交叉关系和限定关系概念的一种组配。其逻辑表达式为:A * B或A AND B,检索时,数据库中必须同时含有检索词A和检索词B的文献才是命中文献。例如"计算机"AND"文献检索",表示查找文献内容中既含有"计算机"又含有"文献检索"词的文献。其作用是增加限制条件,缩小检索范围,提高查准率和检索的专指性。

2. 逻辑"或"

逻辑"或"通常用符号"OR"或"+"表示,是对具有并列关系概念的一种组配。其逻辑表达式为:A+B 或 A OR B,检索时,数据库中凡是含有检索词 A 或者含有检索词 B 或者同时含有检索词 A 和 B 的文献均为命中文献。例如"计算机"OR"文献检索",表示查找文献内容中含有"计算机"或含有"文献检索"以及两词都包含的文献。其作用是扩大检索范围,提高查全率。

3. 逻辑"非"

逻辑"非"通常用符号"NOT"或"−"表示,是对具有排斥关系概念的一种组配。其逻辑表达式为:A−B 或 A NOT B,检索时,数据库中凡是含有检索词 A 但不含有检索词 B 的文献,为命中文献。例如"计算机"NOT"文献检索",表示查找文献内容中含有"计算机"但不含有"文献检索"的那部分文献。其作用是与逻辑"与"相似,可缩小检索范围,提高查准率和检索的专指性。

需要指出的是,不同的计算机检索系统,布尔逻辑运算符可能不同。具体使用时可参照计算机检索系统的"帮助"菜单。上述逻辑运算符中,其运算优先级依次为"NOT"、"AND"、"OR",也可通过圆括号改变它们之间的优先级,圆括号内的逻辑表达式优先执行。

2.2.2 截词检索

截词检索是预防漏检、提高查全率的一种常用检索技术,大多数检索系统都提供截词检索的功能。截词检索指检索时将检索词在合适的地方截断,然后使用截词符进行处理,既可减少检索词的输入,又可达到较高的查全率。截词检索在计算机检索系统中应用非常普遍,尤其在西文检索系统中,使用截词符处理自由词可以减少检索词的输入量,简化检索程序,扩大检索范围,节省检索时间,降低费用,对提高查全率的效果非常显著。通常使用的截词符有"?"、"*"、"$"、"!"等,计算机在查找过程中如遇截词符号,将不予匹配对比,只要其他部位字符相同,均算命中文献。常用截词的方式有以下几种:

1. 后方截词

后方截词是将截词符放在一串字符的后面,用以表示以相同字符串开头,而结尾不同的所有词,有利于扩大检索范围。如输入:"comput?",则数据库将会把含有"compute"、"computer"、"computerized"、"computerization"等文献记录均作为命中记录输出。

2. 前方截词

前方截词是将截词符放在词根的前边,后方一致,表示在词根前方有无限个或有限个字符变化,利于扩大检索范围。比如输入:"?lish",则数据库就能够检索出含有"English"、"abolish"、"foolish"、"polish"、"accomplish"等词的记录。前方截词相当于后方一致的检索。

3. 中间截词

中间截词是将截词符置于检索词的中间,而词的前、后方一致。比如输入:"wom?n",即可检索出"woman"和"momen"等。中间截词相当于前后方一致的检索。

4. 有限截词

有限截词即截几个字符就加几个"?"。如输入:"computer?",表示可以有 0~1 个字母的变化,数据库即检出带有"computer"、"computers"的文献;又比如输入:"stud???"表示截 3 个字母,可检索出带有"study"、"studies"、"studing"等的文献。

5. 无限截词

无限截词即允许截去无限个字符，如输入："comput*"，则可检出含有"computers"、"computing"、"computered"等的文献。

任何一种截词检索，都隐含着布尔逻辑检索的"或"运算。采用截词检索时，既要灵活，又要谨慎，截词的部分要适当，如截得太短，将增加检索噪声，影响查准率。而且在不同的数据库和联机检索系统中，所使用的截词符是不同的，使用时一定要注意。

2.2.3 位置检索

利用布尔逻辑运算符检索时，只对检索词进行逻辑组配，不限定检索词之间的位置以及检索词在记录中的位置关系。而有些情况，如不限制检索词之间的位置关系则会影响某些检索课题的查准率，因此，大部分检索系统都设置了位置限定运算符，以确定检索词之间的位置关系，这种检索称为**位置检索**。但不同的检索系统，所使用的位置算符不一定相同，功能也有差异，使用时应具体对待。常用的位置算符有"with"、"near"。

1. W(With)算符

A(W)B 表示检索词 A 和 B 必须紧密相连，除空格或标点符号外，不允许插入其他词或任何字母，并且 A 和 B 的词序不可颠倒。(W)可简写为( )；A(nW)B 则表示检索词 A 和 B 之间最多可插入 n 个单词且位置关系不可颠倒。

2. N(Near)算符

A(N)B 表示检索词 A 和 B 必须紧挨，紧密相连，除空格或标点符号外，词间不允许插入任何词，但 A 与 B 的词序可以颠倒；A(nN)B 则表示检索词 A 和 B 之间最多可插入 n 个单词且词序可变。

3. F(Field)算符

A(F)B 表示检索词 A、B 必须同时出现在同一记录的同一字段中，如题名字段、文摘字段等，两词的词序、中间可插入单词的数量不限，但使用此算符必须指定所要查找的字段。

4. L(Link)算符

A(L)B 表示检索词 A、B 之间存在从属关系或限制关系，如果 A 为主叙词，则 B 为副叙词。L(Link)算符对有主、副标题叙词表的数据库，使用效果最佳。

2.2.4 字段限制检索

使用截词检索，简化了布尔检索中的逻辑或功能，并没有改善布尔检索的性质。使用词位检索，只能限制检索词之间的相对位置，不能完全确定检索词在数据库记录中出现的字段位置，特别在使用自由词进行全文检索时，需要用字段限制查找的范围。**字段限制检索**是一种用于限定提问关键词在数据库记录中出现的区域，控制检索结果的相关性，提高检索效果的检索方法，多以字段限定方式实现。即指定检索词出现的字段，被指定的定段也称检索入口，检索时，系统只对指定字段进行匹配运算，提高了效率和查准率。

在检索系统中，数据库设置的可供检索的字段通常有两种：表达文献主题内容特征的基本字段(Basic Field)和表达文献外部特征的辅助字段(Additional Field)。基本字段包括篇名、文摘、叙词、自由标引词四个字段。辅助字段包括除基本字段以外的所有字段。每个字段的标识符都用 2 个字母表示。常用的字段代码有标题(TI)、文摘(AB)、叙词或受控词(DE 或 CT)、标识词或自由词(ID 或 UT)、作者(AU)、语种(LA)、刊名(JN)、文献类型(DT)、年代(PY)等。

在大多数数据库检索页面中,字段名称通常放置在下拉菜单中,用户可根据需要选择不同的检索字段进行检索,以提高检索效率。

2.3 信息检索工具

2.3.1 信息检索工具的定义及特征

1. 信息检索工具的定义

信息检索工具是指人们用来报道、存储和查找信息线索的工具。它是检索标志的集合体,它的基本职能一方面是揭示信息及其线索,另一方面提供一定的检索手段,使人们可以按照它的规则,从中检索出所需信息的线索。

2. 信息检索工具的特征

检索工具除具有存储和检索的职能外,还必须具备以下基本特征:
(1) 详细而又完整地记录了文献的外部特征和内部特征。
(2) 对所著录的文献,标引了可供检索的检索标示。
(3) 提供必要的检索手段,配备各种体系的索引。
(4) 全部检索标识必须科学地、系统地排列,组成一个有机的整体。

2.3.2 信息检索工具的类型

信息检索工具的种类很多,按照不同的划分标准可分为不同的类型。

1. 按处理信息的手段划分

按处理信息的手段来分,可分为手工检索工具和计算机检索工具两种。手工检索工具是指用手工方式来处理和查找文献信息的一切工具,如卡片、目录等;计算机检索工具是指借助于计算机等技术手段进行信息检索的工具,如计算机检索系统、国际联机检索系统等。

2. 按报道的学科内容划分

信息检索工具中信息的学科内容有综合性、专业性之分。综合性检索工具一般具有较长的历史,往往提供多种检索途径,检索功能较强;专业性检索工具比较简单,但内容的标引却比综合性检索工具详细,对本学科的信息收录比综合性工具更全。

3. 按著录信息的特征划分

按信息著录方式来划分,检索工具可分为目录、题录、文摘、索引等类型。

(1) 目录型检索工具

目录型检索工具是对文献外表特征的揭示和报道,是有序的文献清单。通常以一个出版单位或收藏单位为基本的著录单位,即以"本"、"种"、"件"为报道单位,它对文献的描述比较简单,只记录文献的外表特征,不涉及文献的具体内容。每个条目的著录包括书(刊)名、作者、出版年月、出版地及收藏情况等。对于文献信息检索者而言,国家书目、馆藏目录、联合目录等尤为重要。

【实例1】 图书馆馆藏目录实例如图2-3所示。

```
TN79              shu zi dian zi ji shu
Y726-1            数字电子技术 / 于晓平主编. -- 北京 ：清华大学
                  出版社，2006
                  240页；26cm. -- (高等学校应用型特色规划教材)

                  ISBN 7-302-13108-2：CNY23.00
584116            本书着重介绍了数字电路的新理论、新技术、新器件，对数字电
                  路的常用集成电路作了比较详细的介绍，内容包括：数字电路基础
                  、逻辑门电路、组合逻辑电路等。
                  册 C0584116

                  I.① 数... II.① 于晓平 III.① 数字电路-电子技术-高等学校    IV
                  .① TN79
```

图2-3 馆藏目录实例

(2) 题录型检索工具

题录型检索工具是将图书、期刊、专利等文献中论文的篇名按照一定的排检方法编排而成。即以单篇文献的"篇"为著录单位，也只对文献外表特征进行描述。题录的著录项通常包括：篇名、著者(或含其所在单位)和文献出处(包括刊名、出版年、卷、期、起止页码)等，无内容摘要，题录报道信息的深度比目录大，题录报道周期较短，收录范围广，是用来查找最新文献检索的重要工具。

【实例2】 清华同方《中文期刊全文数据库》题录实例如图2-4所示。

序号	篇名	作者	刊名	年/期
1	中国人造卫星的拓荒者——访著名自动控制专家、浙江籍院士屠善澄	潘聪平	今日浙江	2009/11
2	家庭电气自动控制技术分析	孟繁江	中小企业管理与科技(下旬刊)	2009/05
3	关于PC+PLC系统在中小型净水厂自动控制应用简介	许双利	科技创新导报	2009/16
4	现代飞机自动地形跟随系统控制律的研究	唐一萌	飞机设计	2009/03
5	基于分布式控制的船用分油机自动控制装置	黄玮	船舶	2009/03
6	基于模糊PID控制的BTT导弹自动驾驶仪设计	张燕	战术导弹控制技术	2009/01
7	水厂自动加矾控制系统	金月园	电工技术	2009/06
8	PLC在水厂自动控制系统中的应用	陈晓	电工技术	2009/06
9	列车自动清洗机水处理循环自动控制系统的设计	卢允忠	电工技术	2009/06
10	自动增益控制在光电检测系统中的应用	郭振民	河北省科学院学报	2009/02

图2-4 《中文期刊全文数据库》题录实例

(3) 文摘型检索工具

文摘型检索工具是通过描述文献的外部特征和简明扼要地摘录文献内容要点来报道文献

的一种检索工具,是二次文献的核心。其特点是在题录的基础上加上文摘内容,以精练的语言把文献的重要内容、学术观点、数据及结构准确地摘录下来,并按一定的著录规则与排列方式编排起来,供读者查阅使用。文摘的主要作用是为读者提供快速而准确的阅读和检索,对查全率和查准率要求较高。文摘一般可分为指示性文摘、报导性文摘和评论性文摘。

① 指示性文摘(Indicative Abstract):是原文的简介。主要揭示文献研究的主要问题,以及文献涉及的范围、目的等,不涉及具体的技术问题,一般在 100 字左右,有的仅一句话,从而为判断是否需要阅读原始文献提供依据。由于此种文摘字数少,概括性强,一般又称简介性文摘,如我国出版的《电工文摘》。

② 报道性文摘(Informative Abstract):是原文内容的缩写,一般在 200~300 字左右,主要报道原文的主题范围、基本观点以及结论等。基本上能反映原文的内容,读者即使不读原文,也可知其详细的情况。它反映的内容具体,客观,不带有任何评价,如美国的《化学文摘》等,这类文摘很受读者的欢迎。

③ 评论性文摘(Critical Abstract):是在上述款目内容的基础上,又增加了文摘评论员的分析与见解。

(4) 索引型检索工具

索引型检索工具一般是附在专著或年鉴、百科全书等工具书之后以及收录内容较多的二次文献之后,是将书刊内容中所论及的篇名、人名、主题等项目,按照一定的排检方法加以编制,注明出处,供读者查检使用的检索工具。索引是对文献内容较深入的揭示。索引与目录的根本区别就在于著录的对象不同,目录所著录的是一个完整的出版单位,如一种图书、一种期刊等,而索引所著录的则是完整的出版物的某一部分、某一观点、某一知识单元,因此,索引能解决目录只对文献作整体的宏观著录的不足,满足读者对文献内容单元的微观揭示和检索的要求,提高文献检索的深度和检索效率。随着科技文献数量的急剧增长,人们越来越重视对索引的利用。

索引的类型繁多,常用的索引类型有:分类索引、主题索引、关键词索引、著者索引和其它索引。最常用的索引是主题索引、分类索引和著者索引。

【实例 3】 《全国报刊索引》实例
040412519 大型发电机组相间故障保护整定及灵敏度分析/侯为林(太平湾发电厂,118000);王妍哲;顾晶涛//长春工业大学学报:自然科学版(吉林).-2003,24(1).-59-61
040412507 通用智能电网电量信号采集器/宗剑(中国矿业大学信电学院,221008);张鑫;牟龙华//电工技术(重庆).-2003,(12).-21-22

2.4 信息检索方法、途径与步骤

2.4.1 信息检索的方法

在检索信息文献时,可以根据检索课题的要求和对课题有关文献线索的掌握情况选择不同的检索方法,以便达到省时、省力、查全的目的。信息检索方法一般有 3 种:直接法、追溯法、循环法。

1. 直接法

又称常用法,就是直接利用文献检索工具查找文献的方法。由于检索工具书刊的种类繁多,一般应根据课题内容特点首先利用综合性的检索工具,然后使用专业性的检索工具,二者结合,可提高查全率和查准率。直接法根据时间范围又分为顺查法、倒查法和抽查法。

(1) 顺查法　是以所查课题起始年代为起点,按时间顺序由远而近地的查找方法。顺查法的优点是查全率高,漏检、误检率低,缺点是费时、费力,工作量较大。一般适用于主题比较复杂、研究范围较广、研究时间较久的科研课题的文献检索。

(2) 倒查法　这是一种由近而远逆时间查找文献的方法。倒查法与顺查法相反,按照由近及远、由现在到过去逆时序逐年逐卷地回溯查找文献的一种方法。一般适用于要求获得某学科或研究课题最新或近期一定时间内的文献资料。与顺查法相比,倒查法比较省时省力,但查全率、查准率较低,易漏检。

(3) 抽查法　根据课题研究的特点,抓住该课题研究发展迅速,研究成果较多的时期进行重点检索,以节省时间。抽查法一般多用于时间紧张的小型项目研究或要求快速检索的课题。使用抽查法,检索时间较少,查得文献较多,但漏检文献的可能性较大,并要求检索者必须熟悉学科的发展特点及历史背景,方可达到满意的检索效果。

2. 追溯法

又称引文法,是从已有的文献后面所列的参考文献着手,逐一追查原文,再从这些原文后所附的参考文献逐一检索,获得一批相关文献的方法。其优点是:在没有检索工具或检索工具不齐全的情况下,借助此法可较快地获得一批相关文献。但这种方法易受原文作者引用资料的局限性和主观随意性影响,且比较杂乱,缺乏时代特点,检索效率低、查全率低、漏检率和误检率较高,但仍不失为一种简便地获得相关文献的方法。

3. 循环法

又称综合法,是常用法和追溯法两种方法的结合。即采用这种方法查找文献时,既要利用检索工具,又要利用文献后附的参考文献进行追溯,分期分段地交替使用,直到满足检索要求为止。它兼有常用法和追溯法的优点,可得到较高的查全率和查准率。

在实际检索中,究竟选用哪一种检索方法,要根据检索条件、检索要求、检索背景等因素而定。在检索工具比较充分的条件下,可以利用常用法;在没有检索工具的情况下,可采用以追溯法为主的检索方法;熟悉研究课题出版文献较多的年代即可利用抽查法。总之,只有视条件的可能和课题的需要选用相应的检索方法,才能迅速地获得相关的文献,完成课题检索的任务。

2.4.2　信息检索的途径

文献信息检索时,人们往往会根据文献信息存储时按其内容特征和外部特征进行排序的方法进行检索。文献的内容特征是指文献所论及的事物、提出的问题、涉及的基本概念以及文献信息内容所属的学科范围,如分类、主题等。文献的外部特征是指题名、作者、作者单位以及某种特殊文献自身的标识。按文献的外部特征和内容特征,文献检索的途径可分为两大类型。

1. 按外部特征的途径

(1) 题名途径

题名途径是根据书、刊名或论文篇名编成的索引作为文献信息检索的一种途径。检索工具是题名索引,如果已知书名、刊名、篇名,可以此作为检索点,查出具有特定名称的文献。

题名途径一般多用于查找图书、期刊、单篇文献。检索工具中的书名索引、会议名称索引、篇名索引、刊名索引等均提供了由题名检索文献的途径。如《书名目录》《期刊目录》等。

(2) 著者途径

著者途径是根据已知文献著者(个人或单位著者)的名称来查找文献信息的途径。检索工具是著者索引,包括个人著者索引、机关团体索引、专利发明人索引、专利权人索引等。著者索引按著者的姓名字顺,将有关文献排序而成。以著者为线索可以系统、连续地掌握某一著者的研究水平和研究方向,查找其最新的论著。

(3) 号码途径

号码途径是根据文献出版时所编的号码顺序来检索文献信息的一种途径。许多文献具有唯一或特定的编号,如专利说明书的专利号、国际标准图书号(ISBN)、国际标准连续出版物号(ISSN)、科技报告的报告号、文献收藏单位编制的馆藏号、索书号等。根据各种号码编制成了不同的号码索引,在已知号码的前提下,利用号码途径能查到所需文献,满足特性检索的需要。利用文献号码索引检索文献比较方便、快速,但局限性很大,不能作为主要的检索途径。一般将其作为一种辅助检索途径。

2. 按内容特征的途径

(1) 分类途径

分类途径是一种按照文献资料所属学科(专业)属性(类别)进行检索的一种途径。检索工具是分类表。利用这一途径检索文献,首先要明确课题的学科属性、分类等级,获得相应的分类号,然后逐类查找。按分类途径检索文献便于从学科体系的角度获得较系统的文献线索,即具有族性检索功能,使同一学科的有关文献集中在一起,使相邻学科的文献相对集中。它要求检索者对所用的分类体系有一定的了解;熟悉分类语言的特点;熟悉学科分类的方法,注意多学科课题的分类特征。

(2) 主题途径

主题途径是一种按照文献信息的内容主题进行检索的途径。检索工具是各类主题目录和索引。利用主题途径检索时,只要根据所选用主题词的字顺(字母顺序、音序或笔画顺序等等)找到所查主题词,即可查得相关文献。主题途径具有直观、专指、方便等特点,不必像使用分类途径那样,先考虑课题所属学科范围、确定分类号等。主题途径表征概念较为准确、灵活,易于理解、熟悉和掌握,不论主题多么专深都能直接表达和查找,并能满足多主题课题和交叉边缘学科检索的需要,具有特性检索的功能。

(3) 分类主题途径

分类主题途径是分类途径与主题途径的结合。它比分类体系更具体,无明显的学术层次划分,比主题更概括,但保留了主题体系按字顺排序以便准确查检的特点。

2.4.3 信息检索的步骤

文献信息检索的工作就是根据课题的要求,利用检索工具,按照一定的方法和步骤把符合需求的文献查找出来的过程。文献检索一般分为5大步骤：分析检索课题→选择检索系统和数据库→确定检索词→构造检索表达式→实施检索并调整检索策略。

1. 分析检索课题

分析研究课题，是文献信息检索最关键的一步。在文献信息检索前，必须对检索课题进行认真分析和研究，明确该课题的主题要求、课题所涉及的学科专业范围；所需的文献信息的类型，即信息载体、出版类型、年代范围、涉及语种、有关著者、机构等；信息检索对查新、查准和查全的指标要求等。

2. 选择检索系统和数据库

在全面分析课题的基础上，根据用户要求得到的信息类型、时间范围、课题检索经费支持等因素进行综合考虑后，选择相应的检索系统和数据库。正确选择数据库，是保证检索成功的基础。选择数据库时必须从以下几个方面考虑：

（1）学科范围　数据库收录的信息内容所涉及的学科范围。

（2）文献范围　数据库收录的文献类型、数量、时间范围以及更新周期。

（3）检索功能　数据库所提供的检索途径、检索功能和服务方式。

3. 确定检索词

检索词是表达信息需求的基本元素，也是计算机检索系统中进行匹配的基本单元。检索词选择正确与否，直接影响着检索结果。在全面了解检索课题的相关问题后，提炼主要概念与隐含概念，排除次要概念，以便确定检索词。检索词的选取，应注意以下几个问题：

（1）选用主题词　当所选的数据库具有规范化词表时，应优先选用该数据库词表中与检索课题相关的规范化主题词，从而获得最佳的检索效果。

（2）选用同义词与近义词　尽可能地考虑其相关的同义词、近义词作为检索词，以保证查全率。如同一概念的几种表达方式、同一名词的单、复数、上位概念词与下位概念词、词形变化等。

（3）选用常用的专业术语　在数据库没有专用的词表或词表中没有可选的词时，可以从一些已有的相关专业文献中选用常用的专业术语作为检索词。

（4）选用数据库规定的代码　不少数据库都使用各种代码来表示各种主题范畴，有很高的匹配性。如《世界专利索引》(WPI)文档的国际专利分类号代码IC，《化学文摘》(CA)中的化学物质登记号RN等。

4. 构造检索表达式

检索表达式是计算机信息检索中用来表达用户检索提问的逻辑表达式，由检索词和各种布尔逻辑算符、位置算符、截词符以及系统规定的其他组配连接符号组成。构造检索表达式的核心是构造一个既能表达检索课题需要，又能为计算机识别的检索表达式。检索表达式构造得是否合理，将直接影响查全率和查准率。构造检索表达式时，应正确使用逻辑组配运算符：

（1）使用逻辑"与"算符可以缩小命中范围，起到缩检的作用，得到的检索结果专指性强，查准率高。

（2）使用逻辑"或"算符可以扩大范围，得到更多的检索结果，起到扩检的作用，查全率高。

（3）使用逻辑"非"算符可以缩小命中范围，得到更切题的检索效果，可以提高查准率，但使用时需慎重，以免把一些相关信息漏掉。另外，构造检索表达式，还需注意位置算符、截词符等的使用方法，以及各检索项的限定要求及输入次序等。

5. 实施检索并调整检索策略

构造完检索表达式后,即可上机检索。检索时,应及时分析检索结果与检索要求是否一致,根据检索结果对检索表达式作相应的修改和调整,直至得到比较满意的结果。

(1) 命中文献数量过多。产生这种情况的原因可能有以下两点:一是主题词本身的多义性导致误检;二是所选的检索词截词截得太短。在这种情况下,应考虑缩小检索范围,提高检索结果的查准率。常用的检索方法如下:

- 减少同义词与同族相关词或减少一些相关性不强的检索词;
- 增加限制概念,采用逻辑"与"连接检索词或进行二次检索;
- 选择检索范围较小的字段,将检索词限定在某个或某些字段范围内;
- 使用逻辑"非"算符,排除无关概念;
- 使用位置算符,提高查准率;
- 使用精确检索。

(2) 命中文献数量过少。当检索结果信息量较少时,应进行扩检,提高查全率。造成检索结果信息量少的原因有以下几点:首先,选用了不规范的主题词或某些产品的俗称、商品名称作为检索词;其二,同义词、近义词、相关词没有用全;其三,上位概念或下位概念没有完整运用。针对这种情况,就要考虑扩大检索范围,提高检索结果的查全率。常用的检索方法如下:

- 增加检索词的上位词、同义词、近义词、相关词并用逻辑"或"将它们连接起来;
- 检索入口选择较大范围的字段,如文摘、全文检索等;
- 减少逻辑"与"的运算,放弃一些次要的或者太专指的概念;
- 取消或放宽一些检索限定,如检索的年限长一些,检索的期刊不只是核心期刊等;
- 使用截词符进行检索;
- 调整位置算符,由严变松;
- 改精确检索为模糊检索。

2.5 信息检索效果的评价与提高措施

1. 信息检索效果的评价

在运用检索工具或检索系统进行检索时,我们期望检索出来的文献信息均是自己所需的,并且能够把该检索工具或检索系统中适合自己检索需要的文献信息全部检索出来。**检索效果**(Retrieval Effectiveness)是指检索系统检索的有效程度,它反映了检索系统的能力。检索效果包括技术效果和社会经济效果两个方面,技术效果主要指系统的性能和服务质量,系统在满足用户的信息需要时所达到的程度;社会经济效果是指系统如何经济有效地满足用户需要,使用户或系统本身获得一定的社会和经济效益。

根据 F. W. Lancaster 的阐述，判定一个检索系统的优劣，主要从质量、费用和时间三方面来衡量。因此，对计算机信息检索的效果评价也应该从这三个方面进行。质量标准主要通过查全率与查准率进行评价；费用标准即检索费用是指用户为检索课题所投入的费用；时间标准是指检索花费时间，包括检索准备时间、检索过程时间、获取文献信息时间等。

目前，对检索技术效果评价的主要指标有两项，即**查全率**（Recall Ratio）和**查准率**（Pertinence Ratio），分别用字母 R 和 P 表示。在检索时，检索系统把文献分为两部分，一部分是与检索策略相匹配的文献，并被检索出来，用户根据自己的判断将其分成相关文献 a 和不相关文献 b，另一部分是未能与检索策略相匹配的文献，分为相关文献 c 和不相关文献 d，因此，查全率，是指从检索系统检出的与某课题相关的文献量与检索系统中实际与该课题有关的文献总量之比率，其公式为：

$$查全率(R) = \frac{检出的相关文献数}{系统中相关文献总数} \times 100\% = \frac{a}{a+c} \times 100\%$$

【**实例 4**】 某图书馆与该课题相关的总文献数为 50 篇，检索时查出 26 篇。其查全率为：

$$R = \frac{a}{a+c} \times 100\% = \frac{26}{50} \times 100\% = 52\%$$

查准率，是指从检索系统检出的有关某课题的文献数量与检出的文献总量之比率，其公式为：

$$查准率(P) = \frac{检出的相关文献数}{检出的文献总数} = \frac{a}{a+b} \times 100\%$$

【**实例 5**】 某人检索查出文献 50 篇，经审查与课题相关文献为 25 篇，则其查准率为：

$$R = \frac{a}{a+b} \times 100\% = \frac{25}{50} \times 100\% = 50\%$$

然而，由于许多因素的影响，在实际检索中，查全率和查准率是不可能达到 100% 的，二者存在着一种互逆关系，即在同一检索系统中查全率和查准率达到某一程度后，提高查全率，查准率则会降低；反之，查准率提高，查全率则会下降。影响查全率和查准率的因素很多，有待于进一步的研究，但是，随着检索系统的不断完善与发展，查全率和查准率也将会不断完善，对检索系统效果的评价也将越来越符合实际。

2. 提高信息检索效果的措施

通常采用以下方法，能提高信息检索的效果。

（1）选择好的检索工具。既要注意选择质量较高的检索工具，又要选用适合检索课题的检索工具。

（2）准确使用检索语言。所用检索语言应能准确表达文献信息的需求，灵活运用泛指性较强和专指性较强的检索语言。

使用泛指性较强的检索语言（如上位类、上位主题词）能提高查全率，但查准率下降。

使用专指性较强的检索语言（如下位类、下位主题词）能提高查准率，但查全率下降。

（3）善于利用各种辅助索引。一种检索工具通常有许多辅助索引，提供多种检索途径，应根据检索需要综合运用，选用相应的索引进行检索。

（4）提高检索策略的制订水平。检索策略是一项技巧性很强的检索方案，不同的检索方案得到的检索效果有着很大的差别，因此，检索人员不仅要具备较高的专业素质，也要具有一定的文献检索常识，能全面正确表达检索要求，制订出科学、全面、合理、细致的检索策略，这样才能有效地降低漏检率和误检率，提高检索效果。

思考题

1. 信息检索的原理和作用是什么？
2. 什么是信息检索语言？有几大类？
3. 《中国图书馆图书分类法》共有几大基本部类、几大基本大类？采用了怎样的标记符号？
4. 简述主题语言与分类语言的区别。
5. 从文献信息的内容特征检索一般有哪些检索途径？
6. 从文献信息的外部特征检索一般有哪些检索途径？
7. 文献信息检索的方法有哪些？
8. 简述现代信息资源的检索原理。
9. 已知《中国图书馆图书分类法》分类号，请给出所属主题类目：

    H319.4；O13；TP312；TM13；I246.5；TH12

10. 计算机信息检索中常用的检索技术有哪些？简述逻辑运算符、截词运算符的种类和作用。
11. 简述信息检索工具的主要类型。
12. 简述信息检索的步骤。
13. 什么是查全率、查准率？如何提高查全率和查准率？
14. 如何提高检索效果？

第3章 网络数据库检索

3.1 CNKI 中国期刊全文数据库信息检索系统

CNKI 是中国知识基础设施工程(China National Knowledge Infrastructure)的简称,是由清华同方光盘股份有限公司、清华大学光盘国家工程研究中心、中国学术期刊(光盘版)电子杂志社、光盘国家工程研究中心等多家单位联合开发的国家信息化重点工程,于 1999 年 6 月在《中国学术期刊(光盘版)》(CAJ-CD)和中国期刊网(CJN)全文数据库建设的基础上研制开发的一项规模更大、内容更广、结构更系统的知识信息化建设项目。

目前,CNKI 的主要内容包括:中国期刊全文数据库、中国优秀博硕士学位论文全文数据库、中国重要会议论文全文数据库、中国重要报纸全文数据库、中国图书全文数据库、中国年鉴全文数据库和 CNKI 知识搜索引擎等数字信息资源。其中,中国期刊全文数据库是 CNKI 知识创新网中最具特色的一个文献数据库。

CNKI 针对不同类型的用户分别提供了以下 4 种服务方式:

(1) 网上包库:数据每日更新,并赠送当年相应的光盘;不计流量地使用所订购的 CNKI 的资源,按年度交费;无需硬件支出以及专人维护。适合任何能够上网的机构及个人用户使用。

(2) 镜像站点:数据日更新或月更新;限本单位内部网上使用,访问速度快;需要有专人进行日常维护和数据更新;需要硬件投入,系统维护工作量大;节约大量的通信或流量费用。适合规模较大的机构用户使用。

(3) 光盘版:原文 DVD 光盘半年更新,题录摘要可以从数据交换中心每日更新;使用范围小、不方便。适合中、小机构及个人用户使用。

(4) 流量计费:数据每日更新;不受 IP 地址限制,可以使用 CNKI 系列数据库资源;按照所使用的流量计费。适合中小规模的科研院所、公共图书馆、企事业单位及个人使用。

3.1.1 中国期刊全文数据库概述

中国期刊全文数据库(CJFD)是目前世界上最大的连续动态更新的中国期刊全文数据库,收录国内 9 100 多种重要期刊,以学术、技术、政策指导、高等科普及教育类为主,同时收录部分基础教育、大众科普、大众文化和文艺作品类刊物,内容覆盖自然科学、工程技术、农业、哲学、医学、人文社会科学等各个领域,全文文献总量 3 252 多万篇。产品分为十大专辑:理工 A、理工 B、理工 C、农业、医药卫生、文史哲、政治军事与法律、教育与社会科学综合、电子技术与信息科学、经济与管理。十大专辑下分为 168 个专题和近 3 600 个子栏目。各个专辑包含的内容如表 3-1 所示。

表 3-1　十大专辑包含的内容

专辑名称	包 含 学 科 门 类
理工 A 专辑	数学,力学,物理,天文,气象,地理,海洋,生物,自然科学综合
理工 B 专辑	化学,化工,矿冶,金属,石油,天然气,煤炭,轻工,环境,材料
理工 C 专辑	机械,仪表,计量,电工,动力,建筑,水利工程,交通运输,武器,航空航天,原子能
农业专辑	农业,林业,畜牧兽医,渔业,水产,植保,园艺,农机,农田水利,生态,生物
医药卫生专辑	医学,药学,中国医学,卫生,保健,生物医学,病例集萃
文史哲专辑	语言,文字,新闻,文学,文化,艺术,音乐,美术,体育,历史,考古,哲学,宗教,心理
政治军事与法律专辑	政论,党建,外交,军事,法律
教育与社会科学综合专辑	经济,商贸,管理,行政,交通,旅游,市场营销,文秘,会计,审计,财政,金融,证券,保险,信贷
电子技术与信息科学专辑	教育理论,教育管理,初中高教育,职教成教,社会学,统计,人口,人才,社会科学理论,社科实践
经济与管理专辑	电子,无线电,激光,半导体,计算机,网络,自动化,邮电,通讯,传媒,新闻出版,图书情报,档案

收录年限:1994 年至今。其中,对 1994 年以前的 1 000 多种期刊进行了回溯,部分回溯至创刊。

产品形式:WEB 版(网上包库)、镜像站版、光盘版、流量计费。

更新频率:CNKI 中心网站及数据库交换服务中心每日更新 5 000～7 000 篇,各镜像站点通过互联网或卫星传送数据可实现每日更新,专辑光盘每月更新,专题光盘年度更新。

3.1.2　检索方法

中国期刊全文数据库提供 5 种主要检索方法:分类检索、期刊导航、初级检索、高级检索、专业检索,其基本检索界面如图 3-1 所示。检索辅助控制有:词频控制、检索扩展控制及其他控制。辅助检索控制界面如图 3-2 所示,其中主要数据项目及含义如下:

(1) 逻辑:点击 ⊞ ,增加一检索行;点击 ⊟ ,减少一检索行。

(2) 词频控制:词频指检索词在相应检索项中出现的频次。词频为空,表示至少出现 1 次,如果为数字,如 2,则表示至少出现 2 次,依次类推。

(3) 最近词:点击 ,将弹出一个窗口,记录最近输入的 10 个检索词。点击所需的检索词,则该检索词自动进入检索框中。

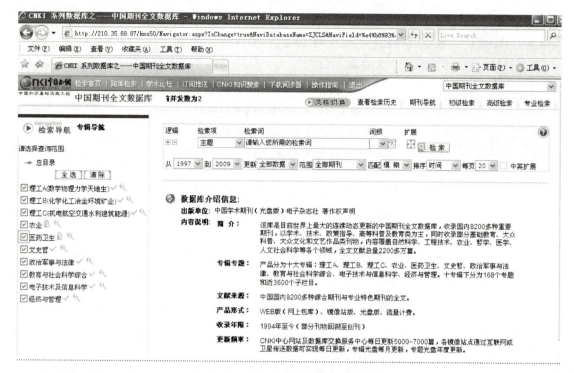

图 3-1　CNKI 基本检索页面

图 3-2　CNKI 辅助检索控制页面

（4）检索扩展控制：点击 ，将弹出一个窗口，显示以输入词为中心的相关词，如图 3-3 所示(中心词是"自动控制")。在弹出窗口中，点击一个相关词前的复选框，再点击"确定"按钮，则该相关词自动以"逻辑与"的关系增加到检索框中如自动控制 *（可编程序控制器），如图 3-4 所示；在弹出窗口中，点击多个相关词前的复选框，再点击"确定"按钮，则该多个相关词自动以"逻辑或"的关系增加到检索框中，如图 3-5 所示(注意图中加圈部分表达式)；在弹出窗口中，点击所需要的相关词，则该相关词自动进入检索框并取代原先输入的检索词。

1. 分类检索

中国期刊全文数据库以"专题数据库"的形式设计，将各学科、各门类的知识分为 168 个专题，兼顾各学科之间的内在联系、交叉渗透，分层次对知识按其属性及相互从属关系进行并行或树状排列，逐级展开到最小知识单元。在分类检索中，可通过导航逐步缩小范围，最后检索出某一知识单元中包含的论文。采用这种检索方式可以做到不需要输入任何检索词，只要选择自己关心的栏目就能直接检索到所需的文章。如：利用学科专业导航，层层点击分类导航区的"电子技术及信息科学—计算机软件及计算机应用—计算机的应用—信息处理(信息加工)—计算机辅助技术"，即可直接检索出其中的文章。

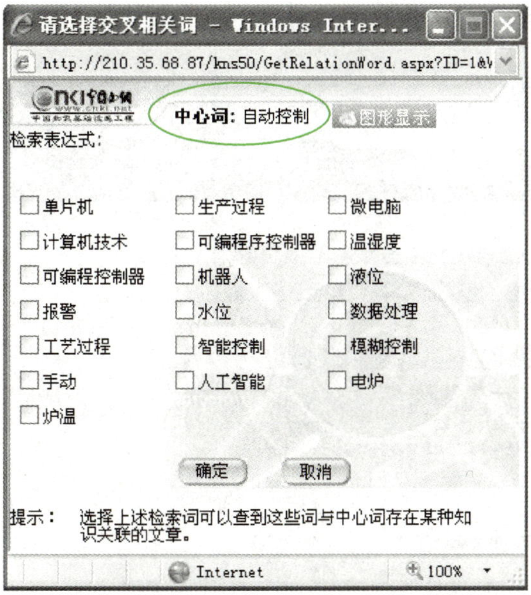

图 3-3 检索扩展控制

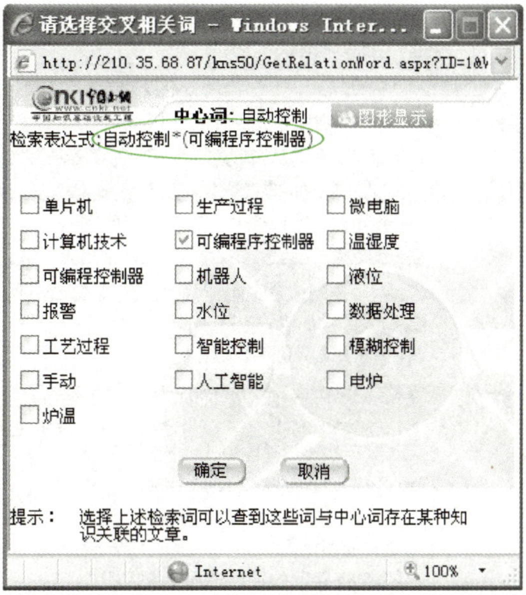

图 3-4 检索扩展控制与

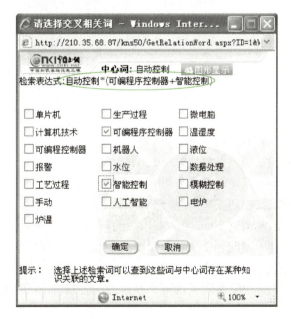

图 3-5 检索扩展控制或

2. 期刊导航

期刊导航主要是对中国期刊全文数据库收录的 9 100 多种期刊所做的一个导航式检索，其检索主页面如图 3-6 所示。

（1）期刊分类导航

系统提供 10 种途径浏览收录的期刊，包括：

① 专辑导航：按照期刊内容知识进行分类，分为 10 个专辑，74 个专栏；

② 数据库刊源导航：将期刊按照国内外二次文献数据库（如 CA、SA、SCI、Ei 等）收录情

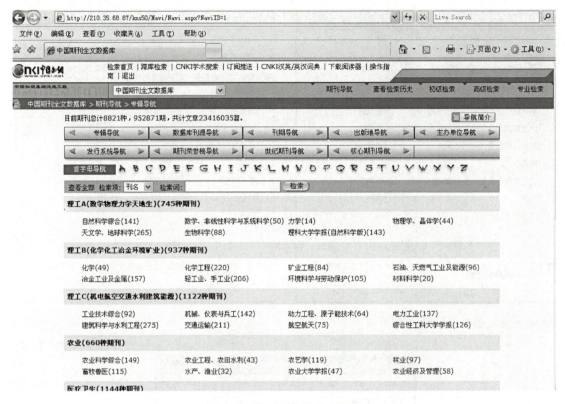

图 3-6　期刊导航检索主页面

况进行分类；

③ 刊期导航：按期刊出版周期分类；

④ 出版地导航：按期刊出版地分类；

⑤ 主办单位导航：按期刊主办单位分类；

⑥ 发行系统导航：按期刊发行方式分类；

⑦ 期刊荣誉榜导航：按期刊获奖情况分类；

⑧ 世纪期刊导航：回溯浏览 1994 年之前出版的期刊；

⑨ 核心期刊导航：将中国期刊全文数据库收录的、2004 年被"中文核心期刊要目总览"收录的期刊，按核心期刊表进行分类排序；

⑩ 中国高校精品科技期刊：将收录的各大高校的学报按刊名的字母顺序进行排序。

(2) 首字母导航

将期刊名按字母顺序列出，用户可按刊名的汉语拼音首字母顺序索引查找期刊。

(3) 关键词检索

提供刊名、CN 和 ISSN 三种检索项，检索查找所需期刊。

根据期刊导航可以方便地浏览某一种期刊的详细信息，比如，在检索项中选择刊名，在检索词文本框中输入"电机与控制应用"，如图 3-7 所示，点击"检索"按钮，即可检索到"电机与控制应用"期刊。点击该期刊，将得到该刊的相关信息及数据库中收录该刊的全部文章，如图 3-8 所示。依次点击年、期，即可获得《电机与控制应用》在该年该期上发表的所有论文，如图 3-9 所示。

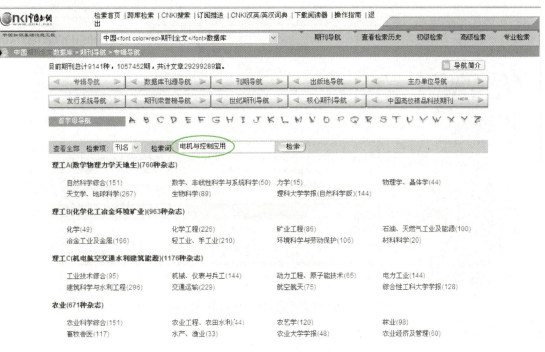

图3-7 利用刊名进行检索

图3-8 《电机与控制应用》的详细界面

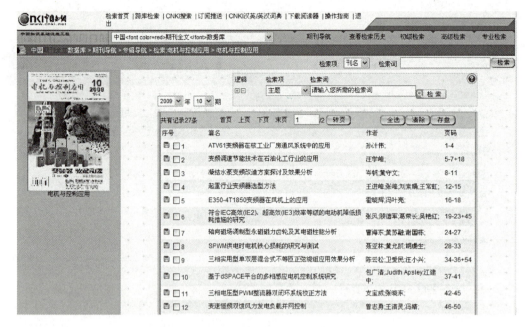

图3‑9 《电机与控制应用》2009年第10期刊载的论文

3. 初级检索

登录中国期刊全文数据库，系统默认的检索方式为初级检索，如图3‑10所示。初级检索能进行快速方便地查询，适用于不熟悉多条件组合查询或SQL语句查询的用户。对于一些简单查询，建议使用该检索方法。

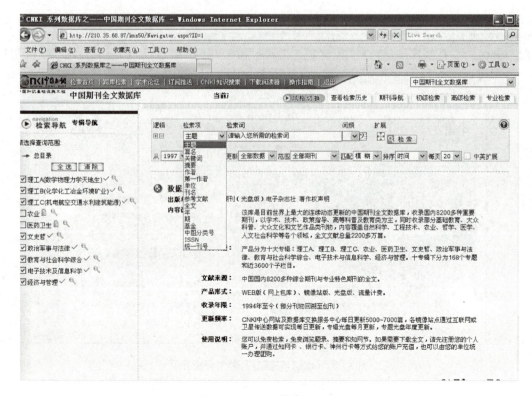

图3‑10 初级检索主页面

（1）检索步骤

① 选择检索范围　数据库共有 10 大专辑，根据检索课题的性质，选中某一专辑或某几个专辑。用鼠标双击某一专辑，即可查看下一层的类目。双击末级类目，系统自动进行检索，结果显示该类目所包括的全部文献。点击"全选"，则 10 大专辑都被选中。点击"清除"按钮，则清空所选的专辑；

② 选择检索项　在检索项的下拉列表中显示有主题、篇名、关键词、摘要、作者、第一作者、单位、刊名、参考文献、全文、年、期、基金、中图分类号、ISSN、统一刊号，共 16 个检索项；

③ 输入检索词　可同时输入多个检索词，检索词与检索词之间用逻辑算符"＊"、"＋"表示；

④ 选择时间范围　根据检索课题的需要，选择检索的时间段；

⑤ 更新　全部数据：数据库收录的全部数据；最近一月：最近 1 个月入库的数据；最近一周：最近 1 周入库的数据；最近三月：最近 3 个月入库的数据；最近半年：最近半年入库的数据；

⑥ 选择期刊范围　全部期刊：数据库收录的全部期刊；EI 来源刊：数据库中收录的期刊被 EI 收录的部分；SCI 来源刊：数据库收录的期刊中被 SCI 收录的部分；核心期刊：数据库中收录的期刊被《中文核心期刊要目总览》收录的部分；

⑦ 选择检索模式　数据库提供的检索模式有：精确匹配和模糊匹配。精确匹配：检索结果完全等同或包含与检索字/词完全相同的词语；模糊匹配：检索结果包含检索字/词或检索词中的词素。若使用"中英文扩展"功能时必须选择精确匹配；

⑧ 选择检索结果排序　无：按文献入库时间顺序输出；相关度：按词频、位置的相关程度从高到低顺序输出；时间：按文献入库时间逆序输出；

⑨ 选择每页显示的记录数　选择每屏显示的记录条数，共有 5 个选项：10、20、30、40、50；

⑩ 执行检索　当所有检索信息都填写完毕后，点击"检索"按钮，执行检索，将满足条件的记录输出，检索结果有题录信息、文摘信息、全文信息。

注：对于初学者，检索范围通常为全选。

（2）检索实例

【实例 1】　检索 2008 年《国际贸易》上关于知识产权方面的文献。

第一步：根据课题，输入检索条件。

① 选择检索项：选择主题，即在篇名、关键词、摘要字段中同时进行检索。

② 输入检索词：知识产权。

③ 选择时间段：2008～2008，即检索 2008 年发表的文献。

④ 更新：选择全部数据。

⑤ 范围：选择全部期刊。

⑥ 匹配：选择精确匹配。

⑦ 排序：选择相关度。

⑧ 每页：选择每屏输出 20 条记录。

⑨ 选中"中英扩展"。

⑩ 执行检索：点击"检索"按钮，检出 8 259 篇文献。如图 3-11、3-12 所示。检索结果太多，需进行二次检索。

图3-11 检索过程步骤示例一

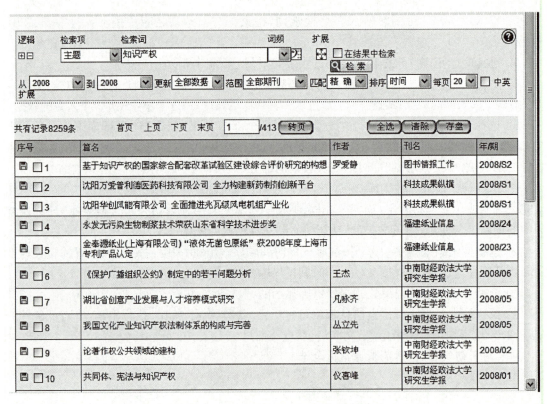

图3-12 检索过程步骤示例二

第二步：进行二次检索。

二次检索是指在前一次检索结果的范围内，继续进行检索。使用二次检索可以逐步缩小检索范围，提高查准率。在初级检索、高级检索和专业检索的检索结果页面均可以执行二次检索。

选择检索项：在检索项的下拉框里选择检索字段：刊名，输入检索词：国际贸易，勾选"在结果中检索"，再点击"检索"按钮。如图3-13所示。

图3-13 检索过程步骤示例三

检索结果为10条。如图3-14所示。

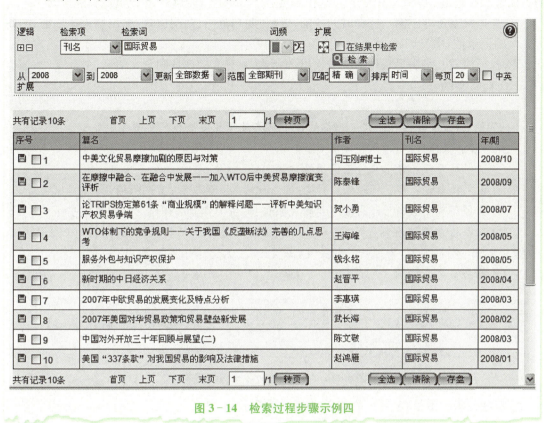

图3-14 检索过程步骤示例四

4. 高级检索

高级检索主界面如图3-15所示。高级检索提供检索项之间的逻辑组合、检索词之间逻辑组合和段句组合,并提供多种检索控制功能的多条件联合检索,以实现复杂概念的检索,提高检索效率。

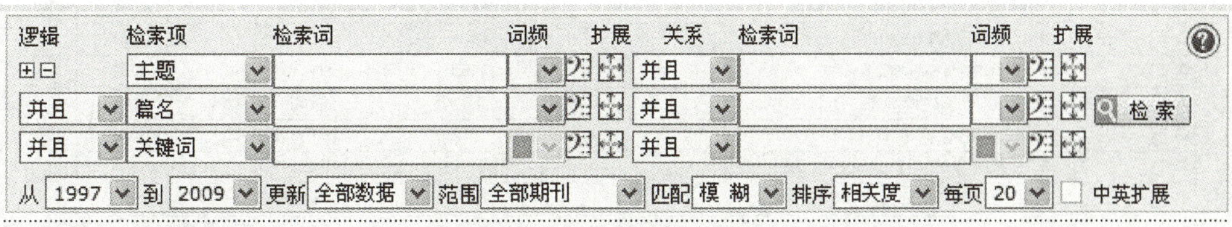

图3-15 高级检索主页面

（1）检索步骤

① 选择检索项　在检索项的下拉框里选择相应的检索字段进行检索,可选取多个检索字段。

② 输入检索词　在检索词文本框中输入检索词。既可以选择同一行输入两个不同的检索词,把检索词限定在同一字段中,也可以选择多行输入不同的检索词,把检索词限定在相同或不同的检索字段中。其中图标 和图标 作用与初级检索相同。

③ 选择逻辑关系　在逻辑选择中可对各个检索输入框的逻辑关系进行限定,可选的逻辑关

系有：并且、或者、不包含。选择“并且”，表明各检索输入框之间逻辑关系为“与”；选择“或者”，表明各检索输入框之间逻辑关系为“或”；选择“不包含”，表明各检索输入框之间逻辑关系为“非”。

④ 选择检索条件限制　选择时间范围、更新、期刊范围、匹配模式、输出结果排序方式、每屏显示的记录数、中英扩展。

⑤ 执行检索　将满足条件的记录输出，输出结果有文摘信息和全文信息。

(2) 检索实例

【实例 2】 检索核心期刊上刊载的关于网络数据库安全性研究方面的文献。

第一步：根据课题，输入检索条件。

① 选择检索项：第一、二、三行选择主题。

② 输入检索词：第一行输入：网络；第二行输入：数据库；第三行输入：安全。

③ 选择逻辑关系：三行的项间逻辑关系选择“并且”，即：网络 * 数据库 * 安全。

④ 选择检索条件限制：时间——2010～2011，更新——全部数据，范围——核心期刊，匹配——精确匹配，排序——相关度，每页——20，选中中英扩展。

⑤ 点击检索。如图 3-16 所示。

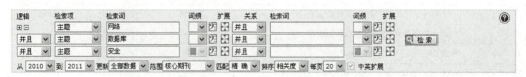

图 3-16　高级检索过程步骤示例一

检索结果：共有 76 条命中文献，如图 3-17 所示。

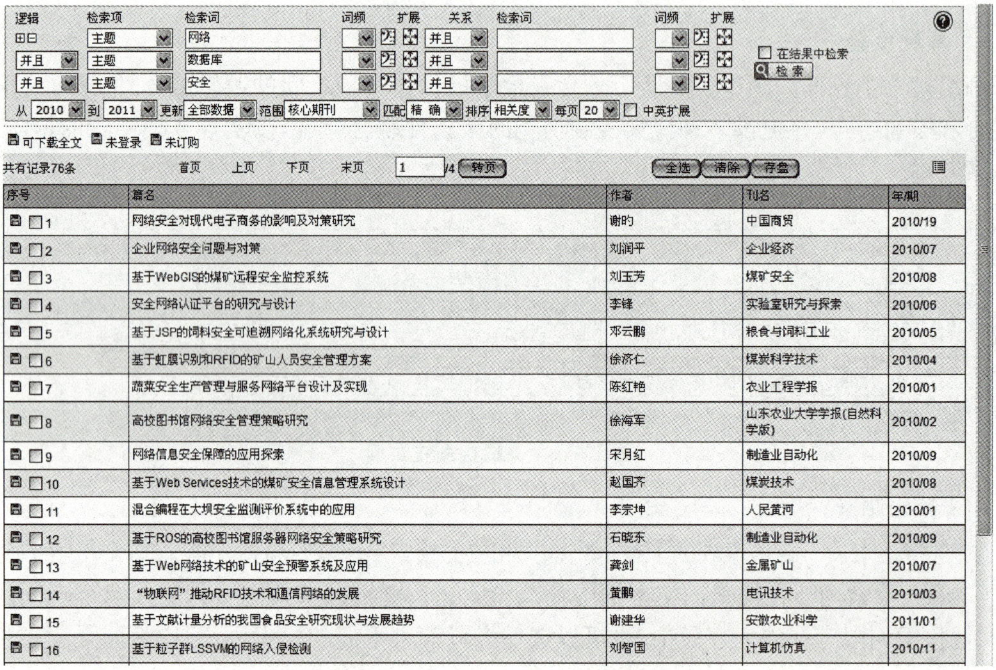

序号	篇名	作者	刊名	年/期
1	网络安全对现代电子商务的影响及对策研究	谢昀	中国商贸	2010/19
2	企业网络安全问题与对策	刘润平	企业经济	2010/07
3	基于WebGIS的煤矿远程安全监控系统	刘玉芳	煤矿安全	2010/08
4	安全网络认证平台的研究与设计	李锋	实验室研究与探索	2010/06
5	基于JSP的饲料安全可追溯网络化系统研究与设计	邓云鹏	粮食与饲料工业	2010/05
6	基于虹膜识别和RFID的矿山人员安全管理方案	徐济仁	煤炭科学技术	2010/04
7	蔬菜安全生产管理与服务网络平台设计及实现	陈红艳	农业工程学报	2010/01
8	高校图书馆网络安全管理策略研究	徐海军	山东农业大学学报(自然科学版)	2010/02
9	网络信息安全保障的应用探索	宋月红	制造业自动化	2010/09
10	基于Web Services技术的煤矿安全信息管理系统设计	赵国齐	煤炭技术	2010/08
11	混合编程在大坝安全监测评价系统中的应用	李宗坤	人民黄河	2010/01
12	基于ROS的高校图书馆服务器网络安全策略研究	石晓东	制造业自动化	2010/09
13	基于Web网络技术的矿山安全预警系统及应用	龚剑	金属矿山	2010/07
14	“物联网”推动RFID技术和通信网络的发展	黄鹏	电讯技术	2010/03
15	基于文献计量分析的我国食品安全研究现状与发展趋势	谢建华	安徽农业科学	2011/01
16	基于粒子群LSSVM的网络入侵检测	刘智国	计算机仿真	2010/11

图 3-17　高级检索结果页面

5. 专业检索

专业检索比高级检索功能更强大,但需要检索人员根据系统的检索语法编制检索表达式进行检索,适用于熟练掌握检索技术的专业检索人员。专业检索主页面如图 3-18 所示。

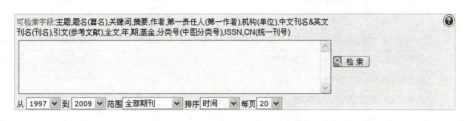

图 3-18　专业检索主页面

专业检索支持的运算符有逻辑运算符、截词符、词频符 $ 等,所有符号和英文字母,都必须使用英文半角字符,逻辑运算符用"and"、"or"、"not",符号前后要空一个字节,三种逻辑运算符的优先级顺序为 not、and、or,可通过加圆括号来改变组合的顺序;检索字段需用图 3-18 左上方的"可检索字段",构造检索表达式时应采用"()"前的检索字段名称,而不使用"()"括起来的名称,如用"题名"构造检索表达式,而不用"篇名"构造检索表达式;使用"同句"、"同段"、"词频"时应注意,用一组西文单引号将多个检索词及其运算符括起,如:主题='自动控制 $3',表示检索词"自动控制"在主题字段出现的频率为 3 次。运算符前后需要空一个字节,如:'流体 ♯ 力学'。

用专业检索构造检索表达式,示例说明如下:

【实例 3】　检索表达式:题名=薄膜 OR 摘要%超导器件 AND (作者=赵钱孙 OR 机构=物理) NOT 来源=中国科学

检索意图:检索题名中对"薄膜"进行精确检索,或者在摘要中对"超导器件"进行模糊检索并且满足作者为"赵钱孙"或机构为"物理"并且来源不为"中国科学"的文献。

【实例 4】　检索表达式:摘要%自动控制 * '电气$2'

检索意图:检索在摘要中对"自动控制"进行模糊检索,同时要求摘要中还包含至少 2 个"电气"的文献。

3.1.3　检索结果的处理

完成检索操作后,可获得检索结果,包括三种类型:题录信息、文摘信息、全文信息。

1. 题录信息下载

题录信息是指文献的基本信息,包括:篇名、作者、刊名和年/期,如图 3-19 所示。对题录信息可进行保存,操作步骤如下:

(1) 选择要保存的题录信息　可采取"全选"或"单选"。"全选"只要点击界面右上方的"全选"按钮,即可将当前页面的题录全部勾选;"单选"则是逐一勾选所要保存的题录信息,系统允许一次检索页面中最多连续勾选 50 条题录信息。

(2) 保存已选择的题录信息

选择好要保存的文献记录后,点击页面右上方的"存盘"按钮,即可保存已选的题录信息,系统默认的格式为引文格式,如图 3-20 所示。用户也可选择简单、详细或自定义格式输出。

共有记录236条　首页　上页　下页　末页　1　/12　转页　全选　清除　存盘

序号	篇名	作者	刊名	年/期
1	某型飞机自动控制系统检测设备的设计	朱庆华	弹箭与制导学报	2006/S9
2	自动控制技术在水厂加氯系统中的应用	唐震	制造业自动化	2006/12
3	LabVIEW在发酵过程在线监测与自动控制中的应用	曾冬明	微计算机信息	2006/31
4	调直切断机定长自动控制系统的设计与应用	肖洪博	起重运输机械	2006/12
5	斜巷挡车装置PLC自动控制系统的设计及应用	崔鑫	煤矿机械	2006/12
6	汽车电动座椅自动控制系统的研制	陈文辉	微计算机信息	2006/35
7	气动密封除灰阀门自动控制系统的设计	张超	润滑与密封	2006/12
8	延迟焦化装置水力除焦系统自动控制技术	林广田	炼油技术与工程	2006/12
9	球型储罐焊后整体热处理自动控制设备送风系统的设计与实验	徐維良	机械设计与制造	2006/12
10	基于同步控制器的涂附磨具揉曲机自动控制系统设计	申旭	金刚石与磨料磨具工程	2006/06
11	基于PLC的电厂主变压器冷却自动控制系统的设计	李芳	机床与液压	2006/12
12	中国航空学会第十三届发动机自动控制学术交流会在贵阳召开	宋志兵	航空动力学报	2006/06
13	核废物库吊车自动控制精确定位技术	杨志达	核动力工程	2006/06

图 3-19　题录信息

输出格式：○简单 ○详细 ⊙引文格式 ○自定义 ○查新 RefWorks

自定义：□题名 □作者 □中文关键词 □单位 □中文摘要 □基金 □刊名 □ISSN □年 □期 □第一责任人

处理结果：　预览　打印　清除设定

[1]朱庆华,孙秀霞,. 某型飞机自动控制系统检测设备的设计[J]. 弹箭与制导学报,2006,(S9).

[2]唐震,. 自动控制技术在水厂加氯系统中的应用[J]. 制造业自动化,2006,(12).

[3]曾冬明,高玲,林建群,林建强,曲音波,. LabVIEW在发酵过程在线监测与自动控制中的应用[J]. 微计算机信息,2006,(31).

[4]肖洪博,陈炜,. 调直切断机定长自动控制系统的设计与应用[J]. 起重运输机械,2006,(12).

[5]崔鑫,任晓旺,张强,. 斜巷挡车装置PLC自动控制系统的设计及应用[J]. 煤矿机械,2006,(12).

[6]陈文辉,罗文广,覃永新,. 汽车电动座椅自动控制系统的研制[J]. 微计算机信息,2006,(35).

[7]张超,唐贵基,. 气动密封除灰阀门自动控制系统的设计[J]. 润滑与密封,2006,(12).

[8]林广田,晋西润,解学仕,赵子明,. 延迟焦化装置水力除焦系统自动控制技术[J]. 炼油技术与工程,2006,(12).

[9]徐維良,蔡素芳,李友,. 球型储罐焊后整体热处理自动控制设备送风系统的设计与实验[J]. 机械设计与制造,2006,(12).

[10]申旭,郭艳清,刘秋萍,. 基于同步控制器的涂附磨具揉曲机自动控制系统设计[J]. 金刚石与磨料磨具工程,2006,(6).

图 3-20　题录按引文格式保存

2. 文摘信息下载

点击图 3-19 题录中的篇名链接，即进入该篇论文的文摘信息界面，如图 3-21 所示。文摘信息除了列出文献的中英文篇名、中英文作者、作者单位、中英文刊名、中英文关键词、中英文摘要、DOI(数字对象标识)等字段信息，还提供了各种扩展信息的入口集点，这些扩展信息通过概念相关、事实相关等方法提示知识之间的关联关系，达到知识扩展的目的，有助于新知识的学习和发现，帮助实现知识获取、知识发现。

目前文摘信息中提供的扩展信息主要包括：参考文献、引证文献、同被引文献、二级参考文献、二级引证文献、相似文献、读者推荐文献、相关作者、相关研究机构、文献分类导航等。相关文献信息链接如图 3-22 所示。

3. 全文信息下载

中国期刊全文数据库提供两种全文格式：CAJ 格式、PDF 格式(需分别下载阅读器

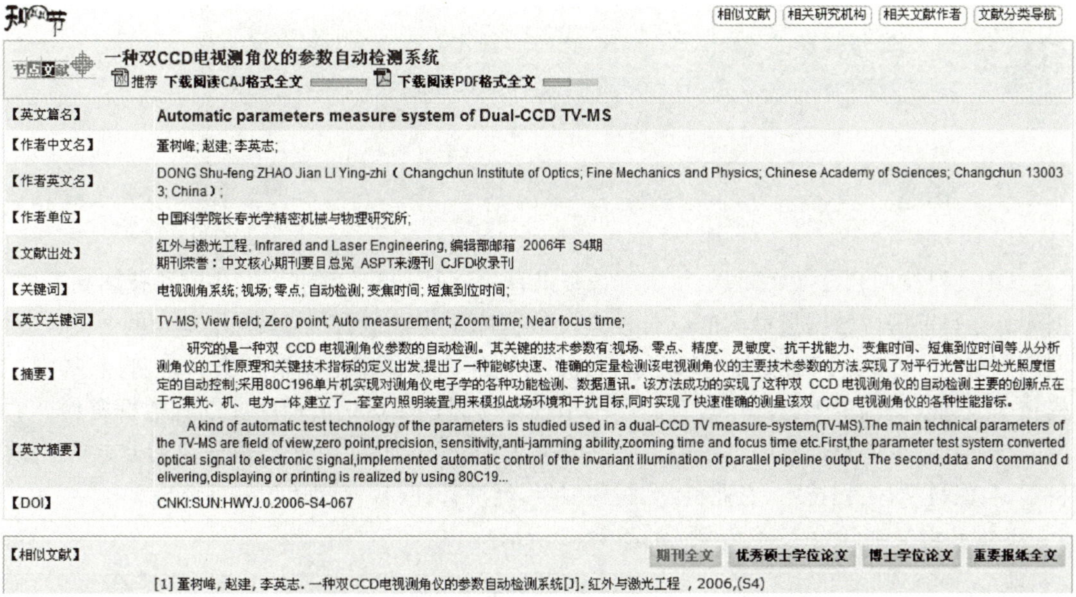
知网节

相似文献 | 相关研究机构 | 相关文献作者 | 文献分类导航

节点文献　一种双CCD电视测角仪的参数自动检测系统

推荐 下载阅读CAJ格式全文　下载阅读PDF格式全文

【英文篇名】	Automatic parameters measure system of Dual-CCD TV-MS
【作者中文名】	董树峰; 赵建; 李英志;
【作者英文名】	DONG Shu-feng ZHAO Jian LI Ying-zhi (Changchun Institute of Optics; Fine Mechanics and Physics; Chinese Academy of Sciences; Changchun 130033; China);
【作者单位】	中国科学院长春光学精密机械与物理研究所;
【文献出处】	红外与激光工程, Infrared and Laser Engineering, 编辑部邮箱 2006年 S4期 期刊荣誉：中文核心期刊要目总览 ASPT来源刊 CJFD收录刊
【关键词】	电视测角系统; 视场; 零点; 自动检测; 变焦时间; 短焦到位时间;
【英文关键词】	TV-MS; View field; Zero point; Auto measurement; Zoom time; Near focus time;
【摘要】	研究的是一种双 CCD 电视测角仪参数的自动检测。其关键的技术参数有:视场、零点、精度、灵敏度、抗干扰能力、变焦时间、短焦到位时间等.从分析测角仪的工作原理和关键技术指标的定义出发,提出了一种能够快速、准确的定量检测该电视测角仪的主要技术参数的方法.实现了对平行光管出口处光照度恒定的自动控制;采用80C196单片机实现对测角仪电子学的各种功能检测、数据通讯。该方法成功的实现了这种双 CCD 电视测角仪的自动检测.主要的创新点在于它集光、机、电为一体,建立了一套室内照明装置,用来模拟战场环境和干扰目标,同时实现了快速准确的测量该双 CCD 电视测角仪的各种性能指标。
【英文摘要】	A kind of automatic test technology of the parameters is studied used in a dual-CCD TV measure-system(TV-MS).The main technical parameters of the TV-MS are field of view,zero point,precision, sensitivity,anti-jamming ability,zooming time and focus time etc.First,the parameter test system converted optical signal to electronic signal,implemented automatic control of the invariant illumination of parallel pipeline output. The second,data and command delivering,displaying or printing is realized by using 80C19...
【DOI】	CNKI:SUN:HWYJ.0.2006-S4-067

【相似文献】　期刊全文　优秀硕士学位论文　博士学位论文　重要报纸全文

[1] 董树峰, 赵建, 李英志. 一种双CCD电视测角仪的参数自动检测系统[J]. 红外与激光工程 ，2006,(S4)

图 3－21　文摘信息

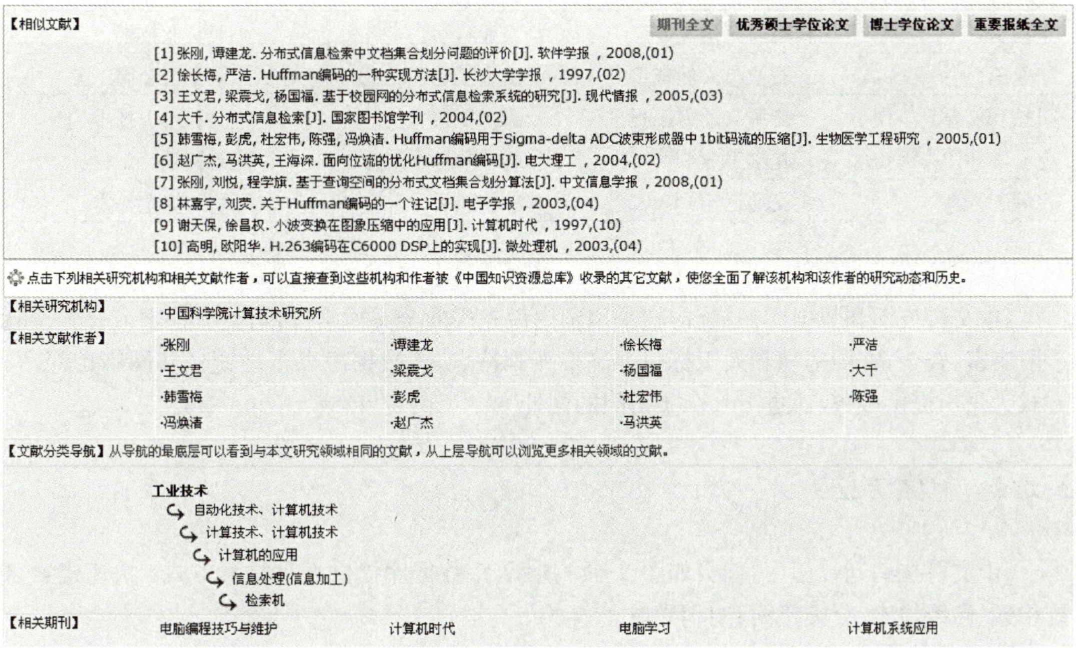
【相似文献】　期刊全文　优秀硕士学位论文　博士学位论文　重要报纸全文

[1] 张刚, 谭建龙. 分布式信息检索中文档集合划分问题的评价[J]. 软件学报 ，2008,(01)
[2] 徐长梅, 严洁. Huffman编码的一种实现方法[J]. 长沙大学学报 ，1997,(02)
[3] 王文君, 梁震戈, 杨国福. 基于校园网的分布式信息检索系统的研究[J]. 现代情报 ，2005,(03)
[4] 大千. 分布式信息检索[J]. 国家图书馆学刊 ，2004,(02)
[5] 韩雪梅, 彭虎, 杜宏伟, 陈强, 冯焕清. Huffman编码用于Sigma-delta ADC波束形成器中1bit码流的压缩[J]. 生物医学工程研究 ，2005,(01)
[6] 赵广杰, 马洪英, 王海深. 面向位流的优化Huffman编码[J]. 电大理工 ，2004,(02)
[7] 张刚, 刘悦, 程学旗. 基于查询空间的分布式文档集合划分算法[J]. 中文信息学报 ，2008,(01)
[8] 林嘉宇, 刘荧. 关于Huffman编码的一个注记[J]. 电子学报 ，2003,(04)
[9] 谢天保, 徐昌权. 小波变换在图象压缩中的应用[J]. 计算机时代 ，1997,(10)
[10] 高明, 欧阳华. H.263编码在C6000 DSP上的实现[J]. 微处理机 ，2003,(04)

点击下列相关研究机构和相关文献作者，可以直接查到这些机构和作者被《中国知识资源总库》收录的其它文献，使您全面了解该机构和该作者的研究动态和历史。

【相关研究机构】	·中国科学院计算技术研究所			
【相关文献作者】	·张刚	·谭建龙	·徐长梅	·严洁
	·王文君	·梁震戈	·杨国福	·大千
	·韩雪梅	·彭虎	·杜宏伟	·陈强
	·冯焕清	·赵广杰	·马洪英	

【文献分类导航】从导航的最底层可以看到与本文研究领域相同的文献，从上层导航可以浏览更多相关领域的文献。

工业技术
- 自动化技术、计算机技术
  - 计算技术、计算机技术
    - 计算机的应用
      - 信息处理(信息加工)
        - 检索机

【相关期刊】	电脑编程技巧与维护	计算机时代	电脑学习	计算机系统应用

图 3－22　相关文献信息链接页面

CAJViewer、AdobeReader）。

在题录信息检索页面点击每条记录篇名前的磁盘状的 图标，即可下载该篇文章的 CAJ 格式全文，也可点击篇名进入该篇文章的文摘页面，点击 推荐 下载阅读CAJ格式全文，即可下载浏览 CAJ 格式的全文，点击 下载阅读PDF格式全文，即可下载浏览 PDF 格式的全文。

3.2 维普中文科技期刊数据库信息检索系统

3.2.1 概述

《中文科技期刊数据库》源于重庆维普资讯有限公司1989年创建的《中文科技期刊篇名数据库》,是目前国内数据量最大的综合性全文数据库。收录包含了1989年至今的8 000余种期刊刊载的2 000余万篇文献,并以每年180万篇的速度递增。涵盖社会科学、自然科学、工程技术、农业、医药卫生、经济、教育和图书情报等学科的8 000余种中文期刊数据资源。《中文科技期刊数据库》按照《中国图书馆图书分类法》进行分类,所有文献被分为8个专辑:社会科学、自然科学、工程技术、农业科学、医药卫生、经济管理、教育科学和图书情报。

8大专辑又细分为29个专题,如表3-2所示。

表3-2 29个专题内容

社会科学	经济管理学	教育科学	图书情报学
自然科学总论	数理科学	化学	天文和地球科学
生物学	医药卫生	农业科学	一般工业技术
矿业工程	石油与天然气	冶金工业	金属学与金属工艺
机械和仪表	能源与动力工程	原子能技术	电气和电工技术
电子学和计算机技术	化学工业	轻工业和手工业	建筑科学与工程
水利工程	交通运输	航空航天	环境和安全科学
武器工业			

《中文科技期刊数据库》系统内核采用国内最先进的全文检索技术,具有检索入口多、辅助手段丰富、查全、查准率高和人工标引准确率高等特点,该数据库以本地镜像和网络访问两种方式为用户提供服务,通过Internet访问的网址为:http://www.cqvip.com。

3.2.2 检索方法

《中文科技期刊数据库》首页如图3-23所示,该数据库提供五种检索方式:快速检索、传统检索、高级检索、分类检索、期刊导航。

1. 快速检索

登录《中文科技期刊数据库》首页后,用户直接在文本框中输入检索词或检索表达式进行检索的方式,即为快速检索。快速检索默认的检索字段为"题名或关键词",用户也可根据实际需求选择检索字段、范围、年限、显示方式,单击"搜索"按钮,即可进入结果页面,显示检索到的文章列表。系统提供的检索入口如图3-24所示。

若检索结果过多,用户可在结果页面上方选择"重新检索"、"在结果中检索"、"在结果中添加"、"在结果中去除"等二次检索项。

图 3‑23 《中文科技期刊数据库》首页

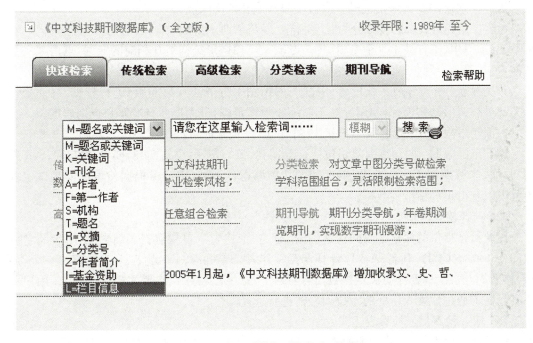

图 3‑24 《中文科技期刊数据库》检索入口

2. 传统检索

点击图 3‑23 中的 传统检索 按钮，数据库即进入传统检索界面，如图 3‑25 所示。传统检索的检索步骤和检索方法如下：

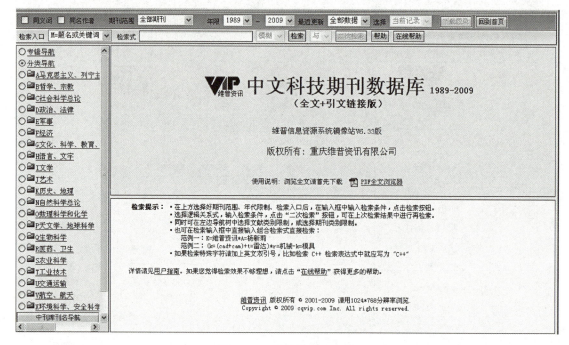

图 3-25　传统检索主页面

（1）限定检索范围

传统检索提供专辑导航、分类导航、年限和期刊范围限制。

专辑导航：将收录的资源分为社会科学、经济管理、教育科学、图书情报、自然科学、农业科学、医药卫生、工程技术 8 个专辑，每个专辑又可按树形结构展开相应的专题，点击某一专题名称，可查看该专题包含的所有数据。

分类导航：分类导航系统参考《中国图书馆图书分类法》（第四版）进行分类，每一个学科分类都可按树形结构展开，利用导航不断缩小检索范围，进而提高查准率和查询速度。

数据年限限制：数据收录年限从 1989 年至今，检索时可进行年限选择限制。

期刊范围限制：期刊范围限制包括全部期刊、核心期刊、重要期刊、EI 来源期刊、SCI 来源期刊、CA 来源期刊、CSCD 来源期刊、CSSCI 来源期刊 8 种，用户可根据检索需要来设定合适的范围以获得更加精准的数据。

（2）选择检索入口

传统检索提供的检索字段同快速检索，有 14 个检索入口供选择，具体为：M＝题名或关键词、K＝关键词、J＝刊名、A＝作者、F＝第一作者、S＝机构、T＝题名、R＝文摘、C＝分类号、Z＝作者简介、I＝基金资助、L＝栏目信息、U＝任意字段和 Y＝参考文献等 14 种。用户可根据实际需求通过检索入口处的下拉列表框进行选择。

（3）输入检索词或检索表达式

在传统检索方式中，检索表达式既可以在单个字段中输入，也可在多个字段中输入。如在题名或关键词字段中，输入检索式为"（CAD＋CAM）＊自动控制"，检索结果等同于：先用 CAD 进行检索，再用 CAM 进行检索，逻辑关系为或，再用自动控制进行二次检索，逻辑关系为与，检索词与检索词之间要用布尔逻辑运算符来组成检索表达式，该数据库表达布尔逻辑运算符与、或、非关系的符号用"＊"、"＋"、"－"，检索结果如图 3-26 所示；当使用多个字段进行检索时,需要用字段限定,即检索表达式需包含检索词和相应的检索字段代码。如输入:"M=CAD*J=电气时代",检索词前面的英文字母是字段的代码,检索结果如图3-27所示。主要的检索字段代码见表3-3所示。

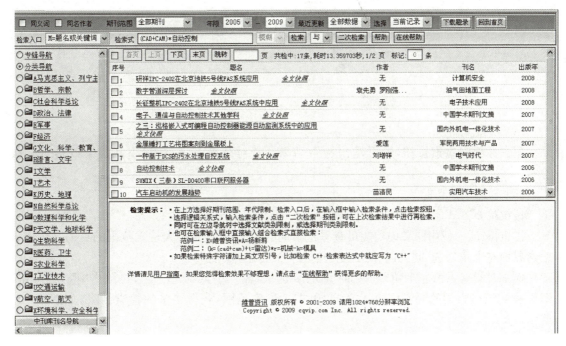

图3-26 传统检索中的逻辑组配

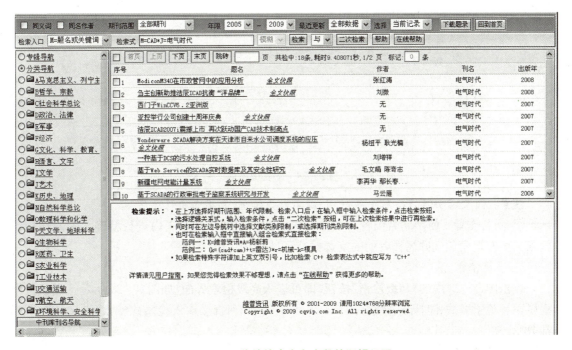

图3-27 传统检索中多字段的逻辑组配

表 3-3 检索字段代码对照表

代　码	字　段	代　码	字　段
U	任意字段	J	刊　名
M	题名或关键词	C	分类号
T	题　名	F	第一作者
K	关键词	R	文　摘
A	作　者	S	机　构

(4) 检索

用鼠标单击检索按钮,即可输出检索结果。若对结果不满意,可重新检索或进行二次检索。

(5) 辅助检索功能

传统检索方式还提供两种辅助检索功能:同义词和同名作者。

① 同义词　使用同义词功能可查看检索词的同义词,达到扩大检索范围的目的。在传统检索界面左上角勾选"同义词"前的复选框,即可使用该功能。

例如:勾选页面左上角"同义词"前的复选框,输入检索词"土豆",再单击"搜索"按钮,即可找到该检索词的同义词或近义词,以扩大检索范围,获得更多的检索结果,如图 3-28 所示。

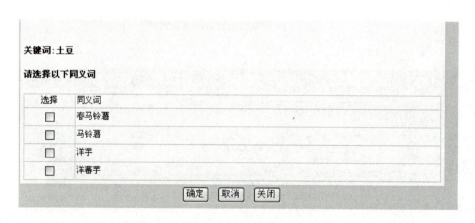

图 3-28　同义词检索

注意:同义词功能只适用于关键词、题名或关键词、题名三个检索字段。

② 同名作者　使用同名作者可把作者限定在指定的单位范围内进行精确检索。在传统检索界面左上角勾选同名作者前的复选框,即可使用该功能。

3. 高级检索

点击图 3-23 中的"高级检索"按钮,即可进入高级检索界面,如图 3-29 所示。高级检索提供两种检索方式:向导式检索(图 3-29 上半部分)和直接输入检索式检索(图 3-29 下半部分)。

(1) 向导式检索

向导式检索为用户提供分栏式检索词输入方法。如检索:"大学生*(吸烟+戒烟)",可按

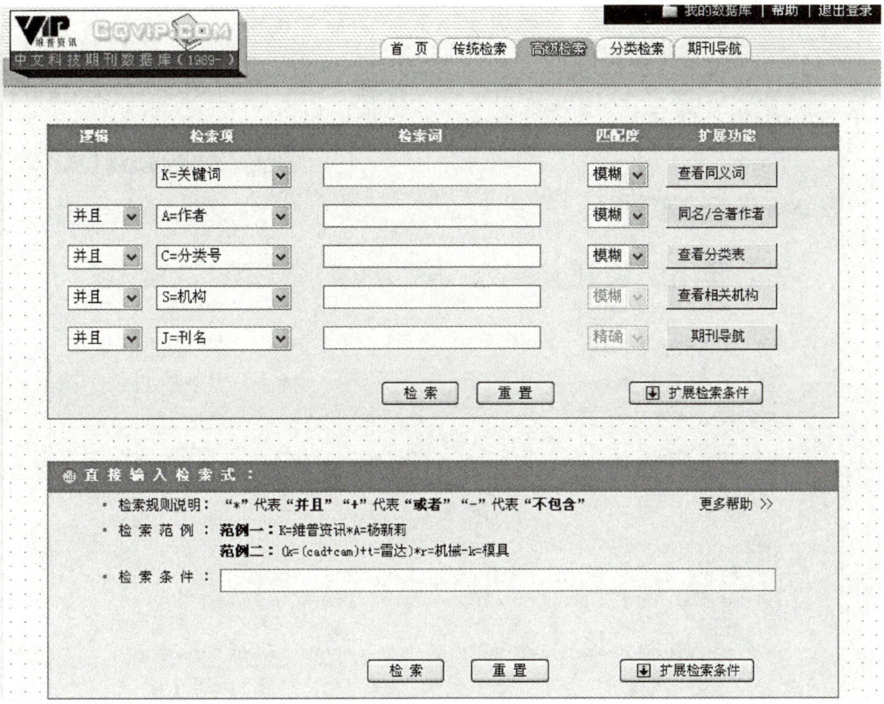

图 3-29　高级检索主页面

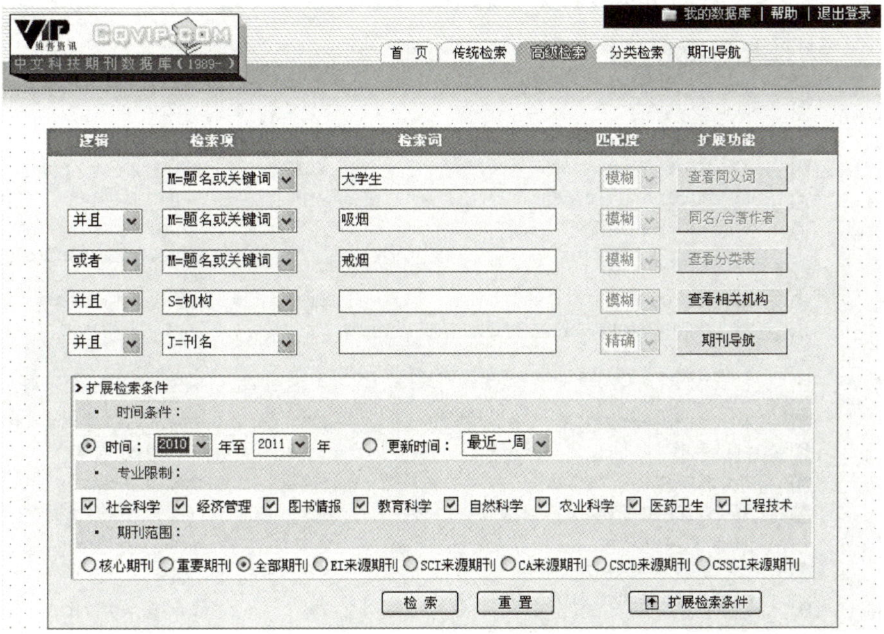

图 3-30　向导式检索

图 3-30 选择逻辑运算符、检索项、输入检索词,点击"检索"按钮。同时还可以扩展检索条件,只需点击"扩展检索条件",即可进一步减小检索范围,提高查准率。

向导式检索的检索规则如下:

- 向导式检索的检索操作严格按照由上到下的顺序进行。图3-30的运算顺序为：大学生＊吸烟＋戒烟，检索结果为277条记录，如图3-32所示；而图3-31的运算顺序为：（吸烟＋戒烟）＊大学生，检索结果则为4条记录。如图3-33所示。

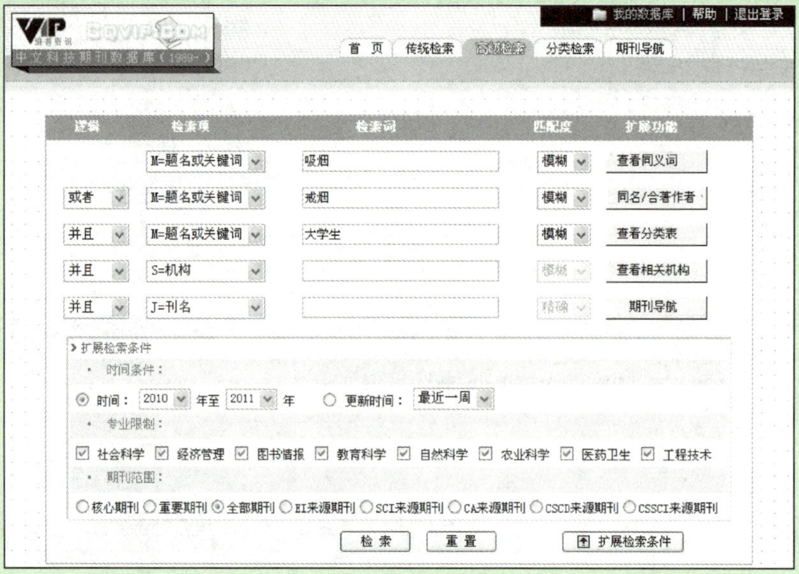

图3-31 向导式检索

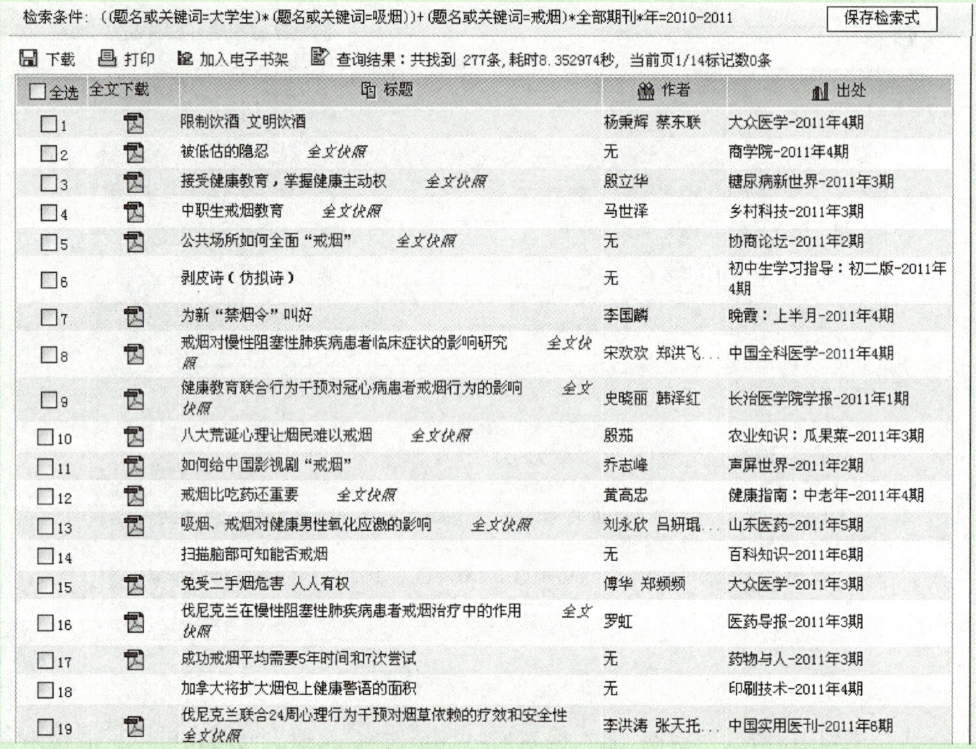

图3-32 "大学生＊吸烟＋戒烟"向导式检索结果示例

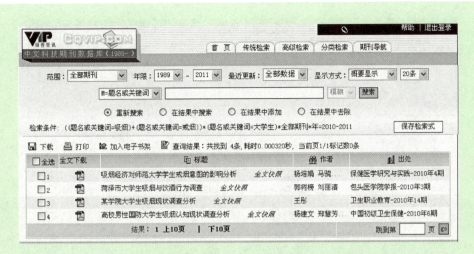

图3-33 "(吸烟+戒烟)*大学生"向导式检索结果示例

- 扩展功能 如图3-34所示,可对关键词、作者、分类号、机构、刊名实现同义词、同名/合著作者、分类表、相关机构、期刊导航的扩展功能,查询其相对应的功能。

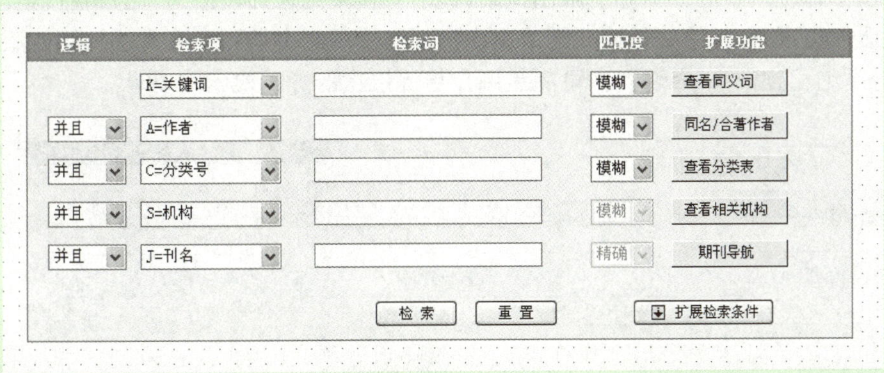

图3-34 向导式检索的扩展功能

- 扩展检索条件 用户可根据需要按时间条件、专业限制、期刊范围进一步限制检索范围,获得更符合需求的检索结果。

(2) 直接输入检索式检索

用户可在检索框中直接输入检索词、逻辑运算符、字段代码等。单击"扩展检索条件"并对相应检索条件进行限制,单击"检索"按钮即可进行检索。

当输入的检索表达式有错时,检索后会出现"查询表达式语法错误"的提示,此时应使用浏览器的"后退"按钮返回检索界面,重新输入正确的检索表达式。如检索"大学生吸烟与戒烟"方面的文献,可在检索条件输入框中输入"检索"表达式: K=大学生*(吸烟+戒烟),然后点击"检索"按钮,如图3-35所示,检索结果与图3-31"(吸烟+戒烟)*大学生"的检索结果完全相同(图3-33)。

4. 分类检索

单击主页(见图3-23)"分类检索"按钮,即可进入分类检索主页面,如图3-36所示。分

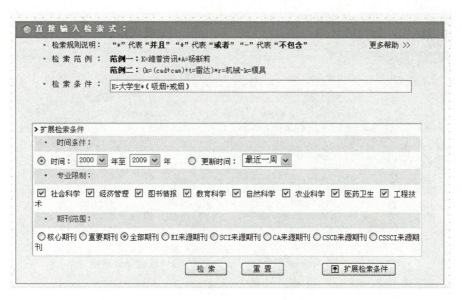

图 3‑35　直接输入检索式检索界面

类检索相当于传统检索的分类导航限制检索,提前对搜索结果加以限制,用户在搜索前可对文章所属性质加以限制。《中文科技期刊数据库》采用《中国图书馆图书分类法》(第四版)原版分类体系,分类细化到最小一级类目,可满足用户更深层次的分类检索的要求。

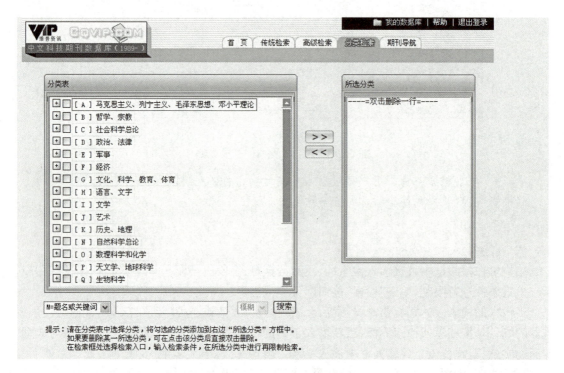

图 3‑36　分类检索页面

分类检索的具体步骤和方法如下:

(1) 选择学科类别:单击左边的学科分类列表⊞,按学科类别逐级展开,在目标学科前的

□中打上"√",并点 >> 按钮将类别移到右边的方框中,完成该学科类别的选中,若要删除某一所选分类,可双击或 << 该分类后直接删除。

(2) 执行检索:在页面下方的检索框内选择检索入口、输入检索词,即可在所选学科分类范围内进行限制检索。

5. 期刊导航

单击图 3-23 中的"期刊导航"按钮,即可进入期刊导航主页面,如图 3-37 所示。系统提供期刊搜索、按字顺查、按学科查三种查找方式来查找所需期刊。

- **期刊搜索** 用户可在输入框中输入刊名或 ISSN 号,单击"查询"按钮,即可进入期刊名列表页。单击刊名,即可进入该刊的内容页。
- **按字顺查** 用户单击某个字母,即可列出以该拼音字母为首字母的所有期刊列表。
- **按学科查** 用户可根据学科分类来查找所需的期刊。单击下面的学科分类,即可列出该学科分类下的所有期刊的刊名。

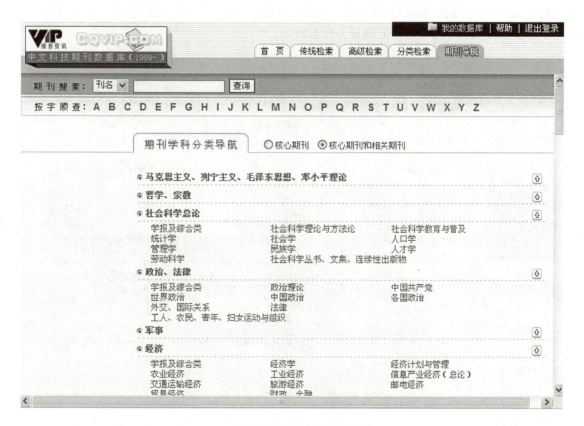

图 3-37 期刊导航页面

期刊导航的检索步骤如下:

(1) 以期刊搜索为例,输入"图书情报",点击 查询 按钮,进行检索;

(2) 显示检索结果,如图 3-38 所示。检索结果包含刊名、ISSN 号、CN 号、核心期刊标记(红★标志)。若期刊显示结果过多,单击 ★ 核心期刊 ,则只显示核心期刊。

序号	刊名	ISSN	CN	核心期刊
1	图书情报工作	0252-3116	11-1541/G2	★
2	图书情报知识	1003-2797	42-1085/G2	★
3	现代图书情报技术	1003-3513	11-2856/G2	★
4	图书情报研究			
5	大学图书情报学刊	1006-1525	34-1141/G2	
6	高校图书情报论坛			
7	国外图书情报工作		43-1136	
8	高校图书情报学刊			

图 3-38 期刊搜索结果

(3) 单击《图书情报知识》就进入该期刊的封面页,可以浏览该期刊的基本信息,包括:期刊简介、期刊主办信息、联系与编辑部、订刊信息、主要栏目等信息,如图 3-39 所示。并且还提供对所收录的该刊全部卷期的浏览和检索功能。

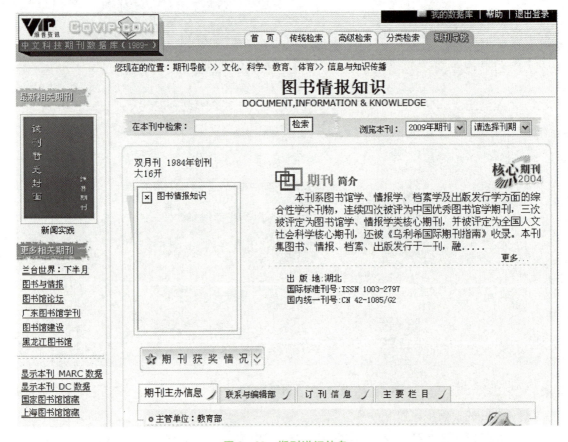

图 3-39 期刊详细信息

3.2.3　检索结果的处理

《中文科技期刊数据库》的全文数据采用扫描方式输入,以 PDF 格式保存,要浏览、打印全文,必须在每个用户端下载并安装 PDF 全文阅读器。下载方法为:单击首页左侧的 [下载全文阅读器] 或在详细结果的界面上点击 [PDF全文浏览器] 下载 Adobe Reader,在打开的页面中选择相关版本下载、安装。

《中文科技期刊数据库》提供三种检索结果显示,分别为题录信息、文摘信息、全文信息。其中快速检索、高级检索、分类检索和期刊导航中题录和文摘位于两个页面,而传统检索中题录和文摘位于一个页面。在检索结果页面上,点击与文章对应的全文下载图标 ,即可下载 PDF 格式全文;也可在检索结果页面上勾选需要输出记录前的"复选框",单击 [下载] 按钮,即出现文章下载管理页面,选择下载格式(概要显示、文摘显示、全记录显示、引文标准格式显示、ENDNOTE 格式、NoteExpress 格式、自定义输出),选定后,下载的数据就只保留所选项的内容。如图 3-40 所示。

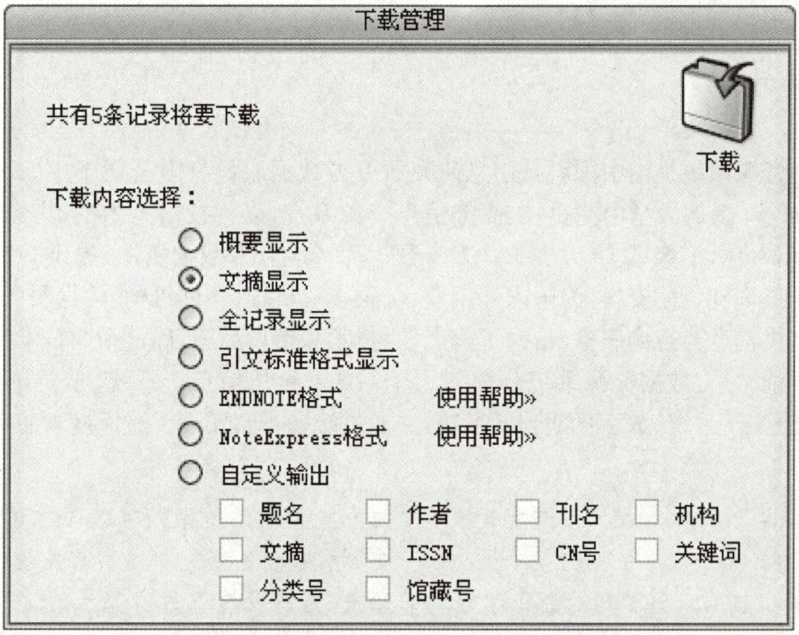

图 3-40　下载管理页面

勾选需要输出记录前的"复选框",单击 [打印] 按钮,即进入打印管理页面,如图 3-41 所示。选择要打印文章内容(概要显示、文摘显示、全记录显示、ENDNOTE 格式、NoteExpress 格式),单击"打印",系统按用户的选择将记录按 TXT 的格式显示在页面上,用户只需根据页面提示打印即可。

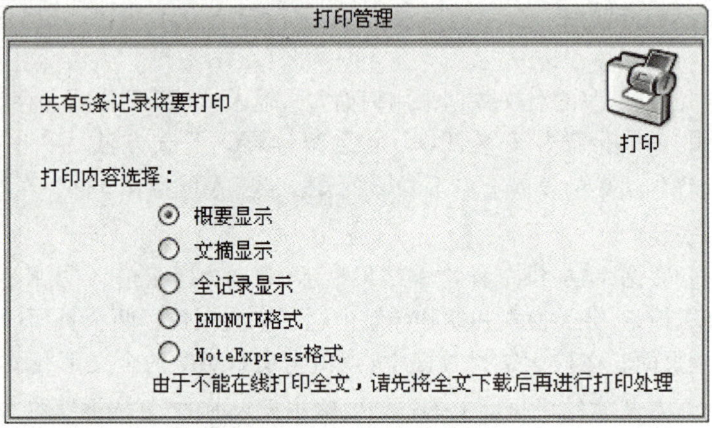

图 3-41　打印管理页面

3.3　万方数据资源信息检索系统

3.3.1　概述

万方数据资源系统是由中国科技信息研究所万方数据股份有限公司于 1992 年 8 月推出的建立在 Internet 上的大型中文科技、商务信息资源系统，以科技信息为主，集经济、金融、社会、人文信息于一体，汇聚了 12 大类 100 多个数据库，2 300 万数据资源，提供多种检索方式，让用户能快捷查询到所需资料，为国内外企业、金融投资机构、咨询机构、信息服务部门以及有关政府部门提供信息与咨询服务，帮助了解产业、技术和市场动态，确定企业技术、管理创新和投资方向。目前，万方数据资源系统分为五大子系统：科技信息子系统、学位论文全文子系统、会议论文全文子系统、数字化期刊子系统，并通过统一平台实现了跨库检索服务。

- **中国学位论文数据库**　包括《中国学位论文文摘数据库》和《中国学位论文全文数据库》。由国家法定学位论文收藏机构——中国科技信息研究所提供相关数据，收录自 1977 年以来我国自然科学和社会科学领域的硕士、博士及博士后研究生的论文，文摘已达 70 多万篇。《中国学位论文全文数据库》精选相关单位近几年来的博硕论文，涵盖自然科学、数理化、天文、地球、生物、医药、卫生、工业技术、航空、环境、社会科学、人文地理等各学科领域，从侧面展示了中国研究生教育的庞大阵容以及中国科学研究的整体水平和巨大的发展潜力，资源丰富，对高校和科研机构的教学研究工作具有参考价值。
- **中国数字化期刊**　国家"九五"重点科技攻关项目，收录理、工、农、医、哲学、人文、社会科学、经济管理与教科文艺等 8 大类 100 多个类目近 5 000 种期刊，实现全文上网，论文引文关联检索和指标统计。2001 年始，数字化期刊已经囊括我国所有科技统计源期刊和重要社科类核心期刊，成为我国网上期刊的第一大门户。

- **中国学术会议论文数据库** 包含《中国学术会议论文文摘数据库》、《中国学术会议论文全文数据库》、《西文会议论文全文数据库》、《中文会议名录数据库》、《西文会议名录数据库》以及《SPIE会议文献数据库》等数据库,是国内收集学科最全面、数量最多的会议论文数据库,属国家重点数据库。收录国家级学会、协会、研究会组织召开的全国性学术会议论文,数据范围覆盖自然科学、工程技术、农林、医学等27个大类,所收中英文论文累计25万篇,是掌握国内学术会议动态必不可少的权威资源。

- **中国标准全文数据库** 标准是在一定地域或行业内统一的技术要求。该库收录国内外大量标准,包括中国国家标准、某些行业的行业标准以及电气和电子工程师技术标准;收录国际标准数据库、美英德等的国家标准和国际电工标准;以及某些国家的行业标准,如美国保险商实验所数据库、美国专业协会标准数据库、美国材料实验协会数据库、日本工业标准数据库等。

- **中国法律法规全文库** 该库包括自1949年建国以来全国人大及其常委会颁布的法律、条例及其他法律性文件;国务院制定的各项行政法规,各地地方性法规和地方政府规章;最高人民法院和最高人民检察院颁布的案例及相关机构依据判案实例做出的案例分析,司法解释,各种法律文书,各级人民法院的裁判文书;国务院各机构,中央及其机构制定的各项规章、制度等;工商行政管理局和有关单位提供的示范合同式样和非官方合同范本;以及外国与其他地区所发布的法律全文内容,国际条约与国际惯例等全文内容。

- **中国专利全文数据库** 收录从1985年至今受理的全部发明专利、实用新型专利、外观设计专利数据信息,包含专利公开(公告)日、公开(公告)号、主分类号、分类号、申请(专利)号、申请日、优先权等数据项。

- **科技信息子系统** 国内较为完整全面的科技信息群。汇集中国学位论文文摘、会议论文文摘、科技成果、专利技术、标准法规、各类科技文献、科技机构、科技名人、工具数据库等近百个数据库,信息总量达上千万条,每年数据更新几十万条以上,为广大教学科研单位、图书情报机构及企业研发部门提供最丰富、最权威的科技信息。

- **商务信息子系统** 《中国企业、公司及产品数据库(CECDB)》是其主要数据库,至今已收录96个行业20万家企业的详尽信息,成为中国最具权威性的企业综合信息库。目前,CECDB的用户已经遍及北美、西欧、东南亚等50多个国家与地区,主要客户类型包括:公司企业、信息机构、驻华商社、大学图书馆等。

万方数据资源系统访问地址为:http://www.wanfangdata.com.cn,进入万方数据统一检索平台。

3.3.2 检索方法

在图3-42的首页上点击"资源浏览",进入数据库资源导航,如图3-43所示。该栏目下列出了万方数据旗下所有的数据库资源和这些数据库的分类信息,分为数据库浏览、学科浏览、行业浏览、地区浏览、期刊浏览等。

图 3-42 万方数据资源系统主页

1. 资源浏览

（1）按数据库浏览

在"首页＞＞资源浏览"栏目下点击"按数据库浏览"，系统将显示数据库浏览视图，数据库浏览视图主要包括五个部分：数据库分类导航区、检索区、资源简介区、数据库访问排行区。如图 3-43 所示。

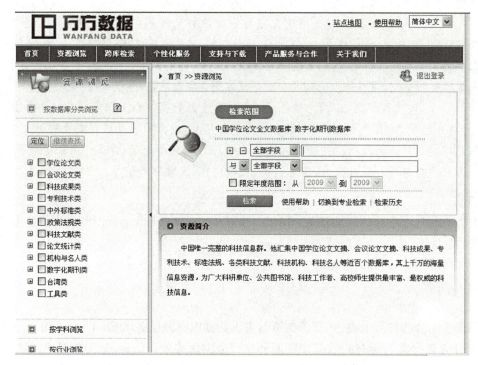

图 3-43 按数据库浏览

数据库分类导航区：数据库分类导航是树型结构。选中某数据库类别后，任何检索都局限于此类别以下的数据。图3-45左边是数据库分类导航的图例。图中选择一级类别"科技成果类"，展开后再选择二级类别"中国科技成果数据库"，那么检索范围就局限在"中国科技成果数据库"类别的信息。

数据库分类导航区具有以下功能：

- **数据库分类的快速定位**：输入数据库的部分名称或全称，点击"定位"按钮，也可以点击"继续查找"按钮来查找符合条件的数据库，如图3-44所示。
- **检索范围的快速定位**：在数据库分类导航区勾选单个或多个数据库（数据库分类），所选中的数据库将会显示在检索区的检索范围中。

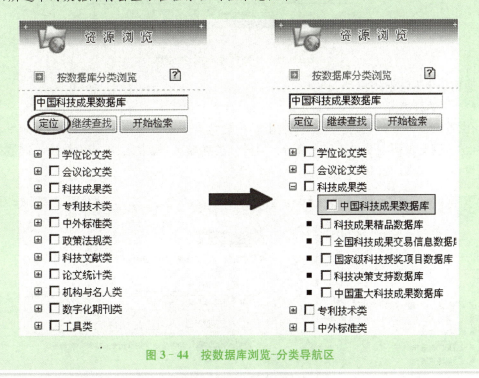

图3-44 按数据库浏览-分类导航区

检索区可以在选择的某类数据库资源或是单个的数据库资源中进行检索，另外，中国科技成果数据库和科技成果精品数据库与其它数据库有所不同，普通数据库使用的是标准的检索入口，而中国科技成果数据库和科技成果精品数据库定制了自己的检索入口，如图3-45所示。其检索步骤为：

① 选择检索时间：首先勾选"限定年度范围"，然后根据需要选择起止年份。
② 选择分类：包括学科分类、成果类别、成果水平、应用行业和省市的分类，在各分类下拉列表框中选择类别进行检索。
③ 选择检索字段：点击检索项的下拉列表，选择检索字段（如：成果名称、主题词等）。
④ 选择逻辑运算符：用于确定两个检索词之间的关系。选项有"与"、"或"、"非"。
⑤ 执行检索：当所有的检索信息都填写完毕后，点击"检索"按钮，执行检索。

资源简介区：对数据库资源的简单介绍，还提供将单个数据库资源添加到收藏室的链接，

图 3-45　按数据库浏览-检索区

主要适用于个人注册用户。

(2) 按学科浏览

在"首页＞＞资源浏览＞＞按学科浏览"中任意点击某个学科分类,系统将显示学科浏览视图,学科浏览视图主要包括三个部分:学科分类导航区、检索区、不同学科按不同数据库的分类检索区。如图 3-46 所示。

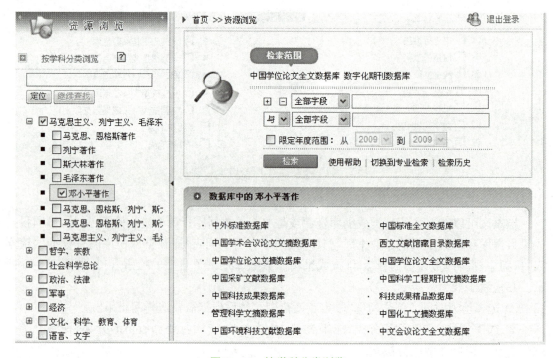

图 3-46　按学科分类浏览

学科分类导航区:学科分类导航是树型结构的。选中某学科类别后,任何检索都局限于此类别以下的数据。图 3-46 左方是学科分类导航的图例。图中选择一级类别"马克思主义、列宁主义、毛泽东思想、邓小平理论",展开后再选择二级类别"邓小平著作",那么检索范围就局限在"邓小平著作"类别的信息。除了手动选择学科分类信息外,还可以快速查找和定位某个学科或某类学科;也可以快速定位检索区的检索范围。操作方法同"按数据库浏览"中所述。用鼠标选定某个学科或某类学科后,在检索区将显示包含该学科信息的数据库名。

检索区:选择检索字段,输入检索词,则在选择的某类学科资源或是某个学科中进行检索。

不同学科按不同数据库的分类检索区:点击其中某个数据库,系统将进入该数据库相应学科类别的检索结果页面。

(3) 按行业分类浏览

在"首页>>资源浏览>>按行业浏览"中任意点击某个行业分类,系统将显示行业浏览视图,行业浏览视图主要包括三个部分:行业分类导航区、检索区、不同行业按不同数据库的分类检索区。如图 3-47 所示。

行业分类导航区:行业分类导航是树型结构的。选中某行业类别后,任何检索都局限于此类别以下的数据。图 3-47 左方是行业分类导航的图例。图中选择一级类别"金属矿开采",展开后再选择二级类别"铁矿",那么检索范围就局限在"铁矿"类别的信息。除了手动选择行业分类信息外,也可以快速查找和定位某个行业或某类行业。操作方法同"按数据库浏览"中所述。

检索区:选择检索字段,输入检索词,则在选择的某类行业或是某个行业中进行检索。

不同行业按不同数据库的分类检索区:点击其中某个数据库,系统将进入该数据库相应行业类别的检索结果页面。

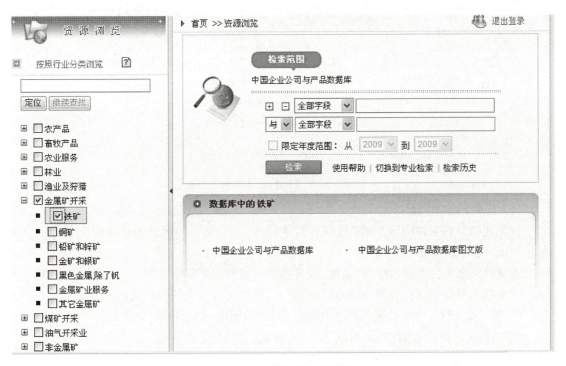

图 3-47 按行业分类浏览

(4) 按地区分类浏览

在"首页>>资源浏览>>按地区浏览"中任意点击某个地区分类,系统将显示地区浏览视图,地区浏览视图主要包括三个部分:地区分类导航区、检索区、不同地区按不同数据库的分类检索区。

地区分类导航区:地区分类导航是树型结构的。选中某地区类别后,任何检索都局限于此类别以下的数据。图3-48左方是地区分类导航的图例。图中选择一级类别"上海",展开后再选择二级类别"城区",那么检索范围就局限在"城区"类别的信息。除了手动选择地区分类信息外,也可以快速查找和定位某个地区。操作方法同"按数据库浏览"中所述。

检索区:选择检索字段,输入检索词,则资源检索区在默认的检索范围内(中国企业公司与产品数据库)对不同地区分类资源进行检索。

不同地区按不同数据库的分类检索区:点击其中某个数据库,系统将进入该数据库相应地区分类的检索结果页面。

图3-48 按地区分类浏览

(5)按期刊分类浏览

按期刊浏览有三种浏览方式:按期刊的学科浏览、按期刊的地区浏览和按期刊首字母浏览。如图3-49所示。

浏览界面分为分类导航区、检索区、刊名检索区和期刊更新信息区。

查询结果界面显示分为期刊简介区、检索区、刊期列表区和期刊信息区。

① 期刊简介区:介绍检索所得期刊的名称、出版周期以及刊物简介等信息。

② 检索区:可以在期刊的不同字段中检索。选择检索字段,输入检索词,然后点击"检索"。

③ 刊期列表区:刊期列表是对期刊按年和期的分类,点击年期列表中的"查看全部"按钮,将显示该期刊的所有年期信息。点击某一期后,将显示该期的期刊目录,其中篇首信息是免费信息,pdf全文是付费信息。

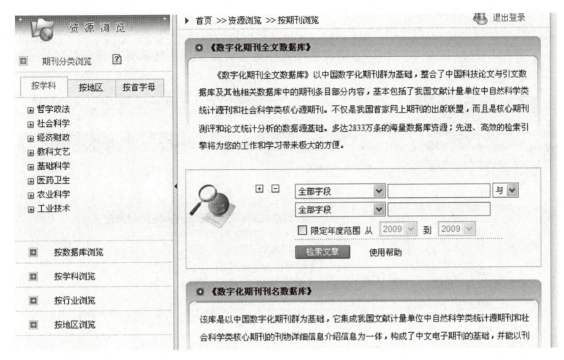

图 3‑49　按期刊分类浏览

④ 期刊信息区：显示该刊的主管单位及地址等信息。

2. 快速检索

进入首页，在快速检索框（如图 3‑50）中直接输入关键词，点击"检索"按钮，将在中国学位论文全文数据库、中国会议论文全文数据库和数字化期刊全文数据库等三个数据库中检索关键词为输入词的记录。

点击"更多"或"跨库检索"按钮，进入跨库检索界面。

图 3‑50　快速检索框

3. 单库检索

单库检索是在选定数据库中进行检索，检索步骤：

(1) 选择数据库：在资源浏览区中单击按数据库分类浏览，选取所需数据库，本例选取《中国学位论文全文数据库》；

(2) 确定检索字段：在数据库检索提问表单的字段选择列表框中按下拉箭头，根据需要选择相应的检索字段；

(3) 输入检索词（字）：在数据库检索输入框中输入检索词；

(4) 选择逻辑运算符：逻辑运算符包括"逻辑与"、"逻辑或"、"逻辑非"，根据输入框中输入的检索词之间的逻辑关系，合理选择"与"、"或"、"非"；

(5) 选择检索范围和时间范围：检索范围包括分类选项中 22 个大类的全部内容以及各大

类的一、二级类目,点击分类选项下拉类目列表,选择所需类目;时间范围根据需要勾选限定年限范围前的复选框,点击年限下拉列表框,即可选择检索的起始年份;

(6) 执行检索:单击"检索"。检索系统将在所选的数据库中将满足检索条件的记录输出,如图 3-51 所示。

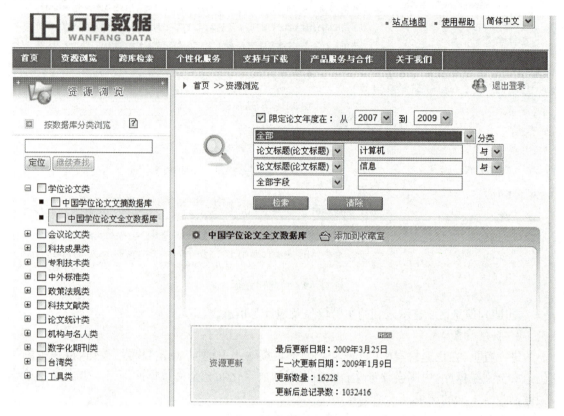

图 3-51 单库检索

4. 跨库检索

跨库检索是万方数据资源统一服务系统检索业务的集成系统,输入检索表达式,便可以看到多个数据库的查询结果,并可进一步得到详细记录和下载全文。同时,也可选个单个数据库,针对某种具体资源进行个性化检索。

在系统首页中点击"跨库检索"导航栏目链接或点击首页快速检索框下方右侧的"跨库检索"按钮,进入万方数据资源统一服务系统跨库检索界面,如图 3-52 所示。

页面上半部为检索区,分为经典检索和专业检索;下半部检索范围选择区,将万方数据库资源分为若干大类,用户在进行检索前需要先选择所需数据库。根据需要勾选大类前面的复选框,选择所需数据库,检索区页面根据所选的数据库进行切换。

(1) 经典检索

经典检索界面是跨库检索默认的检索页面,如图 3-52 所示。

检索步骤:

① 在变更检索范围区选择检索数据库:在所需数据库前的复选框中打勾,系统自动将所选择的数据库添加到检索范围中;

② 限定检索条件:

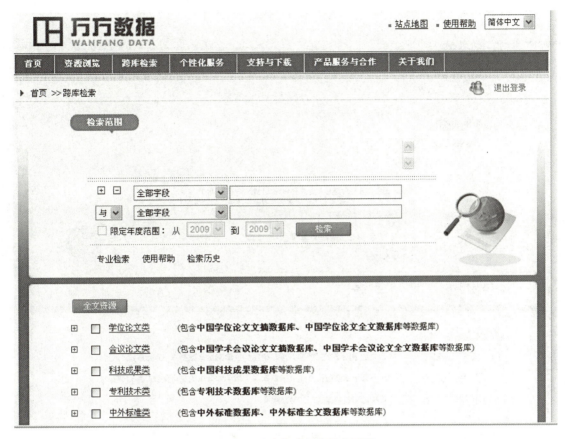

图 3-52 跨库检索经典检索页面

- **选择检索字段**：点击检索项的下拉列表，选择按哪一个字段（如：论文题名、关键词、作者等）进行检索。
- **输入检索词/式**：在文本框中输入检索词或检索表达式。例如：计算机。
- **选择逻辑运算符**：用于确定两个检索关键词之间的关系。选项有"与"、"或"、"非"。其中，"与"：检索结果中同时包含所输入的两个关键词；"或"：检索结果中只包含所输入的两个关键词中的一个；"非"：检索结果中包含第一个关键词但不包含所输入的第二个关键词。
- **选择年限**：勾选限定年限范围前的复选框，点击年限下拉列表框，选择起始年份，使其在限定的年份范围内检索（只有当数据库中有"年"这个字段时，选择年限的复选框才可用）。

③ 点击"检索"。

(2) 专业检索

在跨库检索界面，点击"专业检索"进入专业检索界面。专业检索适用于熟练掌握 SQL 检索技术的专业检索人员。如图 3-53 所示。

检索步骤如下：

① 变更检索范围：在所需数据库前的复选框中打勾，系统自动将所选择的数据库添加到检索范围中。

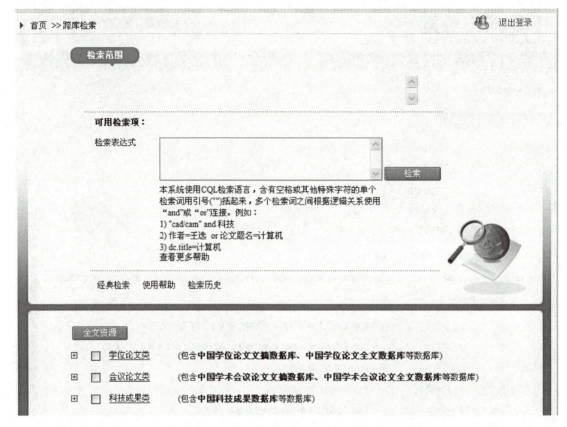

图 3-53　跨库检索专业检索页面

② 添加检索条件：专业检索的检索表达式书写规则见检索语言说明。
③ 执行检索：点击"检索"按钮。

3.3.3　检索结果处理

通过跨库检索或单库检索可得检索结果显示界面。检索结果页面分为两个部分：二次检索区和结果显示区。检索结果有简单信息、详细摘要信息和全文信息。若检索结果过多，还可进行二次检索，即勾选"在结果中检索"前的复选框，在文本框中输入检索词，点击"检索"按钮即可。

全文要通过 Adobe Reader 阅读，查看全文前请下载安装 Adobe Reader 浏览器。可以从万方数据网站下载该浏览器。

3.4　电子图书数据库信息检索系统

3.4.1　概述

电子图书(eBook) 是继纸质印刷出版物之后出现的一种全新的图书类型。它以数字化形式存储、发行、传播和阅读，是多媒体、超文本和网络技术发展的产物。与印刷型图书相比，电子图书具有节省资源、传递方便、价格低廉、检索快捷、功能齐全、资源共享等优点,越来越获得图书馆和读者的青睐。目前电子图书制作分扫描转换版和原生数字版两种形式,一般使用专用阅览器进行阅读。

电子图书数据库以全文为主,内容覆盖基础科学、社会科学、农林医、工程技术、商业经济、财政金融、文教卫生等各个领域。目前用户普遍使用的中文电子图书数据库有超星数字图书馆、北大方正 Apabi 数字图书馆、书生数字图书馆等。

3.4.2 超星数字图书馆

1. 概况

超星数字图书馆(http://www.ssreader.com.cn)是目前世界上最大的中文在线数字图书馆,提供丰富的电子图书资源,设文学、历史、法律、军事、经济、科学、医药、工业技术、交通运输、数理科学与化学、农业科学、环境科学、计算机等 22 个图书馆,如图 3-54 所示。目前数字图书资源已经累积到 160 万种,并且每天仍在不断地增加与更新。

图 3-54 超星数字图书馆首页

超星数字图书馆提供镜像站、读书卡两种服务方式。镜像站方式主要适用于高校、企业等单位用户购买超星的数字资源,并在本地建立镜像站点。读书卡方式主要适用于个人用户。在超星公司主页上注册成为合法用户,即可检索访问数据库。

在超星数字图书馆中,图书不仅可以直接在线阅读,还提供下载和打印。首次登录超星数字图书馆,必须下载安装超星阅览器。

2. 检索方法

超星数字图书馆提供分类、快速、高级 3 种检索方式。

(1) 分类检索

超星数字图书馆按《中图法》对所收录的图书分为 22 个大类,并在主页上提供了一级类目。检索时,逐级点击分类进入下级子分类,同时在页面右侧显示该分类下图书详细信息,即该类目下所有图书的书目列表。在当前分类目录下,还可在查询框中输入所需检索图书的书名、作者、主题词等,此时凡是满足条件的图书都会显示出来。点击书名链接,即可下载或浏览图书的全文。

例如:检索有关情报学、情报工作方面的图书,首先在超星图书馆分类导航区内点击"文化、科学、教育、体育",进入下级分类,点击"科学、科学研究",继续进入下级分类,再点击"情报学、情报工作",界面就显示出所有与"情报学、情报工作"相关的图书书目,如图 3-55 所示。

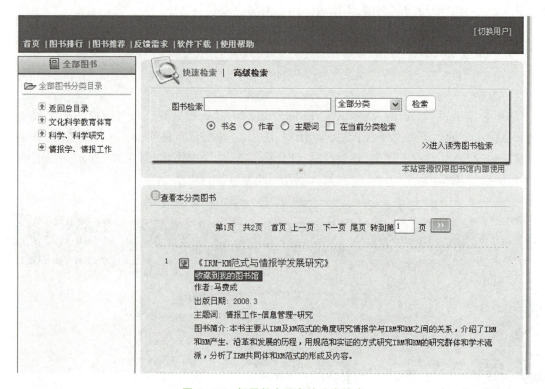

图 3-55　超星数字图书馆分类检索

分类检索可按类浏览,触类旁通,大大提高检索电子图书的查全率。该检索方式较适用于检索需求不是十分明确,或不能通过一个检索词概括其检索需求的用户。

(2) 快速检索

快速检索又称初级检索。超星数字图书馆在原有的快速检索基础上增加了"检索分类"选择(按《中图法》将图书分为 22 个大类),允许用户在一个分类范围内进行检索,在输入框中输入检索词,点击"检索"按钮进行图书查找,如图 3-56 所示。利用快速检索能够实现图书的书名、作者、主题词的模糊查询,若检索结果过多,还可进行二次检索。

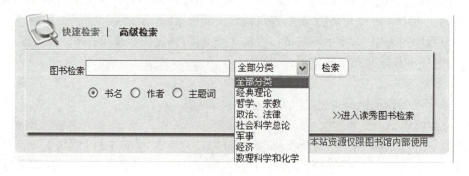

图 3-56　超星数字图书馆快速检索界面

(3) 高级检索

高级检索就是进行多个字段的组合检索,即对书名、作者、主题词、出版年代、检索范围等条件进行组合检索,高级检索界面如图 3-57 所示。

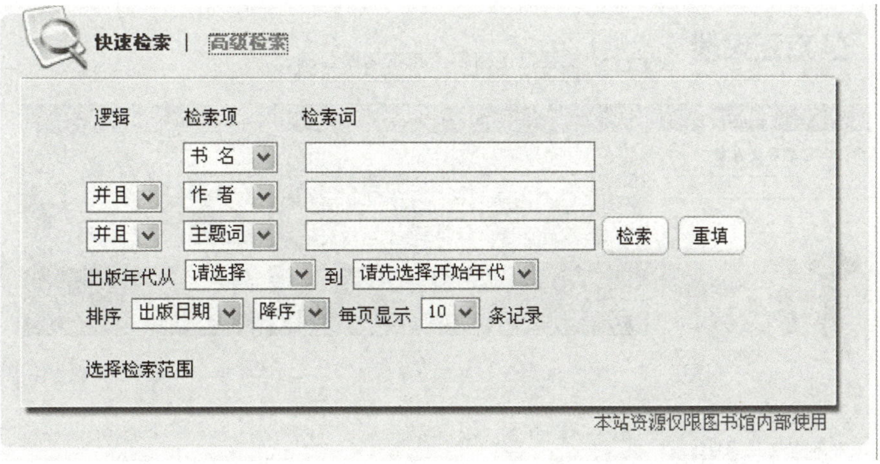

图 3-57 超星数字图书馆高级检索界面

3. 检索结果处理

(1) 下载

超星电子图书数据采用 PDG 格式,因此,第一次登录该系统的计算机,必须先下载并安装超星阅览器和注册器才能阅读图书全文。在超星数字图书馆检索系统首页"软件下载"中,即可下载超星阅览器和注册器。在下载注册器时,用户名、密码可以任意给出,记住用户名、密码,如果想要使下载后的图书在其他计算机上阅读,需要该"注册码"。

点击下载按钮后,阅览器将自动启动,弹出下载选项,图书既可全文下载也可部分章节下载。

(2) 输出

由于在超星图书阅览器中显示的图书都是以 PDG 格式存储的图片,而不是文本,利用超星图书阅览器提供的文字识别功能(OCR)可以将 PDG 格式的图片转换为 TXT 格式的文本保存。具体为:点击 按钮,再用鼠标选定识别区域,区域内的文字就会被识别成文本显示在弹出的面板中,选择"导入编辑"可以在编辑器中修改识别结果,选择"保存"将识别结果保存为文本文件;对图像、图表、公式等则可点击 按钮,将图像文件通过复制、粘贴至"画图"等工具中进行编辑或保存。

3.4.3 方正 Apabi 数字图书馆

1. 概况

方正 Apabi 数字图书馆由北大方正电子有限公司制作,收藏国内 400 多家出版社制作发行的最新图书的电子版,2002 年以后出版的新书占 70% 左右,已出版电子图书 15 万种,覆盖中图法所有二级类目,重点在计算机、管理、外语、文学等方面加强建设,并有意收藏出版社推荐图书、特色图书、高校与科研单位图书馆推荐的著作、相关奖项获奖图书、特聘顾问推荐图书等。方正 Apabi 具有电子借书卡的功能,这种网上图书的借阅方式,为图书馆的管理、借阅带来了一种新的模式。方正 Apabi 电子图书的网址为:http://www.apabi.cn,主页如图 3-58 所示。

图 3-58　方正 Apabi 数字图书馆首页

2. 检索方法

方正 Apabi 数字图书馆提供的检索方式有:分类浏览、快速检索(即单一条件检索:可检索从书名、责任者、出版社、全文等)、高级检索(即多条件组合检索:可进行字段内和字段间的逻辑组配检索)、二次检索(使用"结果中查"进行二次检索)。检索结果有图文显示、列表显示和缩略图显示三种,选择所需图书,可在线浏览、借阅、拷贝与打印。

3. 结果处理

方正 Apabi 采用了先进的数字加密技术,所以用户首次阅读方正 Apabi 电子图书,需先下载、安装 Apabi Reader 阅读器并进行注册。下载到本地的电子图书均有有效期限(本单位设置,一般为 2 周),有效期满后,电子图书自动失效,需要续借或到方正 Apabi 数字图书馆中重新下载借阅。

3.4.4　书生之家数字图书馆

书生之家数字图书馆是由北京书生科技有限公司创办,是一个全球性的中文图书、报刊网上开架交易平台。主要收录 1999 年至今的图书、期刊、报纸、论文、CD 等各种载体的资源,并以每年六七万种的数量递增。下设中华图书网、中华期刊网、中华报纸网、中华资讯网和中华 CD 网等子网。其网址为:http://edu.21dmedia.com,主页如图 3-59 所示。

书生之家数字图书馆资源内容分为书目、提要、全文三个层次,提供分类检索、简单检索、高级检索、全文检索、二次检索等多种检索方式,检索结果可精确定位到页,并可按"命中页"数和"命中点"个数进行倒序。

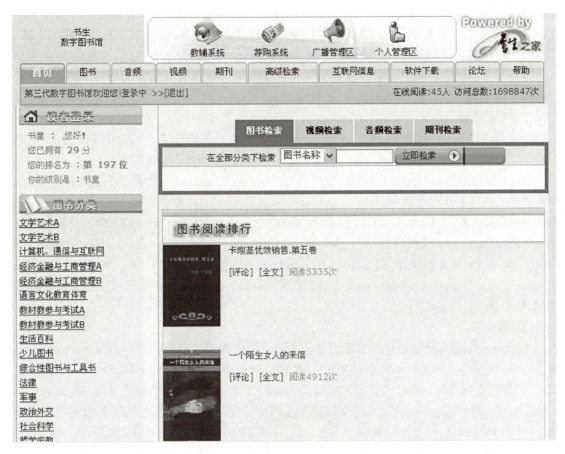

图 3-59 书生之家数字图书馆主页

书生之家数字图书采用全息数字技术,以书生特有的 SEP 格式制作。该技术集合了图像扫描和全文录入技术的优点,原文清晰度较高,并具有很高的安全性,较好地保护了图书的知识产权。目前书生数字图书所涉及的数据类型有文本、图像、语音、图形等,阅读前须先下载并运行书生阅读器,才可阅读全文。

用户可通过图书名称、出版机构、作者、丛书名称、主题、提要 6 种检索方式中的任意一种查找某一种图书,也可按右边提供的分类表逐级查找某一类图书,找到所需图书后,单击"全文",系统自动启动阅读器阅读全文,也可直接在检索结果"翻看"栏,选择"全文"进行阅读。

书生之家网上图书资料可以检索,可以在线阅读,但不能打印、下载,只能购买。

3.5 SpringerLink 数据库

3.5.1 概述

1. 简介

德国施普林格(Springer-Verlag)是世界上著名的科技出版集团,通过 SpringerLink 系统提供其学术期刊及电子图书的在线服务。SpringerLink 是居全球领先地位的、高质量的科学技术和医学类全文数据库,该数据库包括了各类期刊、丛书、图书、参考工具书以及回溯文档。通过 SpringerLink 可提供全文服务的文献包括 Springer 出版的 478 种科技、医学等学术期刊,20 余种世界知名科技丛书和权威的 Landolt-Börnstein 数值与事实型工具书。其中 SCI 源刊为 72%,是科研人员的重要信息源。

2. 主要资源

SpringerLink 的网络版全文文献分为 13 个学科,并由此构成了 SpringerLink 的 13 个电子图书馆系列。目前 SpringerLink 提供全文服务的电子期刊学科范围如下:

Architecture and Design(建筑和设计);Behavioral Sciences(行为科学);Biomedical and Life Science(生物医学和生命科学);Business and Economics(商业和经济);Chemistry and Materials Sciences(化学和材料科学);Computer Science(计算机科学);Earth and Environment Science(地球和环境科学);Engineering(工程学);Humanities,Social Sciences and Law(人文、社科和法律);Mathematics and Statistics(数学和统计学);Medicine(医学);Physics and Astronomy(物理学和天文学);Professional and Applied Computing(计算机职业技术与专业计算机应用)。

3. 服务方式

SpringerLink 可通过清华镜像站点或德国站点提供服务。订购用户可登录 SpringerLink 的国内外站点浏览、检索和查阅文章的卷期、题录和文摘。此外 SpringerLink 新的服务系统增加了与重要的二次文献检索数据库的链接,如与 EI 建立了从二次文献直接到 SpringerLink 全文的链接,并且正在与 ISI 引文实现链接;还增加了用户友好的个性化服务功能:"我的最爱"(My Favorites),可让用户根据个人喜好设定浏览习惯,从而节省时间、方便、实用;"Alert 服务"可让用户进行注册并设定个人研究领域,当有与之相关的最新文献出版时即可根据用户选择以电子邮件或在用户使用数据库时通知用户。目前这两项功能还只在 SpringerLink 的德国站点上提供服务。

3.5.2 检索方法

SpringerLink 数据库国内镜像站点网址:http://springer.lib.tsinghua.edu.cn,如图 3-60 所示。主页右侧显示了登录信息和系统检索到的使用者的 IP 地址,当遇到问题需要帮助时,这些信息有助于客户服务人员和技术人员确定问题所在;在主页右上方,有语言选择框,有中文简体、中文繁体、英语、日语等十种语言选择,需注意:SpringerLink 数据库是以英文为主的数据库,选择中文简体等语言只是为了帮助用户更好地使用数据库,而不能输入中文等的检索词。

SpringerLink 提供 SEARCH FOR(检索)和 BROWSE(浏览)两种检索方式,其中 SEARCH FOR 具有检索功能,在输入框中可通过输入检索词进行检索;而 BROWSE 只具有浏览功能,可通过浏览进行查找,但二次检索可输入检索词进行检索。

SpringerLink 数据库采用的主要检索技术有:

- 逻辑运算符:逻辑与(AND)、逻辑(OR)、逻辑非(NOT);
- 优先运算符:括号"()"的运算优先执行;

- 截词符"*":表示后截断,前方一致,以代替多个字符;
- 精确检索""":引号中作为词组精确检索;
- 字段限定符:标题(ti:)、摘要(su:)、作者(au:)、ISSN(issn:)、ISBN(isbn:)、DOI(doi:)。

图3-60 SpringerLink数据库主页

1. SEARCH FOR(检索)

其检索分为"快速检索"和"高级检索"两种方式。

（1）快速检索

在SpringerLink数据库的首页,提供"快速检索"。可以在"SEARCH FOR"后的输入框中直接输入检索词或检索表达式,或者在"AUTHOR OR EDITOR"输入框中输入作者或编者姓名,或在"PUBLICATION"输入框中输入期刊名称,点击"GO"按钮,即可进行检索。如图3-61所示。

图3-61 SpringerLink数据库快速检索界面

（2）高级检索(Advanced Search)

点击SpringerLink数据库首页的"Advanced Search"按钮,即进入高级检索界面,如图3-62所示。高级检索界面提供了5个检索字段,具体为:"CANTENT"(内容)、"CITATION"(引文)、"CATEGORY AND DATE LIMITERS"(类型限定)、"DOI"和"AUTHOR"(作者)。

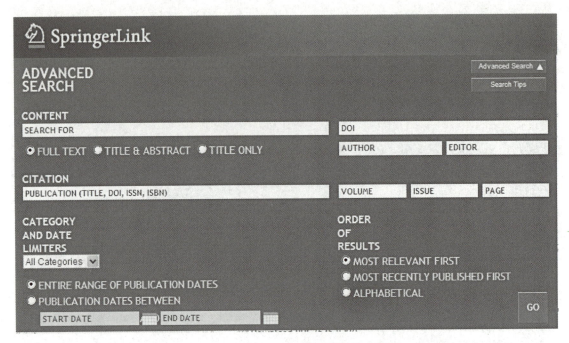

图 3-62　SpringerLink 数据库高级检索界面

图 3-63　SpringerLink 数据库
"CATEGORY AND DATE
LIMITERS"选项

其中"CONTENT"下有 3 个单选按钮,分别为:"FULL TEXT"(全文检索)、"TITLE & ABSTRACT"(篇名和摘要检索)和"TITLE ONLY"(仅在篇名检索)。

"CATEGORY AND DATE LIMITERS"下拉列表具体内容如图 3-63 所示。

检索时,用户可在选择的检索字段后面的输入框内输入检索词,不同检索字段可单独使用,也可根据需要进行逻辑组合检索。各字段之间为逻辑"与"关系,对检索范围进行限定,以达到精确检索的目的。检索结果的排序方式可选择按出版日期或相关度排序。

2. BROWSE(浏览)

SpringerLink 数据库提供了两种浏览方式:"By Collection"(按学科分类)浏览检索、"By Featured Library"(按特色数据库)浏览检索。

(1)"By Collection"浏览检索

在主页点击"By Collection"下 13 个分类中任一个学科类别,即可显示该学科的所有数据列表。如点击"Business and Economics"(商业和经济),输出结果如图 3-64 所示。其右侧是数据详细列表,有数据总量及页码、内容类型(期刊、图书、丛书等)、标题、出版项、全文等,可选择浏览。若需浏览、下载全文,点击"Download PDF"即可。左侧为检索框,可对检索结果进行二次检索。

(2)"By Featured Library"浏览检索

"By Featured Library"下有 2 个选项,分别为:"Chinese Library of Science"、"Russian Library of Science"。图 3-65 为"Chinese Library of Science"输出的内容。其中的　图标,表

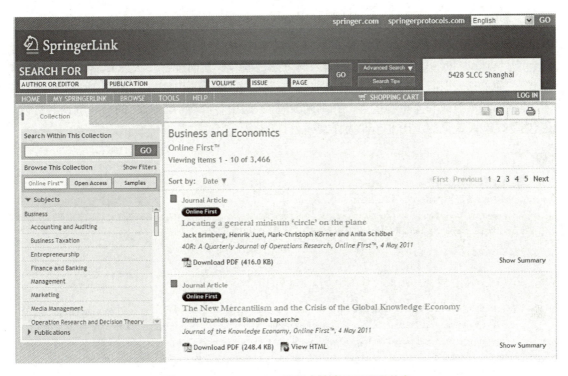

图 3‑64　SpringerLink 数据库检索结果题录信息

示该出版物中的文献被 SpringerLink 数据库全文收录，▢图标表示在 SpringerLink 数据库中只能查到该出版物的论文题录或摘要。有 Online First 标记的数据，则是指开始在线发行的新入库的数据；Open Access 则表示该条数据可被任何人非商业性使用。

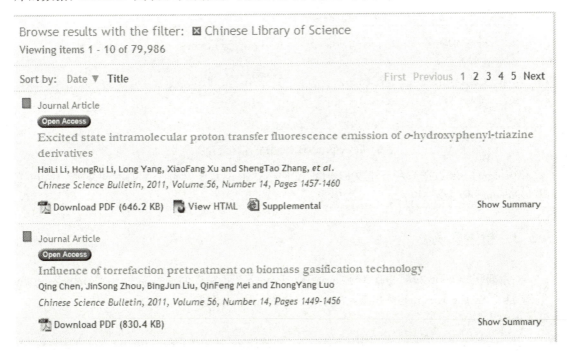

图 3‑65　SpringerLink 数据库"Chinese Library of Science"收录内容

3. 检索结果显示

检索结果页面右侧显示符合检索条件的文章清单,可翻页浏览检索结果;左侧最上方"Search Within This Collection"下的输入框可通过输入检索词进行二次检索。输出结果显示方式有"简单列表"和"详细列表"两种方式。"简单列表"显示的内容有:出版物类型、标题、作者、数据的阅读格式和大小容量等;"详细列表"显示的内容除"简单列表"的显示的内容之外,还包括文摘、关键词等。图 3-66 为详细列表。

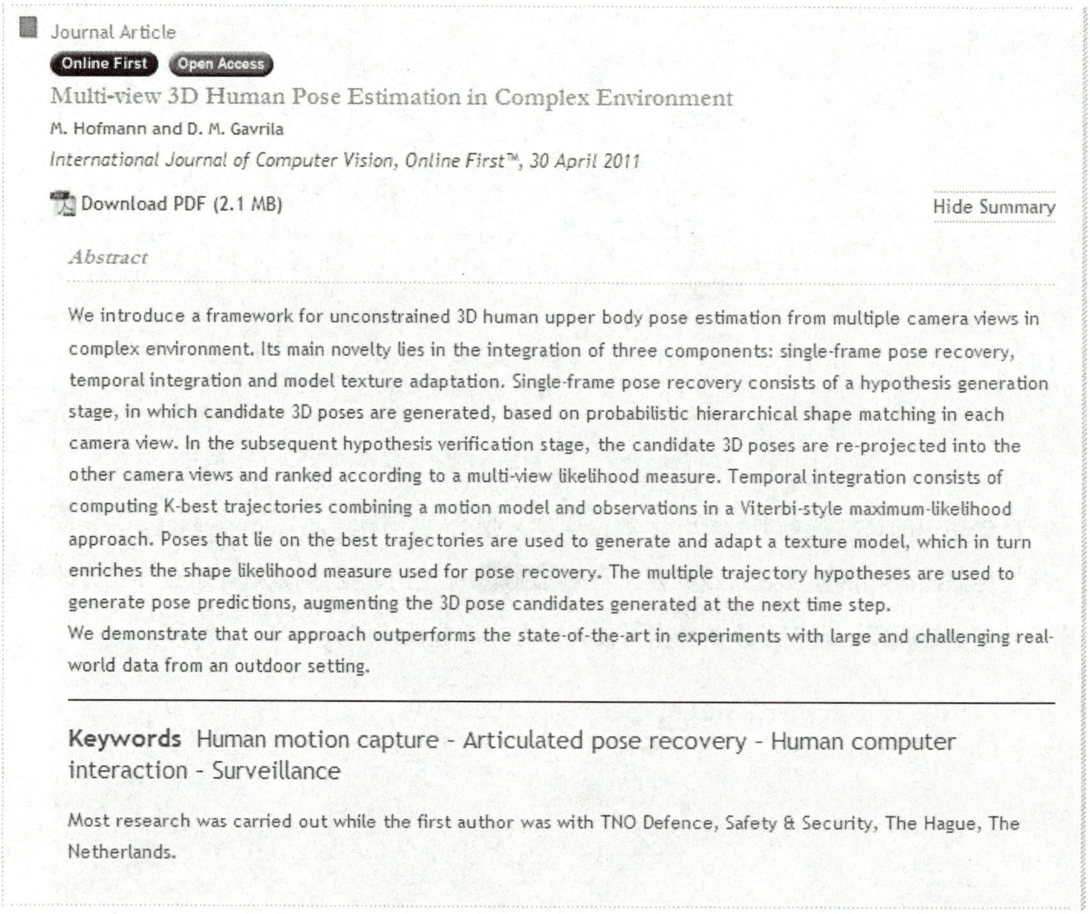

图 3-66 SpringerLink 数据库详细列表界面

SpringerLink 数据库所有全文以 PDF 文件格式提供。要浏览全文必须先安装 Adobe 公司的 Acrobat Reader 软件。

3.5.3 检索实例

检索期刊"Theoretical and Mathematical Physics"上发表的论文标题为"Remark on the phase shift in the Kuzmak-Whitham ansatz"文章,请写出作者、年、卷、期、起止页码。

步骤如下:

(1) 点击快速检索界面的"BROWSE"的下拉列表框"Journals",如图 3-67,点击"GO"按钮。检索结果如图 3-68 所示。

图 3-67　SpringerLink 数据库"BROWSE"下拉列表框

图 3-68　SpringerLink 数据库期刊检索

（2）点击 T，即显示刊名以字母 T 开头的所有期刊，用鼠标点击"Theoretical and Mathematical Physics"，即显示该刊收录的所有文献。

（3）在"Search within This Journals"下的文本框中输入"Remark on the phase shift in the Kuzmak-Whitham ansatz"，点击"GO"按钮，即可输出检索结果。如图 3-69 所示。

（4）用鼠标单击标题，显示文摘内容，如图 3-70 所示。若需全文，点击"Download PDF"按钮即可。

图 3‑69　SpringerLink 数据库期刊检索结果

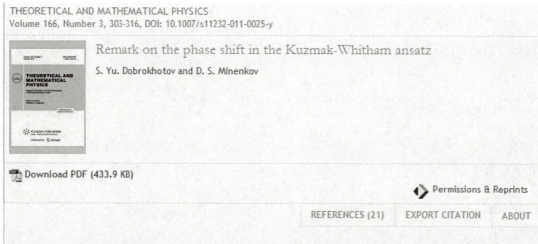

图 3‑70　SpringerLink 数据库期刊检索文摘信息

3.6 EBSCOhost 数据库

3.6.1 概述

EBSCO 是目前世界上最大的提供学术文献服务的专业公司之一,总部设在美国,分部遍及全球 19 个国家。它提供了八千余种期刊的文摘和索引,四千多种学术期刊的全文,提供期刊、文献定购及出版等服务,开发了 300 多个在线文献数据库,内容涉及自然科学、社会科学、人文和艺术等多种学术领域。

EBSCOhost 目前包括 ASP、BSP、ERIC、Professional Development Collection 等多个数据库。具体为:

1. ASP(Academic Search Premier)学术资源数据库

ASP 为全球最大的综合性学科全文数据库之一,几乎覆盖了所有的学术研究领域,包括:社会科学、人文科学、教育学、计算机科学、工程学、物理学、化学、语言学、艺术、文学、医学、种族研究等各个主题领域。ASP 提供了 7 800 种期刊的文摘和索引,其中近 4 700 种为全文期刊,100 多种期刊提供了可追溯至 1975 年或更早年代的 PDF 过期卷,并提供了 1 000 多个标题的可检索参考文献。该数据库通过 EBSCOhost 每日进行更新。

2. BSP (Business Source Premier)商业资源数据库

BSP 是行业中使用最多的商业研究数据库,对所有商业学科,包括市场营销、管理、MIS、POM、会计、金融、经济、银行等相关领域都进行了全文收录。该数据库共收录近 8 350 种学术性商业期刊及其它来源的全文,其中包括 1 100 多种学术商业刊物,超过 350 种顶尖学术性期刊有 PDF 格式全文,最早可回溯至 1922 年。该数据库通过 EBSCOhost 每日进行更新。

3. ERIC(Education Resource Information Center)教育资源信息中心

ERIC 是美国教育部的教育资源信息中心数据库,收录 980 多种教育及和教育相关的期刊文献的题录和文摘。数据为 1967 年至今。EBSCO 的 Premier 版数据库用户可通过 ERIC 链接到 500 种期刊的全文。

4. PDC(Professional Development Collection)教育类全文期刊数据库

该数据库为职业教育者而设计,它提供了 550 多种非常专业的优质教育期刊,包括 350 多个同行评审刊。该数据库还包含 200 多篇教育报告。Professional Development Collection 是世界上最全面的全文教育期刊数据库。

5. 其他主要数据库资源

自然与动物数据库(EBSCO Animals)、医学文摘数据库(MEDLINE)、报纸资源数据库(Newspaper Source)、汽车维修参考资源维修中心(Auto Repair Reference Center)、环境科学全文数据库(Environment Complete)、世界杂志数据库(World Magazine Bank)、传播与大众传媒数据库(Communication & Mass Media Complete)、职业教育技术全文数据库(Vocational and Career Collection)、美国人文科学索引(American Humanities Index)等。

3.6.2 检索方法

EBSCOhost 网址为：http://search.ebscohost.com，登录该系统后，首先看到是"选择数据库"窗口，在页面下方列出了可选择的数据库及其简介，如图 3-71 所示。选择不同的数据库，检索页面和检索字段略有不同，主要的检索字段如表 3-4 所示。选择数据库时，只要选中数据库名称前的复选框即可，然后单击页面中的"Continue"按钮，或者直接点击所要选择的数据库名称即可进入该数据库的检索界面。系统允许同时打开至多 11 个库。

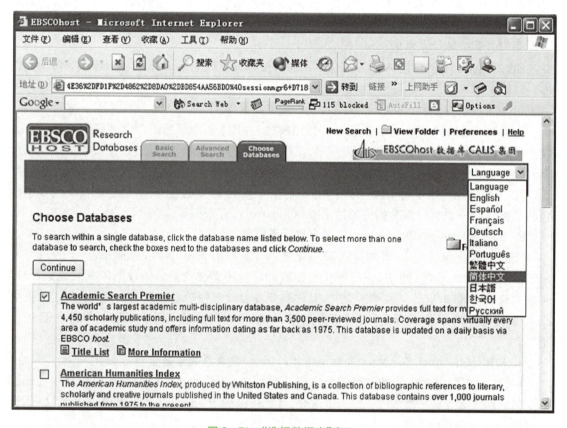

图 3-71 "选择数据库"窗口

在每个数据库栏目中都有一个"Title List"（"题名列表"）按钮，点击后进入该数据库的出版物列表窗口，全部出版物按首字母从 A 至 Z 归并成 26 类，形成一个最简单的按首字母顺序排列的目录。点击其中某个首字母，窗口即显示该字母下的全部出版物题录，内容有：题名、有否文摘、第一版或第一次发行的日期。点击"More Information"（详细信息）按钮则进入联机使用指南，如可检索字段、授权信息的解释等。

在首页的右上方，EBSCOhost 公司提供了包括英语、简体中文在内的 24 种语言的下拉列表框，默认语言为英语。该系统提供了 3 种检索方式：基本检索、高级检索、辅助检索。

1. 检索技术

（1）逻辑算符：逻辑与(AND)、逻辑或(OR)、逻辑非(NOT)。

（2）通配符："?"、"＊"。

表 3-4　EBSCOhost 数据库主要检索字段

字段代码	说　明	字段代码	说　明
TX(All Text)	在全文中检索	GE(Geographic Terms)	地理学名称检索
AU(Author)	检索作者	CO(Company Entity)	检索公司名称
TI(Title)	在题名中检索	TK(Ticker Symbol)	检索股票代码
SU(Subject)	主题词检索	SO(Journal Name)	检索期刊名称
AB(Abstract)	在文摘中检索	IS(ISSN)	检索 ISSN 号
KW(Keywords)	在关键词中检索	IB(ISBN)	检索 ISBN 号

"?"只替代一个字符,例如:输入 ne?t,检索结果为 neat,nest,next;"*"可替代一个字符串,例如:输入 compute*,检索结果为:computer,computing 等等。

(3) 位置算符:N 算符,W 算符。

"N"算符表示检索词之间可以加入其它词,词的数量根据需要而定,词的顺序任意,例如:"tax N5 reform"表示在 tax 和 reform 之间最多可以加入 5 个任意词,可以检索出:"tax reform,reform of income tax"等。"W"算符表示检索词之间可以加入其它词,词的数量根据需要而定,词的顺序按输入词的顺序,例如:"tax W8 reform"可以检索出"tax reform",但不能检索出"reform of income tax"。

(4) 优先运算符:圆括号()的运算优先执行,支持多层嵌套运算。

2. 基本检索(Basic Search)

基本检索界面如图 3-72 所示。它提供独立的检索文本输入框(Find:),用户可在文本框中直接输入检索词、词组或检索表达式。检索词或词组之间可用布尔逻辑算符(and,or,not)连接组成检索表达式,输入的词越多,检索就越准确。例如:如果检索美国高等教育的情况,则可以用"Higher education and American"这一表达式来检索。

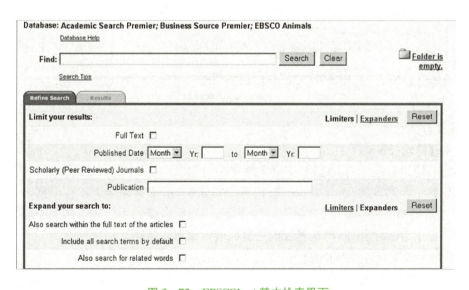

图 3-72　EBSCOhost 基本检索界面

检索输入框下还列出"Limit your results:"(限制结果选项)和"Expand your search

to:"(扩展检索选项),用户可根据自己的需要缩小或扩大检索范围,对检索结果进行个性化设置。其中"Limit your results:"(限制结果选项)设有:Full Text(全文)、Published Date(出版日期)、Scholarly(Peer Reviewed)Journals(经过同行专家评价的刊物)、Publication(出版物名称);Expand your search to:(扩展检索选项),可供选择有:Also search within the full text of the articles(也可以在文章的全文范围内搜索)、Include all search terms by default(缺省情况下,搜索包括所有的检索词,)、Also search for related words(检索相关词或词组)。

3. 高级检索(Advanced Search)

高级检索界面如图3-73所示。它提供了三个检索文本输入框,每个文本输入框后面对应一个字段下拉列表框。用户可在各检索框中输入检索词或检索表达式,并根据需要选择检索字段,框与框之间可以使用逻辑算符进行逻辑组配。页面下方是与基本检索相似的检索条件设置区,用于缩小或扩大检索范围,使检索更准确。

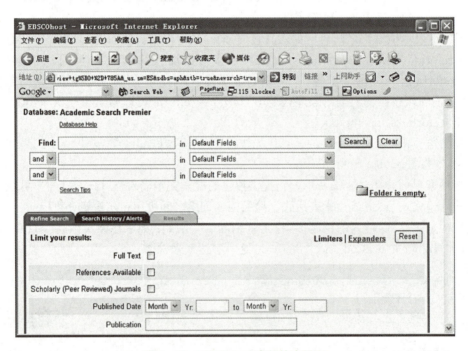

图3-73 EBSCOhost高级检索界面

4. 辅助检索

(1) 主题检索(Subjects)

检索时若使用规范化的主题词,则检索效率高,相关性大。主题词不能任意自定,必须使用系统规定的主题词。在"Browse for"框内输入检索词,系统自动查询以检索词为首或包含此词或与此词最相关的主题词;选择合适的主题词,并单击该词可以浏览到此主题词的上位词、下位词;点击"ADD"按钮,将选择好的主题词进行检索。

(2) 出版物检索(Publications)

点击"Publications"(出版物),进入出版物检索页面,如图3-74所示。可浏览或直接键入刊名而进行检索。它收录了数据库中所有的刊物,点击某一刊名,能浏览到该刊的刊名、出版商、文摘、全文的收录年限等信息。

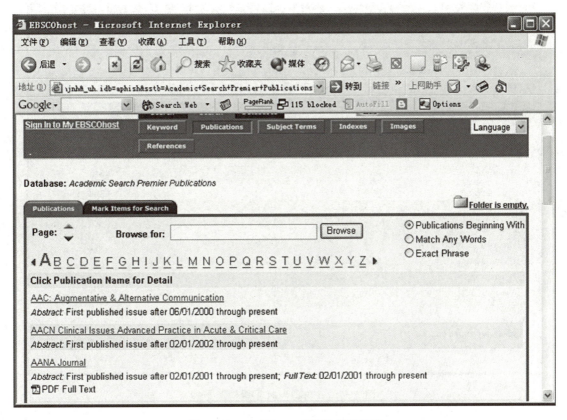

图 3-74 EBSCOhost 出版物检索界面

（3）索引检索（Indexes）

提供按作者、刊名、ISSN、语种、主题词等途径列出数据库收录的所有该范围的条目,用户可以（在结果中）选中一个或多个条目做进一步检索。

（4）图像检索（Images）

点击"Images",进入图像检索页面,可进行特定类型的图像的检索,如图 3-75 所示。在"Find"检索框内输入欲查询图像的检索词或检索表达式,如输入:"football AND China",选择页面下方的选项确定要检索的图片图像所属的范畴,提供的选项有：人物图片（Photos of People）、自然科学图片（Natural Science Photos）、某一地点的图片（Photos of Places）、历史图片（Historical Photos）、地图（Maps）或国旗（Flags）,如果不作选择,则在全部图片库中检索；点击检索按钮即可获得相关图像信息。如图 3-76 所示。

3.6.3 检索结果

检索结果以题录形式列表显示,显示每一条记录的文章篇名、作者、刊名、卷期等,并用三种图标显示是否有全文、图像或 PDF 文件,如图 3-77 所示。直接点击某一篇文献后,可以看到文摘（如果无全文）或全文链接。该系统提供 HTML 格式的文本文件和 PDF 格式的图像文件两种格式全文显示。需要标记记录时,点击显示文献后面的"ADD"（添加）图标,添加该篇文献到"文件夹中",打开文件夹可看到标记过的所有记录。检索结果可以直接打印、电子邮件传递或存盘保存。使用 PDF 格式时,需事先下载 Adobe Reader 浏览器。

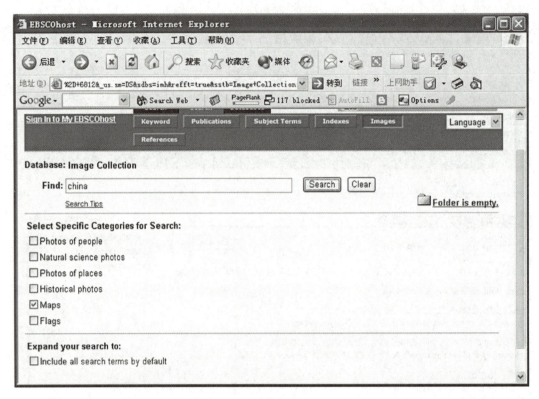

图 3－75　EBSCOhost 图像检索界面

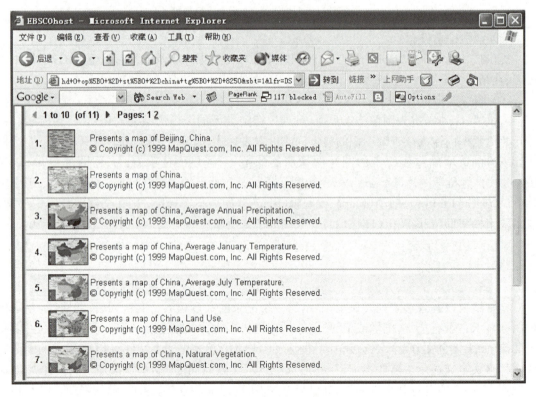

图 3－76　EBSCOhost 图像检索结果

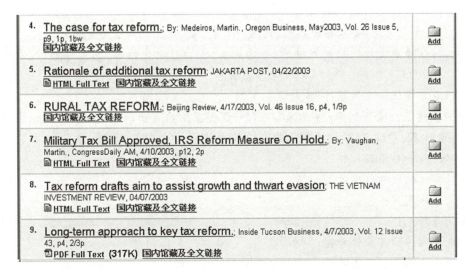

图 3‑77　EBSCOhost 检索结果

思考题

1. 利用《中国期刊全文数据库》完成以下作业：
(1) 在篇名字段查找有关吸烟与戒烟的文献；
(2) 查找近年来武汉环境污染方面的文章有哪些？
(3) 检索 2007 年《中国教育学刊》关于教育改革的文献；
(4) 检索《国际贸易》上关于美国经济形势的文献；
(5) 请检索你的一个专业课老师发表的专业论文；
(6) 检索出下列主题(任选一)的文献：
GPS 接收天线系统、办公自动化、会计电算化、广告策划、中国社会保障体系、中国中小型企业、著作权保护、高等教育发展趋势。

2. 在《中国期刊全文数据库》中进行检索，找出 2010 年出版的有关"电子商务中的客户关系管理"方面的文献。

3. 利用《维普中文科技期刊数据库》，检索 2008～2011 年发表在《大学图书馆学报》上的与计算机检索相关的文献。

4. 利用《维普中文科技期刊数据库》检索以下课题(任选二)：
(1) 计算机网络技术在企业管理中的应用；
(2) 管理科学的研究现状及发展趋势；
(3) 行为科学在企业管理中的应用；
(4) 现代化管理方法的探讨；
(5) 国内外企业环境污染及管理；
(6) 企业劳动工资改革探讨；
(7) 产品质量管理研究；
(8) 提高企业经济效益的探讨。

5. 利用《维普中文科技期刊数据库》检索某一专业课老师以第一作者的身份在2009~2010年发表的专业论文，要求写出篇名、刊名、年、卷、期、起止页码及参考文献。

6. 利用《维普中文科技期刊数据库》查询期刊《电力自动化设备》的主办单位、通信地址、邮政编码、电话号码、电子邮箱和ISSN等有关信息。

7. 在《万方学位论文数据库》中检索：

利用分类途径检索下列课题（任选二），每一课题至少检索出两篇有关的学位论文，抄录论文题目、著者姓名、学位名称、授予学位的大学名称、授予学位时间、页数、分类号、摘要。

（1）机器人的自适应控制；

（2）计算机辅助电路设计、分析；

（3）太阳能利用；

（4）光导纤维；

（5）电子器件的可靠性研究；

（6）限元法用于应用力学；

（7）太阳能电池设计和性能研究。

8. 写出EBSCOhost数据库的检索字段代码、名称及字段含义。

9. 简述SpringerLink、EBSCOhost数据库检索方法。

10. 如何在SpringerLink数据库中进行期刊浏览？

11. EBSCOhost检索窗口中的选项"全文"，是指在全文中检索还是检索有全文的文献？

12. SpringerLink题录结果页中的图标□代表什么意思？

13. 结合本专业，自拟一课题，分别利用CNKI、万方、维普、超星、SpringerLink、EBSCOhost检索与课题相关的文献。

第4章 网络信息资源检索

4.1 网络信息检索工具概述

4.1.1 网络信息资源的概念

随着互联网发展进程的加快,信息资源网络化成为一大潮流。与传统的信息资源相比,网络信息资源在数量、结构、分布和传播的范围、载体形态、传递手段等方面都显示出新的特点,这些新的特点赋予了网络信息资源新的内涵。作为知识经济时代的产物,**网络信息资源**又被称为虚拟信息资源,它是以数字化形式记录的,以多媒体形式表达的,存储在网络计算机磁介质、光介质以及各类通讯介质上的,并通过计算机网络通讯方式进行传递信息内容的集合。简言之,网络信息资源就是通过计算机网络可以利用的各种信息资源的总和。它包括在因特网上可获得的一切信息资源,如数据库、电子图书、电子期刊、电子报纸和其他的网站、网页等,同时也包括其他没有连入因特网的各类局域网、城域网和广域网上的信息资源。

4.1.2 网络信息资源的类型

网络信息资源极其丰富,包罗万象,依据不同的划分方法可以将网络信息资源分为不同的类型:

1. 按互联网服务方式划分

按照互联网所提供的服务来进行划分,网络信息资源可分为:WWW 信息资源、FTP 信息资源、Telnet 信息资源、USENET/Newsgroup 信息资源、LISTSERV/Mailing List 信息资源、Gopher 信息资源、WAIS 信息资源。

(1) WWW 信息资源 WWW 的含义是环球信息网(World Wide Web),又叫万维网,它是一个基于超级文本方式的信息查询工具,是目前互联网上使用最广泛的信息存储与查询的数据格式和显示方式。WWW 将位于全世界互联网上不同网址的相关数据信息有机地编织在一起,通过浏览器提供一个友好的查询界面,用户仅需要提出查询要求即可。

(2) FTP 信息资源 FTP 是互联网上广泛使用的一种服务,可被用来在两台位于互联网上的计算机之间传输文件。它是一种实时的联机服务,使用时,用户应登录到对方的主机上,登录成功后便可以进行文件搜索和文件传送的操作。通过此项服务,用户可免费从网上获取别人的资源,达到信息共享的目的。

(3) Telnet 信息资源　　Telnet 远程登录是把用户正在使用的终端或计算机变成互联网上某一远程主机的一台仿真终端,在授予的权限内分享该主机的数据、文件等信息资源。Telnet 采用客户机/服务器工作模式。

(4) USENET/Newsgroup 信息资源　　Usenet 又称为 Netnews,可译为用户新闻网、新闻论坛或网络新闻。它是一个包含成千上万讨论组(Newsgroup)的全球系统,其讨论内容几乎覆盖了当今社会生活的各个方面,包括了人们所能想象的任何专题。

(5) LISTSERV/Mailing List 信息资源　　邮件列表(Mailing list)是指一组成员的 E-mail 地址列表,又称为通信讨论组、邮件目录服务、邮件群等。邮件列表的主要功能是为有共同兴趣的一组用户建立一种关联,使用户彼此拥有一个网上交流的空间,其实质是一种"一对多"式的电子邮件通信服务。

(6) Gopher 信息资源　　Gopher 是基于菜单驱动的互联网信息查询工具。Gopher 的菜单项可以是一个文件或一个目录,分别标以相应的标记:如果是目录便可以继续跟踪进入下一级菜单;如果是文件则可以用多种方式获取。在菜单指引下,用户可通过选取自己感兴趣的信息资源,对互联网上远程联机信息系统进行实时访问。

(7) WAIS 信息资源　　WAIS 称为广域信息服务,是一种数据库索引查询服务。WAIS 是通过文件内容(而不是文件名)进行查询的。因此,如果打算寻找包含在某个或某些文件中的信息,WAIS 便是一个较好的选择。WAIS 是一种分布式文本搜索系统,用户通过给定索引关键词查询到所需的文本信息。

2. 按信息的加工层次划分

按照信息的加工层次,可以把网络信息资源分为图书馆馆藏目录、电子书刊、参考工具书、数据库等。

(1) 图书馆馆藏目录　　在互联网中,图书馆馆藏目录已发展成为 OPAC(Online Public Access Catalog,联机公共目录检索系统)。使用时人们通过目标图书馆目录的 URL 即可在自己的网络终端查询该图书馆的馆藏,完全突破了以往利用图书馆的时空限制。

(2) 电子书刊　　电子书刊指完全在网络环境下编辑、出版、传播的书刊。广义的电子书刊也包括印刷型书刊的电子版。现有信息技术为电子书刊的出刊发行创造了良好条件,网络上电子书刊的数量正急剧增加,从而创造了一种新型的科学出版和学术研究环境。

(3) 参考工具书　　互联网上有为数众多的指南、名录、手册、索引等许多传统的和现代的参考工具书。这些网络版参考工具书使用起来非常方便,用户只需要键入待查的词或词组,就可以找到相关的定义和使用方法。

(4) 数据库　　网络数据库包括综合性和专业性数据库、专利数据库、标准数据库等信息资源。许多从事传统信息服务的机构都开发了各自的网络数据库。这些数据库由专门的信息公司专业制作或维护,信息质量高,检索效果好,是查找学术信息最为常用的数据库。

3. 按信息存取方式划分

按照信息存取方式进行划分,网络信息资源可分为邮件型、电话型、揭示板型、广播型、图书馆型和书目型等。邮件型的信息存取方式是以电子邮件和邮件列表服务为代表的。电话型是指以特定的个人或群体为对象的即时传播信息方式,帮助人们在网络上通过文字交往实现即时的信息传播。揭示板型是以不特定型的大多数网络利用者为对象的非即时的信息传播方式,比较具有代表性的是网络新闻和匿名 FTP。广播型是目前正在开发的、可以在网络上向特定的多数的利用者即时提供图像和声音的信息传播方式。图书馆型类似于图书馆的藏书,通过对一次信息进行有系统的组织来提供各种信息。书目型是主要用于检索网络信息资源的各种检索工具,是以提供二次信息为主的存取方式。

4. 按网络信息资源的层次划分

按照网络信息资源的层次分,可分为指示信息、信息单元、文献、信息资源、信息系统等。指示信息即一个信息单元的地址,指示信息由信息的实际地址以及有关该信息的标识、注解等内容构成。信息单元是可以指示信息表达的最小信息单位,如文献中的某一行、某一段,甚至一个目次页或一份统计表等,一个信息单元由一个文本组成。文献是相关信息单元的集合,如 FTP 文件、万维网网页、数据库的记录、电子邮件等,文献由若干信息总单元以及一些特定的指示信息构成。信息资源指相互关联的文献集合,如一个数据库、一份杂志、一本书、一本电话簿、一张光盘或视盘等。信息系统指一组相关的、经过标引和建立了交互参见的信息资源的集合,如一个虚拟图书馆、一部百科全书,信息系统还包括了不同信息资源之间的相互关联的指示信息。

5. 按人类信息交流方式划分

按此方式可以划分为:非正式出版信息、半正式出版信息、正式出版信息,如图 4-1 所示。

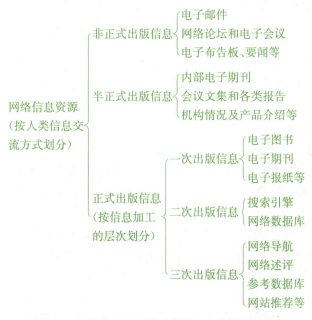

图 4-1 网络信息资源按人类信息交流的方式划分

(1) 非正式出版信息:又称"黑色"信息。指流动性、随意性较强,信息数量大、分散无序、信息质量难以保证和控制的动态性网络信息。如电子邮件、电子会议、电子布告板新闻等。许多最新的前沿信息都源于此。

(2) 半正式出版信息:又称"灰色"信息。指受到一定知识产权保护,但没有纳入正式出版信息系统的描述性网络信息。如政府机构和非政府组织提供的信息、各种学术团体和研究机构、企业和商业部门、国际组织和政府机构、行业协会等单位介绍宣传自己或产品的描述性信息。

（3）正式出版信息：又称"白色"信息。指受到一定的知识产权保护，信息质量可靠、利用率较高的知识性、分析性网络信息。如各种数据库、电子期刊、电子图书等。用户一般可通过WWW查询到。其特点是学术信息含量高，具有检索系统，便于检索利用，但用户必须购买使用权才可使用。

4.1.3 网络信息资源的特点

网络信息资源是一种新型数字化资源，在网络环境下，信息资源在数量、结构、形式、分布和传播范围、类型、控制机制和传递手段方面都与传统的信息资源有了显著差异，呈现出新的特点。

1. 存储数字化

网络信息以数字形式存在，可以借助网络进行远距离传播，使信息的存储和传递、查询更加方便，而且所存储的信息密度高，容量大，可以无损耗地被重复使用，从而使全球信息资源的共享成为可能。

2. 信息类型多、范围广

网络信息资源类型丰富多样，从电子报刊、电子工具书、商业信息、新闻报道、书目数据库、文献信息索引到统计数据、图表、电子地图等。其内容包罗万象，覆盖了不同学科、不同领域、不同地域、不同语言的信息资源，在形式上，包括了文本、图像、音频、视频、软件、数据库等，堪称多媒体、多语种、多类型信息的混合体。

3. 以网络为传播媒体

传统的信息存储载体为纸张、磁带、磁盘，而在网络时代，信息的存储载体为网络，是信息用户提供的来自Internet网络服务器上的虚拟信息，而不是实实在在的实体形式的信息，体现了网络资源的社会性和共享性。

4. 数量巨大，增长迅速

Internet是一个开放的信息传播平台，各个国家、政府、机构、企业、个人都可以在网上发布信息，是一个集各种信息资源为一体的信息资源网，因此成为海量的、庞杂的信息源。

5. 信息的动态性

网络环境下，网上信息具有动态性和实时性等特点。各种信息处在不断生产、更新、淘汰的状态，而且连接的网络、网站、网页也都处在变化之中，任何网站资源都有在短时间内建立、更新、更换地址或消失的可能，使得网上的信息资源瞬息万变。

6. 信息源复杂

网络共享性与开放性使得人人都可以在互联网上索取和存放信息，由于没有质量控制和管理机制，这些信息没有经过严格编辑和整理，良莠不齐，各种不良和无用的信息大量充斥在网络上，形成了一个纷繁复杂的信息世界，给用户选择、利用网络信息带来了障碍。

4.1.4 网络信息资源的检索方法

互联网的出现，改变了人们获取信息资源的方式。随着网络信息资源数量的爆炸式增长和网络用户获取网络信息资源需求的不断提高，网络信息检索已经受到了越来越多的重视。

怎样为网络用户提供高质量、高效率的检索方式是网络信息检索研究者的努力方向。网络信息的常用检索方法一般有以下几种：

1. 直接访问法

直接访问法就是已经知道要查找的信息可能存在的地址（URL），直接在浏览器地址栏中输入其网址，进行浏览查找。如：查找上海电气集团股份有限公司的相关信息，只需直接访问"上海电气集团网（http://www.shanghai-electric.com）"，查找新闻则直接访问"中国新闻网（http://www.chinanews.com.cn）"即可。直接访问法的优点是目的性强、节省时间；缺点是信息量少。这种方法一般适合于经常在网上漫游的用户，他们往往已经掌握了一些自己喜欢而有用的网站的URL。因此经常利用Internet的用户平时应将一些常用的、优秀的网络资源站点地址记录下来，必要时直接访问。

2. 漫游法

所谓漫游，就是在网上从一个网页上通过感兴趣的条目链接到另一个网页上，在整个Internet上无固定目的地进行浏览。漫游法的优点是可以从任意一个网页入手，无需特定的网址，在网上可以发现一些意想不到的信息；缺点是用户在漫游中往往会失去方向，而且不能找回原有的途径，花费的时间、精力都很大。这种方法比较适合两种类型人使用：一是初学上网者，对Internet资源不是很了解的用户；二是专门从事信息咨询服务的人，他们需要对网上信息进行多方位了解。在漫游过程中，用户应注意收集一些有用的网址，以便日后直接访问。

3. 搜索引擎检索法

利用搜索引擎进行信息检索是最常用、普遍的网络信息检索方法。用户只需输入关键词、词组或检索式等，搜索引擎即可代替用户在数据库中进行查找，根据用户的查询要求在索引库中筛选满足条件的网页记录，并按照其相关度排序输出，或根据分类目录一层层浏览。利用搜索引擎进行检索的优点是：省时省力，简单方便，检索速度快、范围广，能及时获取新增信息；缺点是：由于采用计算机软件自动进行信息加工、处理，人工干预过少，而且搜索引擎大多采用自然语言标引和检索，没有受控词，导致信息查询的命中率、准确率、查全率较差，往往是输入一个检索式，得到一大堆网页的地址，检索结果中可能会有很多冗余信息，与人们的检索需求及对检索效率的期望有一定差距。

4. 网络资源指南检索法

该方法是利用网站工作人员手工编制和维护的网络资源主题指南来浏览和检索网上的信息资源。它通常由专业人员在对网络信息资源进行鉴别、选择、评价、组织的基础上编制而成，对于有目的的网络信息检索具有重要的指导作用。由于信息的收集、过滤、组织编排、网页制作以及信息注解等标引工作需要靠人工来完成，因此收录信息数量相对不足，收录范围不够全面，新颖性、及时性不够强，而且由于分类的限制很难检索到较专深的信息，难于控制主题等级类别的质量，但人工干预提高了主题指南返回结果的准确性和相关性。

4.1.5 网络信息资源的检索步骤

面对数量众多的网络资源，要准确、高效地获取所需信息，需要制定基本的检索策略，按照一定的步骤执行，网络信息检索的一般步骤如下：

（1）确定网络信息资源的位置。

（2）选择合适的检索工具。

(3) 使用相对应的检索方法。

(4) 对获得的所有检索结果进行浏览、过滤，选取正确的信息保存。

如果已知所需信息的网址，可以通过网址直接访问相关站点，然后通过站点内的搜索工具或导航工具查找所需信息。

如果对所需信息的网址不确定，可以使用相关的检索工具(搜索引擎)，在检索文本框中输入所需信息的关键词进行检索，获得信息线索后，再进入包括相关内容的网页，获得最终的信息。

4.2 搜索引擎

4.2.1 搜索引擎的原理

随着互联网在全球范围内的迅速发展与成熟，社会各领域信息飞速膨胀，为人们查找和获取有用信息提供了丰富的信息源，同时也给信息的准确定位提出了挑战。要想从网上快速、高效、全面地获取自己所需要的信息资料，就要对网上信息资源进行有效的组织与管理，而搜索引擎就是人们对网上各种信息资源进行标引和检索的工具。

1. 搜索引擎的定义

搜索引擎(Search Engine)是一种接受因特网用户查询指令，并向用户提供符合其查询要求的相关网站或网页的信息资源系统。搜索引擎使用自动索引软件来采集、发现、收集并标引网页、建立数据库，以 WWW 页形式提供给用户一个检索界面，供用户通过关键词、词组或短语等检索项来进行检索。搜索引擎本身也是一个 WWW 网站，与普通网站不同的是，搜索引擎的主要资源是描述互联网资源的索引数据库和分类目录，为人们提供一种搜索互联网信息资源的途径。它可以代替用户在数据库中进行查找，根据用户的查询要求在索引库中筛选满足条件的网页记录，并按照其相关度排序输出，或根据分类目录一层层浏览。搜索引擎应包含极其丰富的网上资源信息，对用户的检索响应速度极快，一般每次检索只要几秒钟。但由于人工干预过少，而且搜索引擎大多采用自然语言标引和检索，没有受控词，导致信息查询的命中率、准确率、查全率较差，往往是输入一个检索式，得到一大堆网页的地址，检索结果中可能会有很多冗余信息。

2. 工作原理

搜索引擎的工作主要分四步：从互联网上抓取网页→建立索引数据库→在索引数据库中搜索→对搜索结果进行处理和排序。

(1) 从互联网上抓取网页

搜索引擎的数据采集包括人工采集和自动采集两种方式。人工采集由专门的信息人员跟踪和选择有用的 WWW 站点或页面，并按规范方式分类标引并组建成索引数据库。自动采集是通过自动索引软件(Spider、Robot 或 Worm)来完成的，Spider、Robot 或 Worm 在网络上不断搜索相关网页来建立、维护、更新索引数据库，自动采集能够自动搜索、采集和标引网络上众多站点和页面，并根据检索规则和数据类型对数据进行加工处理，因此它收录、加工信息的范围广、速度快，能及时地向用户提供 Internet 中的新增信息，告诉用户包含这个检索提问的所有网址，并提供通向该网址的链接点，检索比较方便；而人工采集基于专业性的资源选择和分析标引,保证了所收集的资源质量和标引质量。目前大多数搜索引擎采取了自动和人工方式相结合的形式。

(2) 建立索引数据库

信息采集与存储后,搜索引擎要对已收集的信息进行整理,建立索引数据库,并定时更新数据库内容。索引数据库中每一条记录基本上对应于一个网页,记录包括关键词、网页摘要、网页 URL 等信息。由于各个搜索引擎的标引原则和方式不同,所以即使是对同一个网页,它们的索引记录内容也可能不一样。

索引数据库是用户进行检索的基础,它的数据质量直接影响到检索效果,数据库的内容必须经常更新、重建,以保证索引数据库能准确反映网络信息资源的最新状况。

(3) 在索引数据库中搜索排序

当用户输入关键词搜索后,由搜索系统程序从网页索引数据库中找到符合该关键词的所有相关网页。搜索引擎根据用户输入的关键词,在索引数据库中查找,把查询命中的结果(均为超文本链接形式)通过检索界面返回给用户,用户只要通过搜索引擎提供的链接,就可以立刻访问到相关信息。

(4) 对搜索结果进行处理和排序

所有相关网页针对关键词的相关信息在索引库中都有记录,只需综合相关信息和网页级别形成相关度数值,然后进行排序,相关度越高,排名越靠前。最后由页面生成系统将搜索结果的链接地址和页面内容摘要等内容组织起来返回给用户。

4.2.2 搜索引擎的类型

随着 Internet 技术的发展与应用水平的提高,各种各样搜索引擎层出不穷,为了帮助用户准确、快捷、方便地在纷繁、浩瀚的信息海洋里查找到自己所需的信息资源,网络工作者为各类网络信息资源研制了相应的搜索引擎。搜索引擎按其工作方式主要可分为 3 种:

1. 全文搜索引擎(Full Text Search Engine)

全文搜索引擎处理的对象是互联网上所有网站中的每个网页。每个全文检索型搜索引擎都有自己独有的搜索系统和一个包容因特网资源站点的网页索引数据库。其数据库最主要的内容由网络自动索引软件建立,不需人工干预。网络自动索引软件自动在网上漫游,不断收集各种新网址和网页,形成数千万甚至亿万条记录的数据库。当用户在搜索框中输入检索词或检索表达式后,每个搜索引擎都以其特定的检索算法在其数据库中找出与用户查询条件匹配的相关记录,并按相关性大小顺序排列并将结果返回给用户,因此全文搜索引擎是真正的搜索引擎。用户获得的检索结果,并不是最终的内容,而是一条检索线索(网址和相关文字),通过检索线索中指向的网页,用户可以找到和检索内容匹配的内容。它具有检索面广、信息量大、信息更新速度快等优点,非常适用于特定主题词的检索。但在检索结果中会包括一些无用信息,需要用户手工过滤,这也降低了检索的效率和检索效果的准确性。如:Google、百度、Altavistc 等均为全文搜索引擎。

2. 分类目录型搜索引擎(Search Index/Directory Search Engine)

分类目录型搜索引擎提供按类别编排因特网站点的目录,是在由网站工作人员广泛搜集网络资源,并由人工进行加工整理的基础上,按照某种主题分类体系编制的一种可供检索的等级结构式目录。在每个目录分类下提供相应的网络资源站点地址,使因特网用户能通过该目录体系的引导,查找到和主题相关的网上信息资源。

分类目录型搜索引擎收录网站时,并不像全文检索型搜索引擎一样把所有的内容都收录进去,而是首先把该网站进行类别划分,并只收录摘要信息。

分类目录型搜索引擎的主要优点是所收录的网络资源经过专业人员的人工选择和组织,可以保证信息质量,减少了检索中的"噪声",从而提高了检索的准确性,不足之处是人工收集整理信息,需花费大量的人力和时间,难以跟上网络信息的迅速发展,而且所涉及信息的范围比较有限,其数据库的规模也相对较小,因此其搜索范围较小,而且这类搜索引擎没有统一的分类标准和体系,如果用户对分类的判断和理解与搜索引擎有所偏差,将很难找到所需要的信息,从而成为制约分类目录型搜索引擎发展的主要因素。如 Yahoo、LookSmart 等均为分类目录型搜索引擎。

3. 多元搜索引擎(Meta Search Engine)

多元搜索引擎又称集合式搜索引擎,它将多个搜索引擎集成在一起,向用户提供一个统一的检索界面,将用户的检索提问同时发送给多个搜索引擎同时检索多个数据库,并将它们反馈的结果进行处理后提供给用户,或者让用户选择其中的某几个搜索引擎进行工作。使用多元搜索引擎,可让用户省时、省力,因而该类搜索引擎又被称为"并行统一检索索引",即用户输入检索词后,该引擎自动利用多种检索工具同时进行检索。

多元搜索引擎的最大优点就是省时,不必就同一提问一次次地访问所选定的搜索引擎,也不必每次均输入检索词等,而且检索的是多个数据库,扩大了检索范围,提高了检索的全面性。

不同类型的搜索引擎对网络信息资源的描述方法和检索功能不同,即使是对同一个主题进行搜索,不同的搜索引擎通常会得到不同的结果,因此要了解各种搜索引擎的特点,选择合适的搜索引擎,并使用与之相配合的检索策略和技巧,就可以花较少的时间获得较为满意的结果。如 Dogpile 就是最老、最受欢迎的多元搜索引擎之一。

4.2.3 搜索引擎的基本检索功能

1. 搜索引擎的基本检索功能

大多数搜索引擎都具备基本的检索功能,如布尔逻辑检索、词组检索、截词检索、字段检索等。

(1) 布尔逻辑检索

所谓布尔逻辑检索,就是指通过标准的布尔逻辑关系运算符来表达检索词与检索词间逻辑关系的检索方法,主要的布尔逻辑关系运算符有:

- AND 关系,称为逻辑与,一般用"AND"来表示,有的搜索引擎还可以用"&"表示,也有的用空格" "表示,要求检索结果中必须同时包含所输入的两个关键词。
- OR 关系,称为逻辑或,一般用"OR"来表示,有的搜索引擎还可以用"|"表示,要求检索结果中只包含所输入的两个关键词中的一个。
- NOT 关系,称为逻辑非,一般用"NOT"来表示,有的搜索引擎还可以用"!"表示,要求检索结果中包含第一个关键词但不包含所输入的第二个关键词。

布尔逻辑检索在搜索引擎中使用相当广泛,但在不同的搜索引擎中,布尔算符检索功能的实现与使用有所差异,表现为:

① 受支持程度不同:有的搜索引擎完全支持布尔逻辑检索"与"、"或"、"非"的功能,如 Infoseek、Excite 等,有的搜索引擎则部分支持布尔检索,如 Yahoo,不支持布尔关系 NOT 的检索。

② 表示布尔运算的方式不同:大部分的网络搜索引擎都直接采用布尔逻辑算符"AND"、"OR"、"NOT"进行运算,也有的搜索引擎采用"+"表示布尔逻辑关系"AND",用"-"表示布尔逻辑关系"NOT",默认值为布尔逻辑关系"OR"。

(2) 词组检索

词组检索是将一个词组(通常用双引号""括起)当作一个独立的运算单元进行严格的匹配,以提高检索的精度和准确度,这也是搜索引擎检索中常用的方法。词组检索实际上体现了邻近位置运算的功能,即它不仅规定了检索表达式中各个检索词间的逻辑关系,而且规定了检索词之间的邻近位置关系。几乎所有的搜索引擎都支持词组检索,并且都采用双引号来代表词组。

(3) 截词检索

截词检索指用给定的词干做检索词,查找含有该词干的全部检索词的记录,它可以扩大检索范围,提高查全率。截词检索也是一般搜索引擎检索中的常用方法,在搜索引擎中常用的截词检索的类型有:右截词、中间截词、左截词。

- **右截词** 又称后端截词、前方一致,允许检索词尾部有若干变化形式。如输入:comput*,将检索出含有 computer、computing、computerized、computerization 等词的记录。
- **中间截词** 允许检索词中间有若干变化形式,又称两边一致检索。如输入 wom*n,能够检索出含有 woman、women 等词的记录。
- **左截词** 又称前端截词、后方一致,允许检索词的前端有若干变化形式。如输入 *sive 能够检索出含有 abrasive、compulsive、comprehensive 等词的记录。

(4) 限定字段检索

搜索引擎提供了许多带有网络检索特征的字段型检索功能,如主机名(host)、域名(domain)、统一资源定位地址(URL)等,用于限定检索词在搜索引擎数据库中某个字段范围内进行查找,以控制检索结果的相关性,提高检索效果。

(5) 自然语言检索

自然语言检索指用户在检索时,直接使用自然语言中的字、词或句子组成检索式进行检索。自然语言检索使得检索式的组成不再依赖于专门的检索语言,使检索变得简单而直接,特别适合于不熟悉检索语言的一般用户。

(6) 多语种检索

提供不同语种的检索环境供用户选择,搜索引擎按照用户设定的语种检索并返回检索结果。

(7) 区分大小写检索

主要针对检索词中有西文字符、人名、地名等专有名词时,区分其字母大小写的不同含义。

在区分大小写的情况下,大写检索词被看做专有名词,小写检索词则被看作普通词。区分大小写检索,可有助于提高查准率。

2. 搜索引擎基本的检索方法

搜索引擎的检索方法一般有以下 3 种:

(1) 模糊查找

模糊查找就是直接在输入框中输入所需关键词,不对其作任何限制,搜索引擎就会将包含该关键词的所有网页和与之意义相近的网址全部搜索出来。显然,这种查找反馈量大,但准确性欠佳。

(2) 精确查找

模糊查找往往会出现大量无关的网址和网页,要想准确查找与关键词相符的信息,可利用绝大多数搜索引擎提供的准确查找功能。如:使用双引号将关键词进行简单限制,即可排除大量无关的信息。

(3) 逻辑查找

逻辑查找就是指利用布尔逻辑运算符将关键词进行逻辑组配进行的查找。如逻辑与(AND)、逻辑或(OR)、逻辑非(非)。

4.2.4 搜索引擎存在的问题

使用搜索引擎虽然能获得大量信息,但其中包含许多与所需主题毫不相干的无用信息,必须花费大量的时间、精力进行筛选、辨别,诸多情况表明,目前搜索引擎并不完善,还存在着许多问题,主要表现在以下几个方面:

(1) 网络信息质量控制欠缺:任何人只要具备相应的条件就可以把任何信息送到网上,而这些信息没有经过任何质量控制就被搜索引擎标引。未经过质量控制的信息必然会影响检索结果的质量。

(2) 资源覆盖面有限:《科学》杂志最近的一份研究报告表明,即使功能再完善的搜索引擎,也只能找到 Web 上的三分之一的网页。

(3) 索引数据库更新困难,提供的信息滞后:搜索引擎一般都有庞大的索引数据库,其更新速度总是落后于无时无刻都在更新的因特网信息的更新速度。索引数据库越大,更新的周期就越长,索引失效的问题就越突出。而且许多搜索引擎都采用人工方式对信息进行二次处理,这也是造成信息滞后的一个重要原因。

(4) 搜索引擎之间各行其是,缺乏合作:目前很多搜索引擎都出现对同一资源站点进行分析、索引的情况,这种重复是很大的资源浪费,同时也造成用户的重复检索。

(5) 搜索速度不理想:一些综合性的搜索引擎因数据量庞大,搜索速度受到影响。现在,为了提高检索效率,一些较小的专用搜索引擎越来越受到人们的青睐,专用搜索引擎在其运行领域中也表现出其更大的灵活性。

(6) 误检变幻无常,漏检率高:搜索引擎的误检率、漏检率都较高,究其原因主要有:

① 搜索引擎虽然能检索出大量信息,但与全部因特网信息相比,仅是沧海一粟;

② 搜索引擎主要是通过 Robot、Spider 等软件将网页全部或部分内容下载到自建的索引数据库中,下载的页面许多是无用或暂时的信息;

③ 搜索引擎不能深入网站的内部标引,缺乏认知能力和推理能力,对于描述较为简单的

网站,往往遗漏;

④ 网络用户检索机制不完善以及网络信息分类的不规范等也是造成误检、漏检的原因。

(7) 搜索引擎的功能尚待完善:搜索引擎的发展程度参差不齐,目前还没有任何一个网络检索工具在检索功能上可与传统的计算机检索工具相媲美,其功能还需不断完善。

(8) 检索结果重现性差:不同的搜索引擎由于其检索技术上存在的问题不同,同一检索策略使用不同搜索引擎的检索结果也各不相同,甚至同一搜索引擎在不同时间检索结果也不完全相同。需要同时使用多个搜索引擎才能得到较全面的检索结果。这种搜索引擎的不一致性客观存在,在检索中,必要时可采取相应对策。

(9) 缺乏检索专业信息的能力:一些常用的搜索引擎,不以专业划分检索范围,也没有与专业检索工具相对应的标引和检索语言,因此利用网络检索工具检索专业的网络信息效果可能不太理想。

(10) 搜索引擎的知识产权问题:信息社会中,知识产权的问题无时不在,无处不有。搜索引擎中的信息是否经过验证,是否存在知识产权问题,无人考证,因此搜索引擎所涉及的知识产权问题也成为学术界关注的焦点。

4.3 常用搜索引擎

4.3.1 Google 搜索引擎

1. Google 搜索引擎的基本情况

Google(http://www.google.cn)是目前因特网上最优秀的支持多语种的搜索引擎之一,它由斯坦福大学博士生拉里·佩奇(Larry Page)和谢乐盖·布林(Sergey Brin)于1998年9月发明。当时公司提供的唯一服务就是搜索引擎。Google 采用自动索引软件网络蜘蛛(Spider)按某种方式自动地在因特网中搜集和发现信息,并采用先进的网页级别(PageRank)技术,根据因特网本身的链接结构对相关网站用自动的方法进行分类、清理、整合,任何网页均可直接地链接到另一网页,使信息在网站之间畅通无阻,从而为用户提供面向网页的全文检索服务的因特网信息查询系统。其富于创新的搜索技术和具有界面简洁、易用、快速、相关性强等优点,使 Google 从当今的新一代搜索引擎中脱颖而出,深受用户的喜爱。

在浏览器的地址栏中输入 Google 的网址 http://www.google.cn,按回车键即可打开 Google 的首页,如图 4-2 所示。

Google 首页非常简洁,用户只需要在文本框中输入查询内容并按回车键(Enter),或单击"Google 搜索"按钮,即可得到相关资料。Google 的首页中排列了其八大功能模块:"网页"、"图片"、"视频"、"地图"、"资讯"、"音乐"、"问答"、"来吧",默认搜索为网页搜索。

2. Google 搜索引擎的特点

Google 的成功得益于其强大的功能和独到的特点:

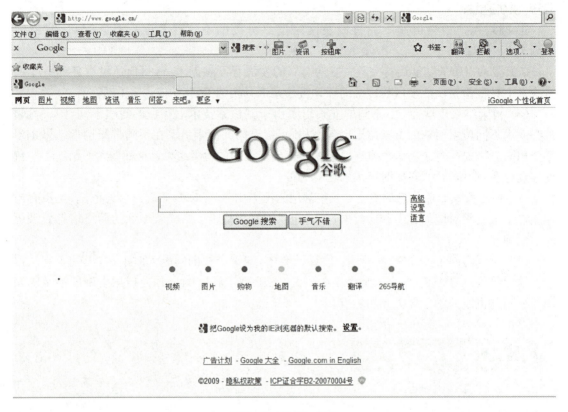

图 4-2　Google 主页

- Google 目录中收录了 80 多亿个网址,这些网站的内容涉猎广泛,无所不有,这在同类搜索引擎中是首屈一指的。
- Google 只提供搜索引擎的功能,而且 Google 以其复杂和全自动的搜索方法,排除了任何人为因素对搜索结果的影响,从而保证了网页排名的客观公正,因此 Google 可以方便、诚实、客观地帮助您在网上找到有价值的资料。
- Google 收录新站一般在 10 个工作日左右,是所有搜索引擎收录最快的,更新也比较稳定,一般一个星期都会有大的更新。
- Google 只返回包含所有关键词的网页,Google 与其他大多数搜索引擎的区别在于:Google 只显示相关网页,其正文或指向它的链接包含输入的所有关键词,而无须再受其他无关结果的烦恼。
- Google 支持多达 132 种语言,包括简体中文和繁体中文。
- Google 智能化的"手气不错"功能,可以提供最符合搜索要求的网站,省时又方便。
- Google 的"网页快照"功能,能从 Google 服务器里直接取出缓存的网页。
- Google 提供强大的新闻组搜索、图片搜索、二进制文件搜索功能(PDF、DOC、SWF 等)。

3. Google 搜索引擎的检索方式与检索功能

(1) 简单关键词检索

在检索框中输入检索词,并按回车键(Enter),或单击"Google 搜索"按钮,即可执行简单的关键词检索。

(2) Google 搜索引擎高级搜索

Google 除提供基本查询外,还提供了一些全新的功能,如手气不错、高级搜索等。如果在输入关键词后按"手气不错"按钮,Google 将直接进入查询到的第一个网页,用户将完全看不到其它的搜索结果。如果需要更精确的搜索,可以单击 Google 首页右侧的"高级"链接,打开 Google 高级搜索页面,如图 4-3 所示。

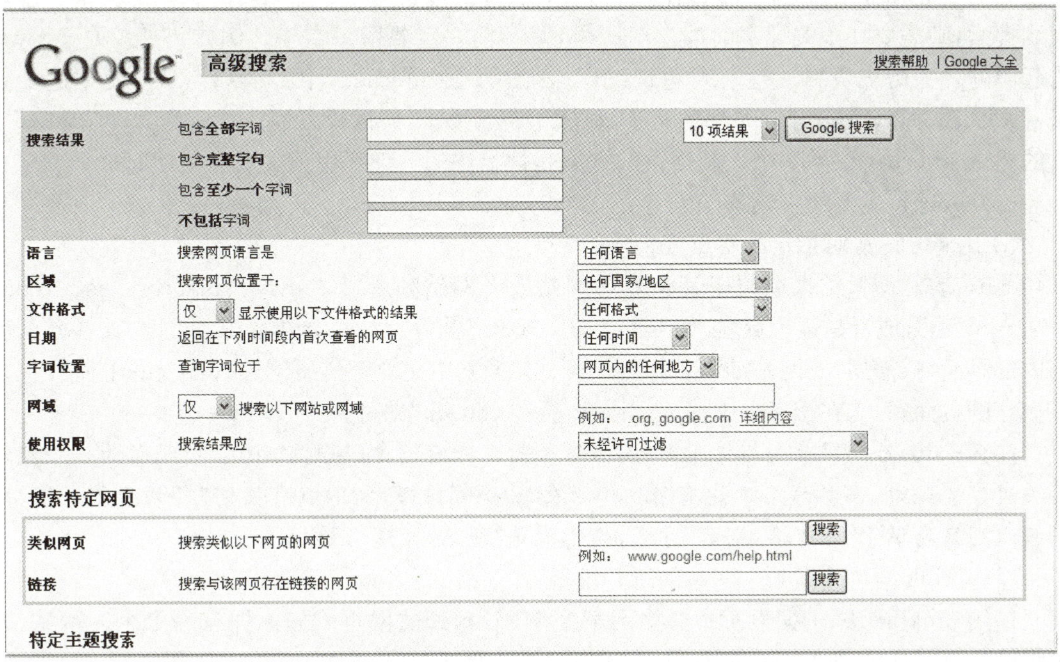

图 4-3 Google 高级搜索页面

搜索结果部分有四个输入框:"包含全部字词"相当于语法中的"AND",框内输入的检索词之间的逻辑关系为"与";"包含完整字句"相当于语法中""""的功能,在输入英文短句时可以用这个功能,框内输入的检索词为词组;"包含至少一个字词"相当于语法中的"OR",框内输入的检索词之间的逻辑关系为"或";"不包括字词"相当于语法中的"NOT",用户可以在一个或多个输入框内分别输入检索词或词组进行检索。

在高级检索页面中可以对搜索结果进行更多的设定,包括各种语言、文件格式、日期、检索内容位于网页的不同位置等,并对每个页面显示的搜索结果数量做出设定。

(3) Google 的基本检索功能

① Google 检索时有自己的语法结构,Google 自动带有"AND"功能进行查询,用空格表示逻辑"与"操作,如搜索结果要求包含两个及两个以上的关键字,则在多个关键字之间加上空格即可;Google 用减号"-"表示逻辑"非"操作,"A -B"则表示搜索结果要求包含 A 但不包含 B 的网页;Google 用大写"OR"表示逻辑"或"操作。搜索"A OR B",则表示搜索的网页中,要么有 A,要么有 B,要么同时有 A 和 B。注意:逻辑"或"操作必须用大写的"OR",而不能用小写

的"or"。

② Google 不支持通配符"＊"、"?"等的搜索,只能做精确查询,关键字后面的"＊"或者"?"会被忽略掉。

③ Google 在检索时不区分英文字母的大小写,所有的字母均作小写处理。例如搜索"FOOTBALL"、"football"或"Football",得到的结果都一样。

④ Google 的关键字可以是单词(中间没有空格),也可以是短语(中间有空格),如果用短语做关键字进行搜索,必须加英文双引号,否则空格会被当作逻辑"与"操作符。

⑤ Google 对一些网络上出现频率极高的词(主要是英文单词),如"i"、"com"、"www",以及一些符号如"＊"、"·"和"?"等,均作忽略处理。因为这类字词频繁出现在网页中,不仅无助于信息的查准和查全,缩小查询范围,而且会大大降低搜索速度。如果要对忽略的关键字进行强制搜索,则需要在该关键字前加上"＋"号,"＋"前一定要留一空格。例如:搜索关于 www 的起源的一些历史资料。检索表达式:"www 的历史 internet",因为"www 的"使用过于频繁,搜索引擎把"www"和"的"都省略了,显然不符合要求,所以检索表达式应为:"　www 的历史 internet"。另一个强制搜索的方法是把上述的关键字用英文双引号括起来。

(4) Google 的高级搜索语法

① 用 site 语法对指定的站点搜索

"site"表示搜索结果局限于某个具体网站或者网站频道,如"www.sina.com.cn"、"edu.sina.com.cn",或者是某个域名,如"com.cn"、"com"等等。如果要排除某个网站或者域名范围内的页面,只需用"－网站/域名"即可。例如:搜索中文教育科研网站(edu.cn)上所有包含"巴金"的页面,只需在搜索框中输入:"巴金 site：edu.cn"即可。

注意:site 后的冒号为英文字符,而且冒号后不能有空格,否则,"site："将被作为一个搜索的关键字。此外,网站域名不能有"http"以及"www"前缀,也不能有任何"/"的目录后缀,网站频道则只局限于"频道名.域名"方式,而不能是"域名/频道名"方式。

② 用 link 语法搜索某个网站的所有链接

使用"link"语法,可搜索所有链接到某个 URL 地址的网页。如你拥有一个个人网站,想了解多少人对你的网站作了链接,link 语法就能让你迅速达到这一目的。link 语法还有其它妙用。一般说来,做友情链接的网站都有相似地方,可以通过这些友情链接,找到一大批具有相似内容的网站。例如:搜索所有与华军软件园 www.newhua.com 链接的网页,搜索式为:"link：www.newhua.com"。

③ 用 inurl、allinurl 语法对链接类别搜索

使用"inurl"语法,返回的网页链接中包含第一个关键字,后面的关键字则出现在链接中或者网页文档中。有很多网站把某一类具有相同属性的资源名称显示在目录名称或者网页名称中,如"MP3"等,可以用 inurl 语法找到这些相关资源链接,然后,用第二个关键词确定是否有某项具体资料。例如,查找刀郎的《2004 年的第一场雪》,搜索语法:2004 年的第一场雪 inurl：mp3,我们还可以用"inurl：news"查找新闻,"inurl：images"查找图片等。

使用"allinurl"语法,返回的网页链接中包含所有查询关键字,这个查询的对象只集中于网页的链接串。

④ 用 intitle、allintitle 语法对主题类别搜索

allintitle 和 intitle 的用法类似于上面的 allinurl 和 inurl,前者是对网页的标题栏进行查询,而后者是对 URL 进行查询。所谓网页标题,就是 HTML 标记语言<title></title>中

之间的部分。网页设计的一个原则就是要把主页的关键内容用简洁的语言表示在网页标题中。因此，只查询标题栏，通常也可以找到高相关率的专题网页。例如，查找抗非典的科技前沿信息。搜索语法：intitle：SARS 科技。

⑤ 用 filetype 语法对文件类型搜索

filetype 语法是非常强大而且实用的搜索语法。Google 不仅能搜索一般的 HTML 的文字页面，还能检索一些二进制文档。目前，Google 已经能检索微软的 Office 文档，如：.xls、.ppt、.doc、.rtf 文档，WordPerfect 文档，Lotus1－2－3 文档，Adobe 的.pdf 文档，ShockWave 的.swf 文档等。例如，搜索关于专利文献方面的 PDF 文档，搜索语法：专利文献 filetype：pdf"。

（5）Google 的其他重要功能

① 目录检索

如果不想搜索网页，而只想寻找某些专题网站，可以访问 Google 的分类目录 http://directory.google.com/，分类的网站目录分类明确，信息集中。分类目录如图 4-4 所示。

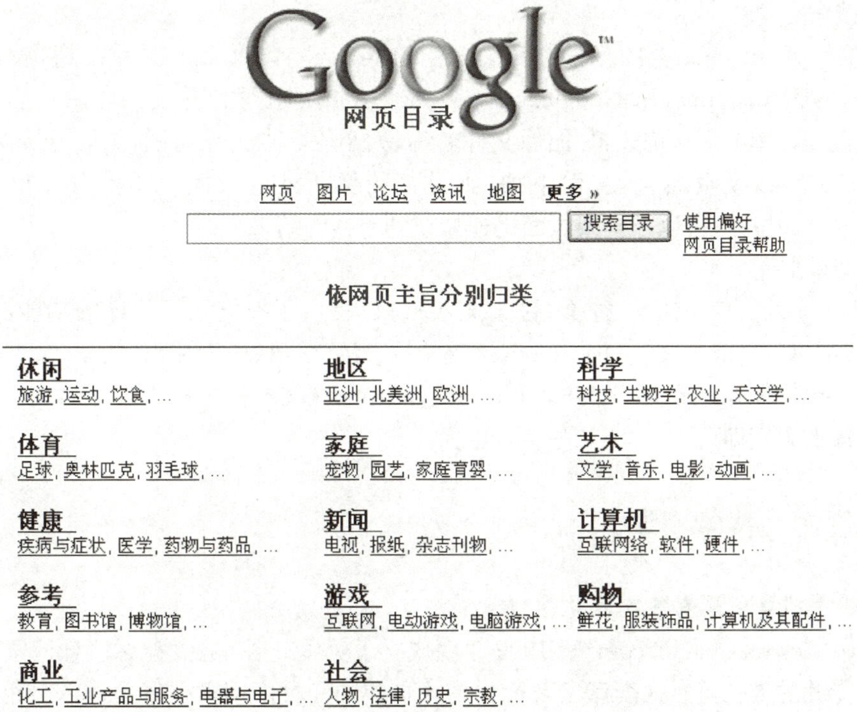

图 4-4　Google 分类目录

② 工具栏

为了方便搜索者，Google 提供了工具栏，工具栏将内嵌于 Internet Explorer 中，用户无需打开 Google 主页就可以在工具栏内输入关键字进行搜索。Google 的工具栏如图 4-5 所示。

图 4-5　Google 的工具栏

此外工具栏还提供了其他许多功能：

- 搜索网页：让用户在任何网页上随时使用 Google 的查询。
- 检索网址：站内查询，限定搜索范围于用户所在的网站内。
- PageRank：网页级别，让用户知道 Google 对这网页的评价。

③ Google 网上论坛

Google 网上论坛中有详尽的分类主题，某些主题还有专人管理和编辑，具有大量的有价值信息。由于新闻组中包含了巨大的信息，因此不利用工具进行检索是不大可能的。DEJA 一直是新闻组搜索引擎中的佼佼者，2001 年 2 月，Google 收购 DEJA 并提供所有 DEJA 的功能。现在，除了搜索之外，Google 还支持 Google 网上论坛的 WEB 方式浏览和张贴功能。进入 Google 网上论坛 http://groups.Google.com/，你可用两种方法查找所需信息：一种是一层层的点击进入特定主题讨论组，另一种则是直接搜索。

④ 图片搜索

Google 提供了 Internet 上图像的搜索功能。在 Google 首页点击图片按钮，就进入了 Google 的图像搜索界面"images.Google.cn"。Google 给出的搜索结果是一个具有直观的缩略图，以及对该缩略图的简单描述，如图像文件名称、大小等。点击缩略图，页面分成两祯，上祯是图像的缩略图以及页面链接，而下祯，则是该图像所处的页面。屏幕右上角有一个"Remove Frame"的按钮，可以把框架页面迅速切换到单祯的结果页面。

⑤ 搜索结果翻译

如果搜索出来的页面是法文、德文、拉丁文，Google 提供了搜索结果翻译的功能，可以把非英文的搜索结果翻译成英文。目前，Google 支持拉丁语、法语、西班牙语、德语、葡萄牙语等40 多种语言。单击翻译图标，即进入 Google 的翻译页面，在文本框中输入翻译的文字或网页网址，选择翻译的语言即可。

4.3.2　百度中文搜索引擎

1. 百度中文搜索引擎的基本情况

百度(http://www.baidu.com)于 1999 年底成立于美国硅谷，是由资深信息检索技术专家、超链分析专利的唯一持有人李彦宏及徐勇博士创建的。百度搜索引擎由四部分组成：蜘蛛程序、监控程序、索引数据库、检索程序。百度采用超链分析技术，即通过分析链接网站的多少来评价被链接的网站质量，已为世界各大搜索引擎普遍采用。百度是目前全球最优秀的中文信息检索与传递技术供应商之一，具有如下先进的技术特点：

（1）采用全球独有的超链分析技术：这种技术将传统情报学中的引文索引技术同 Web 中最基本的东西——链接技术相结合，通过分析链接网站的多少来评价被链接的网站质量，这保证了用户在百度搜索时，越受用户欢迎的内容排名越靠前。

（2）百度在中文互联网拥有天然优势：百度是由中国人自主开发的一款搜索引擎，其服务器分布在中国各地，保证用户通过百度搜索引擎可以以最快的速度搜到世界上最新最全的中文信息。

(3) 为中文用户度身定做：作为自己的搜索引擎，百度深刻理解中文用户的搜索习惯，开发出关键词自动提示功能，即用户输入拼音，就能获得中文关键词正确提示；还开发出中文搜索自动纠错功能，即如果用户误输入错别字，可以自动给出正确关键词提示。

中国所有具备搜索功能的网站中，由百度提供搜索引擎技术支持的超过80%，并且，对重要中文网页实现每天更新，用户通过百度搜索引擎可以搜到世界上最新最全的中文信息。百度在中国各地分布的服务器，能直接从最近的服务器上，把所搜索信息返回给当地用户，使用户享受极快的搜索传输速度。此外，在百度的首页，还对最常用的搜索对象做出了链接，包括新闻搜索、网页搜索、贴吧搜索、知道搜索、MP3搜索、图片搜索、视频搜索。单击相关链接，百度搜索引擎即可在特定的范围内搜索信息。百度中文搜索引擎的主页如图4-6所示。

图 4-6　百度主页

2. 百度的检索方式和检索功能

(1) 关键词检索

百度提供关键词检索，用户只需在浏览器中的地址栏中输入百度的网址：http://www.baidu.com，按回车键即打开百度的首页，在文本框中输入查询内容并按一下回车键(Enter)，或单击"百度一下"按钮，即可得到满足条件的相关资料。如果用户无法确定输入什么关键词才能找到满意的资料，百度相关检索可以帮助用户。用户先输入一个简单词语搜索，然后，百度搜索引擎会为用户提供"其他用户搜索过的相关搜索词"作参考。点击任何一个相关搜索词，都能得到那个相关搜索词的搜索结果。

(2) 高级搜索

如果需要更精确的搜索结果，可以单击首页右侧的"高级"，打开百度高级搜索页面，如图4-7所示。

在百度高级搜索页面中，可以对搜索结果进行更多的设定，包括各种语言、时间、地区、关键词位置等，并可以对每个页面显示的搜索结果显示条数做出设定。高级搜索功能将使百度搜索引擎功能更完善，使用百度搜索引擎查找信息也将更加准确、快捷。

(3) 百度中文搜索引擎的基本检索功能

① 百度在使用布尔逻辑表达式进行检索时，使用的逻辑符号与Google基本相同，只不过用符号"|"来表示逻辑"或"操作。"A|B"，则表示搜索结果要求包含A或包含B或同时包含

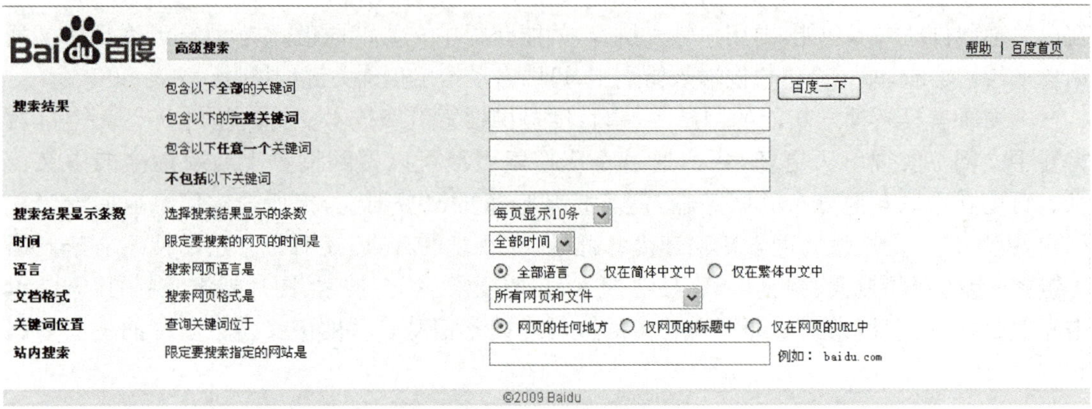

图 4-7 百度高级搜索

A 和 B；如用户要查询"足球"或"申花"相关资料，不需要分两次查询，只要输入"足球|申花"搜索即可。用"－"表示逻辑"非"操作，但减号之前必须留一空格，"A －B"则表示搜索结果要求包含 A 但不包含 B 的网页，如用户要查询关于"足球"但不含"意大利"的资料，只需输入"足球 －意大利"即可搜索到相关信息。

② 百度对英文字符大小写不敏感，所有字母均做小写处理。例如搜索"INFORMATION"或"information"得到的结果相同。

(4) 百度中文搜索引擎高级搜索语法

① 将搜索范围限定在某个具体网站、网站频道、或某域名内的网页（site）。例如，"足球 site：com.cn"表示在域名以"com.cn"结尾的网站内搜索和"足球"相关的资料。

注意：搜索关键词在前，site：及网址在后；关键词与 site：之间须留一空格隔开；site 后的冒号"："可以是半角"："也可以是全角"："，百度搜索引擎会自动辨认。"site："后不能有"http://"前缀或"/"后缀，网站频道只局限于"频道名.域名"方式，不能是"域名/频道名"方式。

② 将搜索范围限定在网页标题中（intitle）。在一个或几个关键词前加"intitle："，可以限制只搜索网页标题中含有这些关键词的网页。例如，"intitle：足球"表示搜索标题中含有关键词"足球"的网页；"intitle：足球 中国"表示搜索标题中含有关键词"足球"和"中国"的网页。

③ 将搜索范围限定在 URL 中（inurl）。在"inurl："后加关键词，可以限制只搜索 URL 中含有这些关键词的网页。例如："inurl：中国"表示搜索 URL 中含有"中国"的网页；"inurl：中国 足球"表示搜索 URL 中含有"足球"和"足球"的网页。

(5) 百度的其他重要功能

① 百度开发出关键词自动提示：用户输入拼音，就能获得中文关键词正确提示。百度还开发出中文搜索自动纠错，如果用户误输入错别字，可以自动给出正确关键词提示。

② 百度将搜霸工具条安装于 IE 浏览器的工具栏内，用户在访问互联网上任何网站时，可随时使用百度搜索引擎轻松查找。它提供的功能有：站内搜索、新闻搜索、图片搜索、MP3 搜索、flash 搜索、关键词高亮、页面找词、自动屏蔽网站弹出窗口。百度搜霸是一款免费的浏览器工具条。通过百度搜霸，可以实现以下功能：

- **便捷检索**：在任何时候，不需访问搜索引擎，即可实现搜索功能。
- **类型丰富**：网页、新闻、图片、MP3、歌词、FLASH、信息快递，多种检索任用户选择。
- **即时查询**：无论用户在访问哪个网站，均可迅速帮助用户找到这个网站内的全部相关信息。
- **右键搜索**：在任何网页中，随意选中一段文字，点击鼠标右键，就可直接搜索用户想要的内容。
- **快速定位**：自动为用户搜索的每个关键字生成一个按钮，快速找到关键字在当前页面的位置。
- **一目了然**：点击"高亮"按钮，让用户搜索的关键字在页面上以不同颜色突出显示。

4.3.3 搜狗搜索引擎

1. 搜狗搜索引擎的基本情况

搜狗是搜狐公司于 2004 年 8 月 3 日推出的完全用自主技术开发的全球首个第三代互动式中文搜索引擎，是一个具有独立域名的专业搜索网站。搜狗查询简洁方便，只要您输入查询内容并敲一下回车键（即 Enter 键），或用鼠标单击"搜狗搜索"按钮即可得到相关查询信息。搜狗以一种人工智能的新算法，分析和理解用户可能的查询意图，给予多个主题的"搜索提示"，在用户查询和搜索引擎返回结果的人机交互过程中，引导用户快速准确定位自己所关注的内容，帮助用户快速找到相关搜索结果。搜狗除了网页搜索外，还有多个专项搜索为：新闻搜索、音乐搜索、图片搜索、视频搜索、问答搜索、地图搜索等，涵盖生活的方方面面。搜狗的网址是：http://www.sogou.com。其主页如图 4-8 所示。

2. 搜狗的检索方式及检索功能

（1）分类浏览检索

搜狗具有特有的分类主题一体化查询功能，您可以通过"分类网站"（http://fenlei.sogou.com/）按主题查询。搜狗网站分类目录是互联网上查找信息的在线指南。搜狗专业编辑把所有的中文网站资源整理后组织起来，按不同的主题放在相应的目录下，从而形成搜狗的网站分类目录体系。搜狗分类目录按主题分成十六个大类目，分别为：娱乐休闲、工商经济、公司企业、文学、体育健身、电脑网络、教育培训、艺术、新闻媒体、科学技术、卫生健康、生活服务、社会文化、政法军事、社会科学、国家地区。用户查询时，可按照信息所属的类别层层点击，就能方便地查找到所需的信息资源。搜狗分类浏览检索的主页如图 4-9 所示。

（2）关键词检索

搜狗关键词检索是按照信息的主题内容来查找信息资源的。搜狗在中文搜索领域率先推出："搜索提示"，即当用户在搜索框内输入需要查找的信息的关键词，然后单击"搜索"按钮，搜索引擎尝试理解用户可能的查询意图，给予多个主题的搜索提示，引导用户更快速准确定位自己所关注内容。这种与用户的"对话交流"，大幅度提高搜索相关度。例如：用户输入"绿茶"一词，搜索引擎会快速将绿茶可能出现的主题进行分类，给出茶文化、健康知识、电影介绍、化

图 4-8 搜狗主页

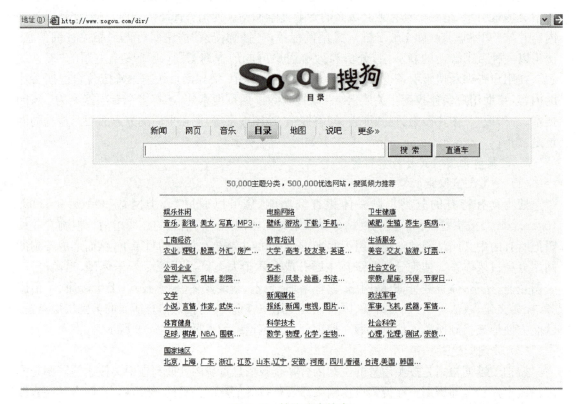

图 4-9 搜狗分类检索

妆品等等主题提示,用户点击自己所需的类别就可以轻松找到答案。搜狗提供新闻、网页、音乐、目录、地图、说吧等专项搜索服务。用户只需做简单的选择,就可找到相关的信息。

(3) 搜狗的检索功能

① 搜狗搜索不区分英文字母大小写。无论大写小写字母均当做小写处理。例如：搜索"sogou"、"SoGoU"、"SogoU"或"SOGOU"，得到的结果都一样。

② 使用双引号进行精确查找。搜索引擎大多数会默认对搜索词进行分词搜索，这时的搜索往往会返回大量信息，如果查找的是一个词组或多个汉字，最好的办法就是将它们用双引号括起来，这样得到的结果最少、最精确。例如：在搜索框中输入"文献检索"，这时只反馈回网页中有"文献检索"这几个关键字的网页，而不会返回包括"文献"和"检索"的网页，这会比输入文献检索得到更少、更好的结果。这里的双引号可以是全角的中文双引号，也可以是半角的英文双引号，而且可以混合使用，例如："电脑技术"，"电脑技术"搜狗都是可以智能识别的。

③ 使用多个词语搜索。由于搜狗只搜索包含全部查询内容的网页，所以缩小搜索范围的简单方法就是添加搜索词。输入多个词语进行搜索（不同字词之间用一个空格隔开），可以获得更精确的搜索结果。例如：想了解上海博物馆的相关信息，在搜索框中输入"上海 博物馆"获得的搜索效果会比输入"博物馆"得到的结果更好。

④ 去除无关资料。如果要避免搜索某个词语，可以在这个词前面加上一个减号"－"，但在减号之前必须留一空格。

⑤ 在指定网站内搜索。如果想知道某个站点中是否有自己需要找的东西，可以把搜索范围限定在这个站点中，提高查询效率。在想要搜索指定网站时，使用 site 语法，其格式为：查询词＋空格＋site：网址。例如，只想看搜狐网站上的世界杯内容，就可以这样查询：世界杯 site：sohu.com。搜狗也支持多站点查询，多个站点用"｜"隔开，如："世界杯 site：www.sina.com.cn｜www.sohu.com"（site：和站点名之间，不要带空格。）。当使用 site 功能查询某一个网站时，可以不加查询词，即直接查询：site：网址，这样你看到的是你指定网站上全部页面。例如："site：sohu.com"。此种查询经常被用于查看一个网站被搜索引擎收录了多少页面。

⑥ 文档搜索。在互联网上有许多非常有价值的文档，例如 DOC、PDF 等，这些文档质量都比较高、相关性强，并且垃圾少。所以在查找信息时不妨用文档搜索。其搜索语法为：查询词＋空格＋filetype：格式，格式可以是 DOC、PDF、RTF、ALL（全部文档）（搜狗即将支持 PPT、XLS 格式）。例如：市场分析 filetype：doc，其中的冒号是中英文符号皆可，并且不区分大小写。filetype：doc 可以在前也可以在后，但注意关键词和 filetype 之间一定要有个空格。例如："filetype：doc 市场分析"。

注意：

- 搜狗支持的运算符有：－、｜、""、空格。这些运算符既可以是全角，也可以是半角。
- 搜狗搜索不区分英文字母大小写。无论大写小写字母均当做小写处理。
- 搜狗在指定网站内搜索可使用 site 语法，其格式为：查询词＋空格＋site：网址。site：和网址之间，不要带空格。
- 搜狗在查找信息时可使用文档搜索。其搜索语法为：查询词＋空格＋filetype：格式，其中冒号中英文符号皆可。

4.3.4 AltaVista 搜索引擎

1. Altavista 搜索引擎的基本情况

Altavista(http://www.altavista.com)是由 Digital Equipment Corporation 公司于 1995 年 12 月推出的万维网搜索引擎,其数据库包括 6 000 万个网页,索引内容每 4~6 周更新一次,Altavista 提供的信息资源有:网页、图像、MP3/音频、视频、新闻和购物信息等,其庞大的数据库和先进的搜索引擎技术,使得它的查全率和系统响应速度都堪称一流,是目前网上速度最快的搜索引擎,一般只需数秒钟。它进行索引和处理的万维网服务器和在万维网上运行的自动搜寻软件都具有很高的性能,能保证所查询的资料是最新的和最全面的。Altavista 搜索引擎拥有最大的、最详细的 URL 索引,检索者在使用不同的索引方法时,会出现不同的检索结果。Altavista 搜索引擎的主页如图 4-10 所示。

图 4-10 Altavista 检索主页

2. Altavista 搜索引擎的检索方式和检索功能

(1) 基本检索

在输入框中输入检索词,在"any languages"处进行语种选择,可以选择查找中文,但需注意,输入的检索词必须为英文,只是查出的信息是中文。然后单击"Find"按钮,系统自动就会查找出满足条件的记录。

(2) 高级检索

Altavista 搜索引擎提供高级检索,包括字段检索、自动截词、全功能的布尔逻辑式检索,它支持多语种检索功能、多媒体检索功能,并提供类似自然语言检索的提问式。在其主页上,单击输入框右上角的"Advanced Search"按钮即可进入高级检索界面,可以设置日期、范围、限定检索语种等以提高检索效率。Altavista 搜索引擎的高级检索页面如图 4-11 所示。

(3) 分类检索

Altavista 搜索引擎提供的分类目录为 15 个,具体为 Arts、Home、Regional、Business、Kids and Teens、Science、Computers、News、Shopping、Games、Recreation、Society、Health、Reference、Sport。用户查询时,按信息所属类别,层层点击,即可找到所需信息资源。Altavista 分类检索如图 4-12 所示:

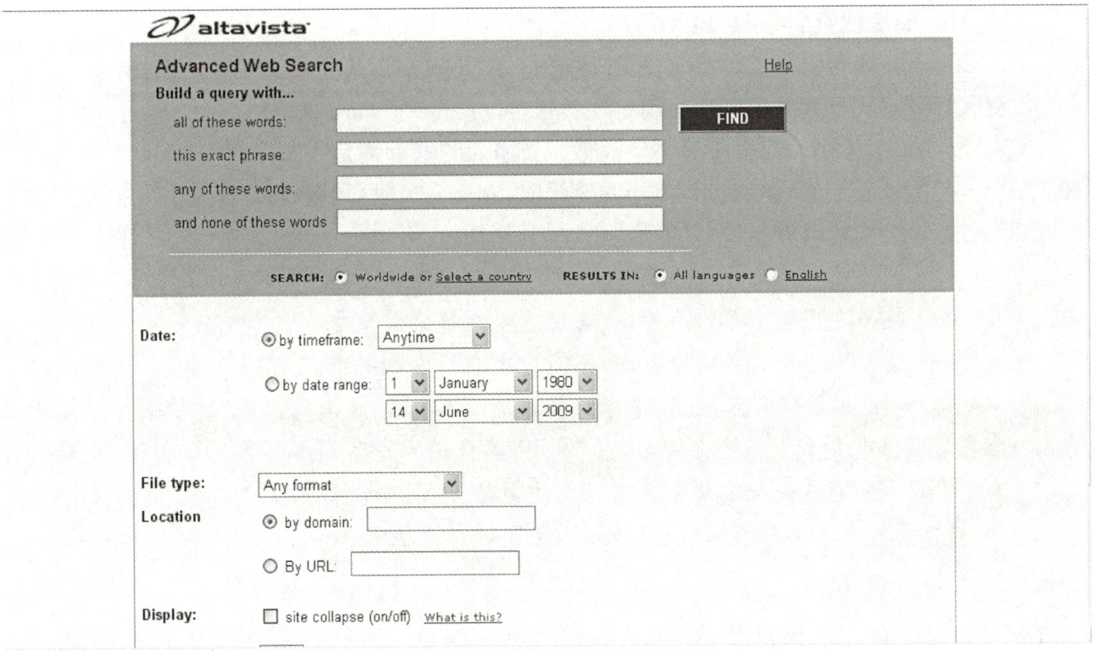

第 4 章 网络信息资源检索 113

图 4-11 Altavista 高级检索页面

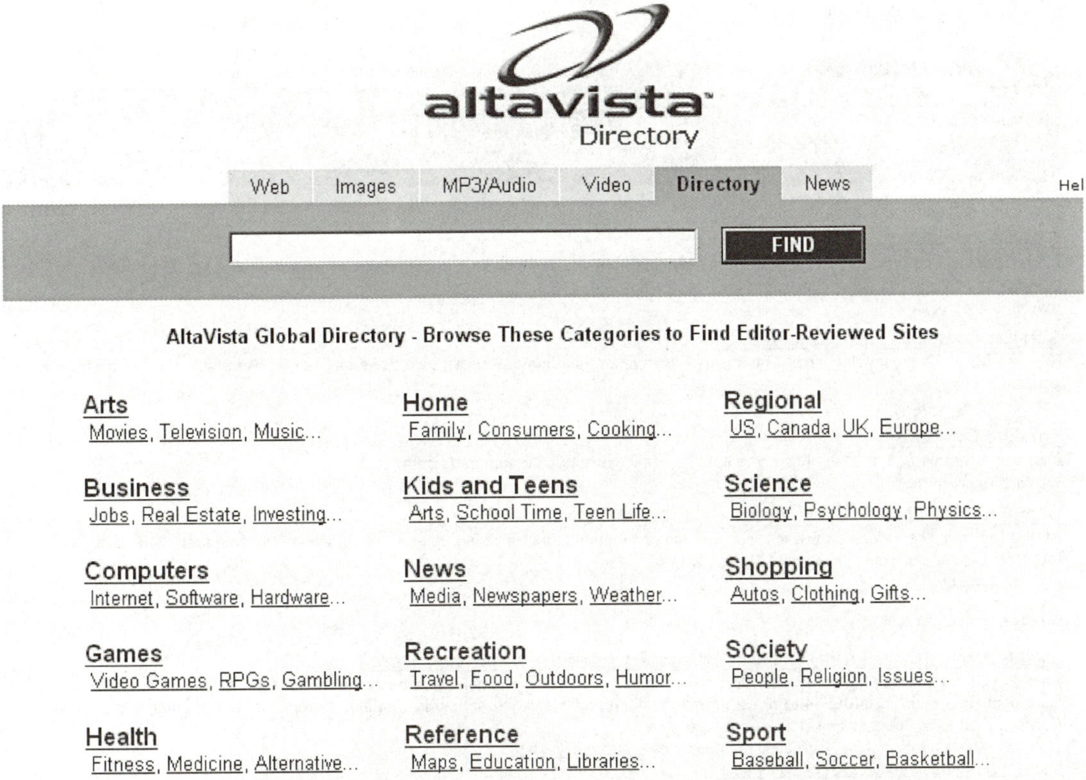

图 4-12 Altavista 分类检索页面

(4) Altavista 搜索引擎的检索功能

① Altavista 搜索引擎支持布尔逻辑运算符 AND、OR、NOT 的操作，分别用"&"、"|"、"!"来表示。检索式可容纳 800 个字符。

② Altavista 搜索引擎对大小写字母敏感。当输入的查询词是大写字母时，Altavista 搜索引擎只查大写字母，而当输入的查询词是小写字母时，Altavista 搜索引擎同时查大小写字母。

③ Altavista 搜索引擎各符号的用法：

- ＋：位于"＋"号后面的检索词，必须出现在检索结果中。
- －：位于"－"号后面的检索词，不能出现在检索结果中。
- ＊："＊"表示任意匹配，该符号只能用在词的中间或词尾，"＊"的前面至少要有3个字符且最多只能代替5个字符，而且"＊"不能代替大写字母和数字。
- ""表示同时并列检索两个单词以上的词组。
- ；表示将多个单词或词组之间隔开，但同时并列检索。

例如：查找有关计算机通讯（computer communicat＊），同时要求增加包括有关卫星（satellite）的内容并减少有关电话（telephone）的内容，可输入"computer communicat＊"；＋satellite；－telephone 形式的检索策略，注意用"；"将增减词隔开，"；"后应空一格，单击"Find"按钮即可，结果如图 4－13 所示：

图 4－13　用 AltaVista 搜索"计算机通讯(含卫星而不含电话)"

4.3.5 Infoseek 搜索引擎

1. Infoseek 搜索引擎的基本情况

Infoseek(http://www.infoseek.com)是 Infoseek 公司于 1995 年 2 月推出的万维网搜索引擎,它是一个综合网点,提供很多有用的附加服务,包括通过电子函件发送新闻、外国语检索、按地理区域的检索以及个人的金融文件夹等,Infoseek 庞大的全文数据库保证了查全率,而它独特的检索算法和一些新增加的检索功能提高了查准率,因此检索精度高,结果易于处理。同时由于它丰富的服务内容,使得它由一个检索工具变成一个强大的信息服务中心。Infoseek 搜索引擎的主页如图 4-14 所示。

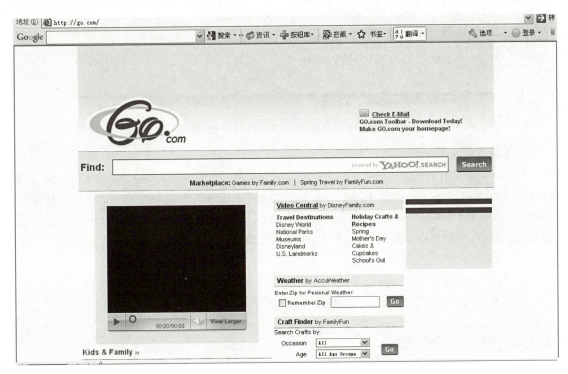

图 4-14 Infoseek 搜索引擎主页

2. Infoseek 搜索引擎的检索方法和检索功能

(1) 关键词检索

在输入框中输入检索词,点击"Search"按钮进行检索,系统自动就会查找出满足条件的记录。

(2) 高级检索

Infoseek 搜索引擎的高级检索可用引号、加号、减号、括号、连字符对检索词进行限定,允许检索 Title、URL、Link 和 site 4 个字段,并可进行管道检索,这是 Infoseek 搜索引擎的独特功能,即用管道符"|"连接两个或多个检索词。首先对第一个词进行检索,然后在其结果的基础上对后一个词进行精确检索,依次类推,以达到逐步缩小检索结果、提高查准率的目的。Infoseek 采用词频统计方法来确定词语的重要性和相关性,可以按词序检索。例如:检索有关机器人与 CAD/CAM/CAE 的信息,可在输入框中输入:robot AND (CAD or CMA or CAE),点击"Search"按钮,进行检索,结果如图 4-15 所示。

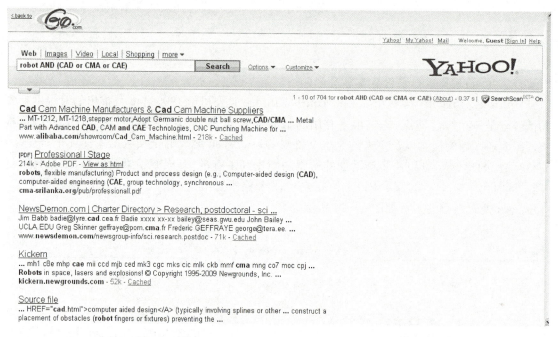

图 4-15 Infoseek robot AND (CAD or CMA or CAE)

(3) 分类检索

Infoseek 搜索引擎提供的分类目录有 18 个，具体为：汽车 Automotive、商业 Business、职业 Careers、计算机 Computer、娱乐 Entertainment、因特网 Internet、儿童和家庭 Kids&Family、新闻 News、个人投资 Personal Finance、房地产 Real Estate、购物 Shopping 等。用户查询时，可按照信息所属的类别，找到相应的类别，层层点击，就能方便地查找到所需的信息资源。

(4) Infoseek 搜索引的检索功能

① 区分大小写字母。

② "+"、"—"、""""、";"、"*"五种符号的用法同 Altavista。

4.3.6 雅虎搜索引擎

1. Yahoo! 搜索引擎的基本情况

Yahoo! 是 Internet 网上建立最早、最著名的搜索引擎之一，Yahoo! 以其精心挑选的站点、广泛的内容，成为广大网民网上查询的首选工具，每天访问人次超过 1 千万，其用户遍及世界各地。Yahoo! 目录分类比较合理，层次深，类目设置好，网站提要严格清楚（虽然部分网站无提要）。网站收录丰富，检索结果精确度较高，有相关网页和新闻的查询链接。目前 Yahoo! 已成为最广为人知的目录型网络信息检索工具之一，作为网络目录的典范，Yahoo! 在主题分类、目录结构、检索界面等方面颇具代表性。Yahoo! 的网址为 http://www.yahoo.com，其主页如图 4-16 所示。

2. Yahoo! 的检索方式与检索功能

(1) 分类目录检索

Yahoo 对网点的信息按主题建立分类索引，按字母顺序列出 14 个大类，每个大类下链接多个小类，逐级链接，最后与其他 Web 页、新闻组、FTP 站等相连。其包含的主题范围广泛，汇集了 26 万分类 URL，并且能将检索限制在某一类别内。大类是由人工参与建立的，故标引

图 4-16 Yahoo！主页

较准确，查准率较高。目录检索使用非常简单，只要进入其网点，选定所查的主题，逐级进入即可。Yahoo！分类检索结果如图 4-17 所示。

图 4-17 Yahoo！分类检索页面

（2）关键词检索

Yahoo! 关键词检索有两种方式：一是在搜索框中输入检索的短语或关键词，点击"Search"按钮即可将符合检索条件的检索结果显示出来。二是高级检索，Yahoo 的高级检索可以指定检索类型（Web、Usenet 或 E-mail 地址等）、检索词之间的逻辑关系（OR 或 AND）、进行模糊串检索和精确匹配检索等。单击"Search"按钮右侧的"Advanced Search"超级链接，即可打开高级检索页面。

（3）Yahoo! 搜索引擎的检索功能

- ＋：使用"＋"，标明同时匹配的关键词，如 book＋library；
- －：使用"－"，剔除不要出现的关键词，如 college－library；
- ""：使用""，标明匹配整个短语（句子或字符串），如："college library"；
- t：使用该前缀来限定只搜索文档的标题，如：t: library；
- u：使用该前缀来限定只搜索文档中的链接，如：u: Java；
- ＊：代表通配符，使用该标识支持缩略搜索，如：lib＊，表示可以搜索所有以 lib 开头的关键词；
- 对大小写字母不敏感，支持任意词检索。

4.4 常用特色搜索引擎

随着 Internet 的迅猛发展，网络信息资源表现为更加丰富与多样性，为了提高检索的准确度和为了方便地查找特殊类型（如电话、人名、电子邮件、地址等资料）的专门信息，Inernet 网上出现了各类专门收集某一类信息资源的搜索引擎，帮助用户迅速找到某一些专门的信息。

1. 查找电子邮件、电话号码、人物

（1）Four11(http://www.four11.com)

Four11 是最著名和最优秀的个人信息搜索引擎，因美国电话查号台号码为 411 而得名。它提供电话查询、电子邮件地址查询服务，具有超级的搜索能力、优秀的综合能力以及对用户友好的界面，其主页如图 4-18 所示。

Four11 也是个人信息搜索引擎中唯一可以只使用名字搜索的网点，所以，如果要找的人有不太常见的名字，Four11 就是最佳选择。当搜索电子函件地址时，Four11 允许按域进行搜索，如果要找的人在某个专门领域工作，这项功能就显得更加方便。

（2）Whowhere(http://www.whowhere.com)

Whowhere 提供简单的查询向导，除了追踪电子邮件外，还可检索被调查人的 E-mail 地址、电话号码和住址，另外还可以检索个人主页、美国政府机构工作人员、企业名录、寻找祖先、美国 800 免费电话号码、美国黄页、美国股市行情、网络电话。其主页如图 4-19 所示。

2. 其他常用电子邮件、电话号码、人物搜索引擎

（1）555-1212 http://www.555-1212.com

查询电话号码。

图 4-18　Four11 主页

图 4-19　Whowhere 主页

(2) Look4U http://www.look4u.com

检索全球华人的 E-mail 地址。

(3) Switchboard http://www.switchboard.com

可提供商业企业查询、电子邮件查询、寻人、地图和线路查询等。

(4) WorldPages http://www.worldpages.com

查询电子邮件、电话号码、政府信息等。

(5) InfoSpace http://www.infospace.com

查询电话号码、传真号码、股票价格、天气预报等。

3. 查询地图信息

(1) Mapblast http://www.mapblast.com

可以查询美国地图、加拿大地图和世界地图信息。

(2) MapQuest http://www.mapquest.com

它的显著特点是为用户提供驾驶路径和行车距离查询,开始以提供美国境内的地图信息为主,后来逐渐增加了查询其它国家城市地图、交互性地图的服务。

(3) MapsOnUs http://www.mapsonus.com

是一个功能全面的网络地图信息查询工具,提供地图查询、驾驶线路查询、黄页查询等。

(4) 图行天下 http://www.go2map.com/

这是国人开发的一个电子地图信息查询工具,可以查各省及城市交通信息,各城市每天更新,为你提供生活、休闲、旅游等各方面帮助。

(5) 城市交通旅游电子地图 http://www.afmap.com.cn/

这也是国人开发的一个电子地图服务网,可在线查询各大城市地图。可快速缩放,漫游等。

4. 查询图像信息

(1) Altavista 图像 http://www.altavisa.digital.com

这是著名的搜索引擎提供的图像检索功能。

(2) HotBot 图像检索 http://www.hotbot.com

搜索引擎 HotBot 在其高级检索中也提供了图像检索功能。

(3) Image Surfer http://ipix.yahoo.com

是 Yahoo 公司推出的图像检索服务。

(4) Websek http://www.ctr.columbia.edu/webseek

你可以利用分类、关键词以及图像内容特征进行图像检索。

(5) Virage http://www.virage.com

它专门从事图像及声像信息检索,除了检索静态图像外,Virage 还提供了对动态影像的检索服务。

5. 查询地图信息

(1) MapQuest http://www.mapquest.com

它的显著特点是为用户提供驾驶路径和行车距离查询,开始以提供美国境内的地图信息为主,后来逐渐增加了查询其他国家城市地图、交互性地图的服务。

(2) MapsOnUs http://www.mapsonus.com

它是一个功能全面的网络地图信息查询工具,提供地图查询、驾驶线路查询、黄页查询等。

(3) 图行天下 http://www.go2map.com/

这是国人开发的一个电子地图信息查询工具,可以查各省及城市交通信息,各城市每天更新,为你提供生活、休闲、旅游等各方面帮助。

6. 其他

(1) Jobengine http://www.jobengine.com

帮用户找工作。

(2) todo http://www.todo.com.tw

这是一个书签式搜索引擎,收集了许多好站、酷站。

(3) Title http://www.title.net

利用它可查询邮件列表、新闻组、FTP 服务器、ISP 等。

(4) MP3spy http://www.mp3spy.com

专门搜索 MP3 音乐。

(5) Humor http://www.humorsearch.com

专门收集幽默、笑话。

思考题

1. 简述搜索引擎的定义及其种类。
2. 简述网络信息资源的检索步骤。
3. 通过网络信息资源检索:

(1) 查找本专业的国内外学会网站,给出相应的网址。

(2) 利用搜索引擎检索本专业的相关新闻,给出新闻标题及摘要。

(3) 使用两三种搜索引擎,查找本专业近期将要召开的国际会议信息:① 写出会议名称、会期及会址;② 并对所用的搜索引擎进行比较。

(4) 访问本专业的著名网站,了解学术动态和专业文献的发表情况。

(5) 请问杂志《Science》的出版周期是多长?

(6) 美国杂志《The Reader's Digest》的 ISSN 号是什么?何时创刊?由谁出版发行?编者是谁?

(7) 请写出 OCLC 的全称。

第5章 特种文献检索

5.1 专利文献检索

5.1.1 专利的基础知识

1. 专利的含义

专利是专利权的简称,它是指一项发明创造,即发明、实用新型或外观设计向国务院专利行政部门提出专利申请,经依法审查合格后,向专利申请人授予的在规定的时间内对该项发明创造享有的专有权。专利(Patent)一词包含三层含义:

第一,是指专利权(Patent Right)。从法律角度来说,专利通常指的是专利权。所谓专利权,就是指专利权人在法律规定的期限内,对其发明创造享有的独占权。需要注意的是,专利权不是在完成发明创造时自然而然产生的,而是需要申请人按照法律规定的手续进行申请,并经国务院专利行政部门审批后才能获得的。

第二,是指取得专利权的发明创造。如"这项技术是我的专利"这句话中的"专利"就是指被授予专利权的技术。

第三,是指专利文献(Patent Document/Literature)。是指各个国家专利局出版发行的专利公报和专利说明书,以及有关部门出版的专利文献,记载着发明的详细内容和受法律保护的技术范围的法律文件。

2. 专利权的基本特性

专利权具有独占的排他性。非专利权人若想使用他人的专利技术,必须依法征得专利权人的同意或许可。同时,专利权是一种知识产权,它具有以下特点:

(1) 专有性

专有性也称"独占性",所谓专有性是指专利权人对其发明创造所享有的独占性的制造、使用、销售和进出口的权利。也就是说,其他任何单位或个人未经专利权人许可不得进行为生产、经营目的的制造、使用、销售、许诺销售和进出口其专利产品,使用其专利方法,或者未经专利权人许可为生产、经营目的的制造、使用、销售、许诺销售和进出口依照其方法直接获得的产品。否则,就是侵犯专利权。

(2) 地域性

根据《巴黎公约》规定的专利独立原则，专利权的地域性特点是指一个国家依照其本国专利法授予的专利权，仅在该国法律管辖的范围内有效，对其他国家没有任何约束力，外国对其专利不承担保护的义务。若一项发明创造只在我国取得专利权，那么专利权人只在我国享有专利权或独占权。如果有人在其他国家和地区生产、使用或销售该发明创造，则不属于侵权行为。搞清楚专利权的地域性特点是很有意义的，这样，我国的单位或个人如果研制出有国际市场前景的发明创造，就不仅仅是及时申请国内专利的事情，而且还应不失时机地在拥有良好的市场前景的其他国家和地区申请专利，否则国外的市场就得不到保护。

(3) 时间性

所谓时间性，是指专利权人对其发明创造所拥有的法律赋予的专有权，只在法律规定的时间内有效，期限届满后，专利权人对其发明创造就不再享有制造、使用、销售、许诺销售和进口的专有权。至此，原来受法律保护的发明创造就成了社会的公共财富，任何单位或个人都可以无偿使用。

专利权的期限，各国专利法都有明确的规定，对发明专利权的保护期限自申请日起计算，一般在 10~20 年不等；对于实用新型和外观设计专利权的期限，大部分国家规定为 5~10 年，我国现行专利法规定的发明专利、实用新型专利以及外观设计专利的保护期限自申请日起分别为 20 年、10 年、10 年。

3. 专利权授予的条件

在对专利申请案进行实质性审查时，要对专利申请案进行新颖性、创造性、实用性等三性的审查。这三性是专利授权的条件。

(1) 新颖性

是指在申请日以前没有同样的发明或者实用新型在国内外出版物上公开发表过、在国内公开使用过或者以其他方式为公众所知，也没有同样的发明或者实用新型由他人向专利主管部门提出过申请并且记载在申请日以后公布的专利申请文件中。

(2) 创造性

是指发明的内容与申请日以前已有的技术相比，该发明有突出的实质性特点和显著进步，而不是简单的比例大小的改变、数量的叠加、颜色、外形、位置的改变，或材料的简单替换。

(3) 实用性

指发明或实用新型能够用于工业生产、制造或使用，并能产生积极效果，即带来更好的经济效益。

4. 专利的类型

我国专利法规定的专利类型有三种，即发明专利、实用新型专利、外观设计专利。

(1) 发明专利

发明专利是指对产品、方法或者其改进所提出的新的技术方案。它包括产品发明（即发明是某种具体的产品）和方法发明（如制造方法、测量方法等）。发明专利要求有较高的创造性水平，是 3 种类型专利中最重要的一种，其受保护的年限一般为 15~20 年。我国专利法对发明专利的保护期为 20 年。

(2) 实用新型专利

实用新型专利是指对产品形状、构造或者组合所提出的适于实用的新的技术方案。与发明专利相比，实用新型专利大多是一些比较简单或改进性的技术发明，其受保护的年限为 10~

15年。我国对实用新型专利的保护期为10年。

(3) 外观设计专利

外观设计专利是指对产品形状、图案、色彩或其结合所作的富有美感的并适于工业上应用的新的设计。它偏重于产品的装饰性与艺术性,其受保护年限为3,5,7,10年不等。我国对外观设计专利的保护期为10年。

实用新型专利和外观设计专利都涉及产品的形状,两者的区别是:实用新型专利主要涉及产品的功能,外观设计专利只涉及产品的外表。如果一件产品的新形状与功能和外表均有关系,申请人可以申请其中一个,也可分别申请。

如果申请人就同一项发明向不同国家申请专利,这样产生的专利文献就会附加下列类型:

(1) 基本专利(Basic Patent):指专利局根据申请人提出的原始申请所授予的独立自主的专利。即一项发明第一次向某国提出申请,获得批准的专利。

(2) 从属专利(Dependent Patent):在基本专利之后授予的其主题与之有关的专利。如增补专利、改进专利等。它们受基本专利支配,一旦基本专利失效,其从属专利也随之失效。

(3) 等同专利:内容相同,在不同国家所取得专利权的专利。等同专利的出现与专利的地域性有关。即同一专利申请用不同文种向多国申请、公开或批准,内容相同的专利。

(4) 同族专利:同一发明思想,用不同文种,向多国多次申请、公开或批准,内容有所不同(经修改或变更)的同一族专利。

(5) 优先权项:给发明人的一种优惠权,也就是说,发明申请人就同一发明向其他国家再次提出申请时,申请人有权要求享受第一次申请的申请日期。

5.1.2 专利文献基础知识

1. 专利文献

专利文献是包含已经申请或被确认为发现、发明、实用新型和工业品外观设计的研究、设计、开发和试验成果的有关资料,以及保护发明人、专利所有人及工业品外观设计和实用新型注册证书持有人权利的有关资料的已出版或未出版的文件(或其摘要)的总称。因此专利文献按一般的理解主要是指各国专利局的正式出版物。例如:专利说明书、专利公报、专利文摘、专利检索工具、专利分类表、专利法规及专业诉讼文件等。

从广义上解释,专利文献是指一切与专利权有关的文件,包括专利申请书、专利说明书、专利公报、专利检索工具、专利分类表以及与专利有关的法律文件及诉讼资料等。从狭义上解释,是指各国(地区)专利局出版的专利说明书或发明说明书。它是专利申请人向专利局递交的说明发明创造内容及指明专利权利要求的书面文件,既是技术性文献,又是法律性文件。目前,世界上绝大部分国家和地区建立了专利制度,并且有许多国家和组织用官方文字出版专利文献。据世界知识产权组织统计,世界上90%~95%的发明能在专利文献中查到,并且许多发明只能在专利文献中查到。可以说,专利文献几乎记载了人类取得的每一个新技术成果,是最具权威性的世界技术的百科全书。

专利说明书是专利文献的主体,它是个人或企业为了获得某项发明的专利权,在申请专利时必须向专利局呈交的有关该发明的详细技术说明,一般由3部分组成:① 著录项目。包括专利号、专利申请号、申请日期、公布日期、专利分类号、发明题目、专利摘要或专利权范围、法律上有关联的文件、专利申请人、专利发明人、专利权所有者等。专利说明书的著录项目较多并且整齐划一,每个著录事项前还须标有国际通用的数据识别代号(INID)。② 发明说明书。是申请人对发明技术背景、发明内容以及发明实施方式的说明,通常还附有插图,旨在让同一技术领域的技术人员能依据说明重现该发明。③ 专利权项(简称权项,又称权利要求书),是专利申请人要求专利局对其发明给予法律保护的项目,当专利批准后,权项具有直接的法律作用。

2. 专利文献的特点

(1) 内容新颖,范围广泛:新颖性是获得专利权的首要条件。提出申请或批准的专利内容无所不包,涉及从日用品到尖端技术,且都具有独创性。

(2) 报道迅速,传递信息快:多数国家的专利局实行"优先申请原则"制,即对内容相同的发明,专利权授予最先申请的人。因此,发明人为了抢先获得专利权,往往在发明即将完成之时,就去办理专利申请,促使专利文献对发明成果的报道,快于其他文献。专利申请满 18 个月,专利局就公开出版申请说明书。比如为加快专利情报交流,英国 Derwent 出版公司收集 33 个工业国家的专利,年报道量达 92 万件,统一用英文出版摘要及检索刊物,一般申请书受理国公布后 3~5 周内就能在目录周报上刊登其题录,3 个月左右在文摘周报上刊出其摘要。

(3) 数量庞大,重复现象严重:科学技术的迅猛发展,使得专利的申请数量和批准数量越来越多,到目前为止,我国专利局收藏有 27 个国家的一千多万种专利。而在世界各国每年公布的专利中,重复率达三分之二,即一份基本专利将伴生 3~5 份的孪生专利。其原因主要是:① 同一专利向多国提出申请;② 有些国家专利局对申请专利的说明书多次公布。这给收集、储存、查找增加了麻烦,但也有一定好处,因为一项发明有多种文字的说明书,这为读者阅读提供了选择语种的余地。同时根据孪生专利的多寡也能判断一项发明的价值大小。

(4) 系统详尽,实用性强:专利法规定对发明内容的细节必须作完整和详细的描述,以使同行业的专业人员能够实施为准。同时,专利文献反映的内容比较可靠、具体、实用。

(5) 格式统一,著录规范化:各国的专利说明书,尽管语种不同,但都按照国际统一的格式出版,有统一的专利分类表,统一的著录项目识别代码,便于进行专利文献的检索。

但专利文献也存在某些局限性:

(1) 专利内容只是一些实用性器物、方法的发明,我们不能期望从中找到有重大科学价值的理论论证,或一些有关粒子、元素、细菌、星体等重大发现。专利也不涉及医疗方法、管理方法、计算机软件等智力活动的规则、方法。

(2) 为了抢先申请专利,往往是初有苗头即申报。常是实验并未最后完成,多数未经过生产验证,从专利说明书中也看不出经济效益。所以,对说明书中的内容可作参考,但不能盲目轻信。

(3) 专利内容以解决零星问题的居多,很少是解决整机或整套生产工艺问题的。所以我们不能期望从国外专利说明书解决某一整体问题,而只能解决某些局部难题。

(4) 申请人为获得专利权,要遵守专利法,一方面要如实披露发明内容,另一方面又不愿他人掌握实质,所以说明书中用词较含混,工艺条件、成分范围也较宽,附图只能作原理说明,并未有尺寸细节。再加上西方专利说明书由工业律师代为起草,用法律语言来叙述技术性内容,文字较费解。所以说明书内容并非一看就懂,并不能简单的如法炮制。要经过仔细琢磨,多次试验,才能掌握其奥妙。

3. 专利文献的用途

专利文献内容新颖、广泛,反映新技术快、可靠性强,文字严谨,将技术信息、法律信息和经

济信息融为一体,在法律、技术、经济等方面有着广泛的用途,其作用可概括为以下几个方面:

(1) 科研立项

课题研究或科研立项前,应针对所研究的技术主题,进行专利技术信息检索的追溯检索,找出所有与该技术主题相关的专利,确定所选择的研究课题是否具有立项研究的价值,或通过分析已有专利的技术内容提高研究的起点。

(2) 解决难题

遇到技术难题或要找到某一技术解决方案时,应针对特定技术主题,进行专利技术信息检索的追溯检索,找出整个与该技术主题相关的所有专利,找到该技术难题的突破口或最佳技术解决方案。

(3) 引进技术

引进国外先进技术时,针对准备引进的技术,进行专利技术信息检索的追溯检索,将追溯检索的结果和准备引进的技术进行比较,对准备引进技术的先进性、可行性、有效性、适用性以及经济上的合理性做出判断,从而帮助决策者做出正确选择。

(4) 技术创新

进行技术创新时,应进行专利技术信息检索的追溯检索,技术创新进行中,应进行专利技术信息检索的定题检索,随时监视该项创新的技术发展动态,便于随时调整创新的方向。

(5) 制定战略

企业制定战略时,应进行专利技术信息检索的追溯检索,全面收集本企业所涉及的技术领域的所有专利,全面了解专利技术市场,便于企业对整个市场进行分析,科学制定出企业的发展战略,从而做到在市场竞争中知己知彼,百战不殆。

4. 专利文献的类型

现代专利文献按其加工深度,可分为三大类型:一次专利文献、二次专利文献、专利分类资料。

(1) 一次专利文献

一次专利文献是指详细描述发明创造具体内容及其专利保护范围的各种类型的专利说明书,包括申请说明书、公开说明书、专利说明书(公告说明书)、审定说明书等。一次专利文献是专利文献的主体。

(2) 二次专利文献

二次专利文献是指刊载专利文献、专利题录、专利索引以及各种专利事务的专利局官方出版物,主要包括由各国专利机关及国际组织出版的专利公报、专利索引等,是检索专利文献的工具。

(3) 专利分类资料

专利分类资料是按发明创造的技术主题管理和检索专利说明书的工具书,包括:专利分类表、分类定义、分类表索引等。

5.1.3 专利文献的检索

1. 检索工具类型及检索途径

世界各国用于检索专利信息的工具很多,主要有以下三大类:

(1) 专利分类表:包括国际专利分类表和各国专利主管部门编制的本国专利分类表;

(2) 专利索引：包括分类索引、专利权人索引和专利号索引等；

(3) 专利公报（文摘）：包括专利说明书摘要、辅助索引及有关信息。

上述三类专利检索工具构成了检索专利信息的三种基本途径：分类检索途径、专利权人检索途径和序号检索途径，其中最常用的是分类检索途径。

2. 国际专利分类法（International Patent Classification，简称 IPC）

(1) 概况

专利文献检索的最主要途径是分类途径，为了便于专利的审查和检索，许多国家都建立自己的专利分类法，所采用的分类原则、分类体系、符号代码各不相同。随着专利制度的国际化，于1968年9月1日公布了国际上通用的《国际专利分类法》(International Patent Classification，简称 IPC)第1版，以后每5年修订一次，到2006年已公布实施第8版。《国际专利分类法》是一部国际统一标准的管理和使用专利文献的分类法，它采用功能和应用相结合的分类原则，按发明的技术主题设置类目，对统一专利的技术内容以及专利信息的分类、检索和利用提供了极大的方便，已成为世界各国分类和检索专利信息的重要工具。目前已普及到50多个国家，各主要工业国家出版的专利说明书上，都印有国际专利分类号。

《国际专利分类法》分别用英法两种文字出版，每5年修订一次，它共分8个部、118个大类、620个小类，小类之下还分有大组和小组，类目总数达 64 000 余个。由于《国际专利分类法》结合了功能分类原则与行业分类原则，同时兼顾了各个国家对专利分类的要求，因此适用面较广。目前世界上已有50多个国家及2个国际组织采用《国际专利分类法》对专利文献进行分类，我国于1985年也采用此分类法。

(2) 《国际专利分类法》(IPC)的体系结构

《国际专利分类法》是按照技术内容来设立类目的。分类表采用等级结构，逐级分类，形成完整的五级分类体系：部、大类、小类、主组和分组。IPC 分类系统包括与发明专利有关的全部技术领域，共分9个分册，前面的 A、B、C、D、E、F、G、H 八个分册分别对应 IPC 的八个部，第9分册为《使用指南》。《使用指南》是《国际专利分类法》的大类、小类和大组的索引。此外，它对《国际专利分类表》的编排、分类法和分类原则都作了解释和说明，可以帮助使用者正确使用国际专利分类表。

① 部和分部（Section、Subsection）

IPC 将发明专利所涉及的全部技术领域划分为 8 个部，分别用 A～H 中的一个大写字母表示。另外，在每个部下面还有分部。分部的作用是将一个部中包含的不同技术主题用信息性标题分开，即将某一大部的内容再进一步细分，以方便用户检索，在 IPC 的 8 个部中，除 H 部电学未设分部外，其他部下均设有不同的分部。分部不作为分类中的一个等级，只有类目，没有类号。下面是 8 个部和相应的分部内容如下：

- **A 部**：人类生活必需（Human Necessities）
  分部：农业；食品与烟草；个人或家用物品；保健和娱乐
- **B 部**：作业、运输（Performing Operations, Transporting）
  分部：分离与混合；成型；印刷；交通运输
- **C 部**：化学；冶金（Chemistry, Metallurgy）
  分部：化学；冶金

- D 部：纺织；造纸(Textiles, Paper)

  分部：纺织；造纸
- E 部：固定建筑物(Fixed Constructions)

  分部：建筑；采掘
- F 部：机械工程；照明；加热；武器、爆破(Mechanical Engineering, Lighting, Heating, Weapons, Blasting)

  分部：发动机或泵；一般工程；照明、加热；武器、爆破
- G 部：物理(Physics)

  分部：仪器；核子学
- H 部：电学(Electricity)

② 大类(Class)

大类是 IPC 的第二级类目。大类类号是由部的类号＋二位数字组成，大类的类名标明该大类包括的内容。例如：

A21　焙烤；制作或处理面团的设备；焙烤用面团

A22　屠宰；肉品处理；家禽或鱼的加工

A23　其他类不包括的食品或食料及其处理

A24　烟草；雪茄烟；吸烟者用品

③ 小类(Subclass)

小类是 IPC 的第三级类目，是对大类的进一步细分。小类类号由大类类号加一个大写英文字母组成，小类的类名，尽可能确切标明小类的内容。其完整的表示形式为：部号＋大类号＋小类号。例如：

A21B　食品烤炉；焙烤用机械或设备

A21C　制作或加工面团的机械或设备；处理有面团作的焙烤食品

A21D　焙烤用面粉或面团的处理（如保存）

④ 主组(Main Group)或大组

主组或大组是 IPC 的第四级类目，是对小类的进一步细分。大组的类号：小类类号＋"1～3 位数字"＋"/"＋"00"，大组的类名：在小类范围内限定对检索有用的技术主题范围，其完整的表示形式为：部号＋大类号＋小类号＋主组类号。例如：

A21B1/00　食品烤炉

A21B2/00　使用高频或红外加热的焙烤设备

⑤ 分组(Sub Group)或小组

分组或小组是 IPC 的第五级类目，是在大组的基础上进一步细分出来的类目。小组的类号：小类类号＋"1～3 位数字"＋"/"＋非"00"至少两位数字，小组的类名：在大组范围内明确限定对检索有用的技术主题领域，小组类号后有至少一个圆点"·"，"·"数目越多其类目等级越低。这种小组内的等级划分在分类号中是表现不出来的。例如：

等级	分类号	类目名称
部类	B	作业、运输
大类	B64	飞行器、航空、宇宙飞船

小类	B64C	飞行、直升飞机
主组	B64C25/00	起落装置
一点分组	25/02	·起落架
二点分组	25/08	··非固定的,例如可抛弃的
三点分组	25/10	···可收缩、可折叠的或其他的
四点分组	25/18	····操作机构
五点分组	25/26	·····操纵或锁定系统
六点分组	25/30	······应急动作的

综上所述,一个完整的 IPC 分类号形式为:部(1 个大写字母)大类(2 位数字)小类(1 个大写字母)主组(1 至 3 位数字)/分组(2 至 5 位数字)。

注意:IPC 只用于发明专利和实用新型专利的分类与检索。外观设计专利的分类与检索需使用《国际外观设计专利分类表》(International Industrial Design Classification)。

(3) 国际专利分类索引(IPC Index)

IPC 分类索引是为了帮助用户从主题事物的名称入手,查找所需的 IPC 类号类目而设置的辅助性检索工具。该索引以关键词做标目,其后给出该关键词所属技术领域的 IPC 类号。该索引共收入 6 000 多个关键词,按英文字顺进行排列,全部关键词用大写黑体字母表示,而在关键词之下,又进一步划分出若干个副关键词,副关键词用小写字母表示,用来限定关键词的含义。应注意用该索引查到的分类号,往往比较粗,若要找到确切的分类号,还需到 IPC 分类表中进一步进行查找,以找出符合分类或检索文献的确切分类号。

确定课题的国际专利分类号的方法一般有 3 种:

① 直接法:直接使用《国际专利分类法》查找课题专利分类号的方法也可称为"由上而下"的方法,即先确定课题大致所属的部,使用这个部所在的分册,按照目录中给出的大类、小类、主组、小组逐级向下查找。

② 关键词索引法:《关键词索引》是通过事物名称查找国际专利分类号的一个辅助性索引工具。这种索引中的关键词按汉语拼音的字顺排列,其后列出 IPC 类号。

③ 间接法:通过阅读已有的专利说明书或者查找《化学文摘》、《金属文摘》等报道专利的检索工具间接地得到。

注意:无论使用哪一种方法确定专利分类号,任何一个课题都可以从不同的角度给出不同的类号。

下面举例说明该表的使用方法及步骤。

【实例 1】 查找"皱纹纸的加工"方面的有关专利文献的分类号。

(1) 分析研究课题,确定关键词,根据课题要求,可选 paper(纸)作为关键词。

(2) 查《关键词索引》确定大类类号。按关键词(paper)字顺到《关键词索引》中查得:

PAPER

　　·

　　·

　　·

　　working ········ B31

(3) 确定细分类号。根据第二步查得的分类号,再查《国际专利分类表》D 分册,以确定详细的 IPC 分类号。根据 B31 查到:

B31F 纸或纸板的机械加工或变形

B31F 1/12 皱纹纸

在 B31F 1/12 之下,又有三个下一级分组:

1/14,1/16,1/18

故该课题完整的 IPC 类号应为:B31F 1/12,B31F 1/14,B31F 1/16,B31F 1/18。

5.1.4 中国专利信息手工检索

1. 中国专利文献印刷型检索工具

传统的专利文献检索工具主要有中国专利局出版的《中国专利索引》、《中国专利公报》和《中国专利文摘》等印刷型检索工具。

(1) 中国专利概况

中国专利文献是中国国家知识产权局受理、审批专利过程中产生的各种官方文件及其出版物的总称。1985 年 4 月 1 日中华人民共和国专利法正式生效并开始受理专利申请,1985 年 9 月 10 日正式向全社会公布第一批专利并出版第一批中国专利文献。中国国家知识产权局出版的专利文献包括中国专利说明书、中国专利公报及其索引以及这些文献的电子出版物。

中国专利文献的主体是发明专利说明书(包括申请公开说明书和授权说明书)和实用新型专利说明书及其题录与文摘,其次是外观设计专利的题录及其有关附图。专利说明书的内容包括:扉页、权利要求书、说明书、附图(如果有的话)。

① 扉页

扉页是揭示每件专利的基本信息的文件部分,是指专利说明书的第一页和专利文献著录项目的续页。它包括:发明名称、申请人、专利权人、申请号、公开(公告)号、分类号等全部著录项目和摘要及附图,要求优先权的还有优先权申请日、申请号和申请国。中国专利说明书扉页包括基本专利文献著录项目、摘要、一幅主要附图(如果有的话,如机械图、电路图、化学结构式等)三部分内容。

② 权利要求书

权利要求书是专利文件中限定专利保护范围的文件部分,也是判定他人是否侵权的法律依据,中国专利文件将权利要求书放置在专利文件扉页之后。

③ 说明书

说明书是清楚完整地描述发明创造的技术内容的文件部分。中国专利文件将说明书置于权利要求之后,在附图之前,说明书的内容包括技术领域,背景技术,发明内容,附图说明(如果有附图的话),具体实施方式等。

④ 附图

附图是对发明内容进行的进一步解释说明,以便于检索者理解和实施。附图旨在说明发明构思,绘制尺寸无严格的比例要求。能用文字表达清楚发明专利申请说明书的,可不带附图。不过,一般要求实用新型专利申请说明书必须带附图。

为了方便有效地管理和利用专利文献,中国国家知识产权局制定了一套编号体系,该编码体系作为每一份专利申请、公告(公开)、审查和授权的标识,期间修改过两次,表5-1为1993年至今的编号体系。了解、掌握编号体系的含义和他们之间的关系,有利于准确使用有关检索工具,迅速查找我国的专利文献。

表5-1 1993年~至今的编号体系

专利种类	编号名称	编号
发明	申请号 (专利号)	93 1 05342.1
实用新型		93 2 00567.2
外观设计		93 3 01329.X
发明	公开号	CN 1087369 A
	授权公告号	CN 1020584 C
实用新型	授权公告号	CN 2013625 Y
外观设计		CN 3025367 D

注:申请号的编排方式没有变化,专利号与申请号相同,发明专利说明书也没有变化。发明专利说明书、实用新型专利申请说明书、外观设计公告的编号都称为授权公告号。它们分别沿用原审定号和公告号的编号序列,只是发明专利授权公告号后面标注字母改为C,实用新型和外观设计授权公告号后面标注字母分别改为Y和D。

目前中国专利编码主要由申请号、专利号、公开号和授权公告号组成,其中申请号与专利号为同一个号,仅在申请号前加"ZL",公开号和授权公告号均由10位字母数字组成;其中前二位字母为国别代码,第一位数字用来区分三种不同类型的专利:1表示发明专利;2表示实用新型专利;3表示外观设计专利,末位字母表示说明书的性质。例如:

CN1348826A 代表发明专利申请公开号,A表示第一次出版;
CN1009939B 代表发明专利申请审定号,B表示第二次出版;
CN1084638C 代表发明专利授权公告号,C表示第三次出版;
CN2475414Y 代表实用新型专利授权公告号,Y表示第二次出版;
CN3025749D 代表外观设计专利授权公告号,D表示第二次出版。

2.《中国专利索引》

为了有助于我国专利文献的回溯检索,国家知识产权局(原国家专利局)出版了《中国专利索引》。该索引对每年公开、公告、审定和授权的专利以题录的形式进行报道,是检索中国专利文献的一种十分有效的工具。

《中国专利索引》按索引类型分为三个分册:《分类年度索引》、《申请人、专利权人索引》、《申请号、专利号索引》(1997年起新增)。三个分册的编排结构、著录内容基本相同。其编排结构为:发明专利(公开、审定、授权)、实用新型专利(公告、授权)、外观设计专利(公告、授权)。其著录的内容包括:国际专利分类号、公开号(或授权公告号)、申请号(或专利号)、申请人(或专利权人)、发明名称(或专利名称)以及相应专利公报的卷、期号等。

(1)《分类年度索引》

《分类年度索引》又称"IPC索引",是将所有专利文献按《国际专利分类法》分类(其中外观设计专利按《国际外观设计分类》简称国际分类法)和排列的一种题录性检索工具。该索引实际是三种专利全年各期"IPC 索引"的累积本。

当要查找某一课题的专利文献时,首先分析课题,利用《国际专利分类表》确定 IPC 分类号,然后以 IPC 分类号为检索点,查《分类号索引》,即可得到有关专利的公开号(授权公告号)、申请号(或专利号)、申请人(或专利权人)、发明名称(或专利名称)以及相应专利公报的卷、期号等,并可根据专利公报的卷、期号查阅文摘或直接到有关部门索取专利说明书。

(2)《申请人·专利权人索引》

该索引是年度累积本,它按发明、实用新型、外观设计三种专利申请人或专利权人姓名或译名的汉语拼音字母顺序排列的一种题录性检索工具。

如果已知申请人或专利权人的姓名或译名,可通过查找《申请人·专利权人索引》,得到其专利申请公开号(授权公告号)、国际专利分类号、发明名称及相应的卷、期号,并以此找到所需的专利说明书。

(3)《申请号、专利号索引》

该索引是年度累积本,它是按发明、实用新型、外观设计三种专利文献的申请号或专利号的号码顺序排列的一种题录性检索工具。

如果已知某件专利的申请号,可直接查《申请号、专利号索引》,得到其专利申请公开号(授权公告号)、国际专利分类号、发明名称及相应的卷、期号,并以此找到所需的专利说明书。

检索实例:查找有关工业用缝纫机的专利,最好是在中国申请的,并想了解日本是否在中国申请过这方面的专利。

专利检索的方法有两种:手工检索和计算机检索。

手工检索:先使用《国际专利分类表关键词索引》,找到针织缝纫机的分类号 D04B 29/08,再按照国际专利分类表找到较确切的分类号 D05B69/00,然后按分类号排列去看每年的年度索引,(《中国专利索引》,日本公开特许年度索引-分类分册)。可查到有联邦德国的伯恩德·奥尔布里奇于 1987 年 10 月 19 日在中国申请了发明专利,申请号是 ZL87106974.1,公开号为 CN1032685,题目是工业用缝纫机,并可根据公开号索取看到此份专利的详细说明书,如果需要可打印。当然,此类还有其他类似的专利可作参考。而日本专利的检索方法和中国专利的检索方法基本相同,查到后只要记下它的专利号,然后再去查找日本专利说明书即可。

计算机检索:方法比较简单。中国专利只要在中国专利网上"关键词"一栏里输入所要找的关键词,即可以找到这一类的专利。用同样的方法也可以在日本专利网查找日本专利。

3.《中国专利公报》

《中国专利公报》是中国专利局的官方出版物,由中国专利局编辑出版。共分《发明专利公报》、《实用新型专利公报》、《外观设计专利公报》三种,创刊于 1985 年 9 月,月刊,自 1990 年起,三种公报均改为周刊。它以文摘或题录形式报道一周内出版的专利公开说明书、审定说明书、授权公告及发明专利事务公告(如实质审查请求,驳回申请决定,申请的撤回,专利权的继承或转让,强制许可决定,专利权的终止等)。《中国专利公报》集经济、法律和技术信息为一体,反映了在中国申请专利保护的国内外最新发明创造成果,对促进科技发展、快速传播科技信息起着重要的作用。

通过查询《中国专利公报》,可及时、准确地掌握相关领域专利动态,也是专利申请人、专利权人及时、准确了解自己专利的法律状态和处理专利相关事务(专利转让、许可、实施等)的有力工具。

5.1.5 中国专利信息网络检索

中国专利信息的检索主要通过3种方式：

(1) 印刷型检索工具，主要有《中国专利公报》，包括发明专利公报、实用新型专利公报、外观设计专利公报；《中国专利索引》，包括申请人、专利权人年度索引和分类年度索引等。

(2) 光盘型检索系统，如《中国专利文摘数据库》(1985～   )；《中国专利说明书数据库》等。

(3) 网络型检索系统，主要有：中国国家知识产权局专利检索系统(http://www.sipo.gov.cn)；中国专利信息网(http://www.patent.com.cn)；中国知识产权网(http://www.cnipr.com)、中国专利文献数据库(http://www.cnpat.com.cn)等。

专利信息资源的网络检索系统在检索空间上大大超越了传统的专利信息检索工具的检索范围，不仅数据资源丰富，而且许多专利数据库还提供专利说明书全文等有价值的信息，同时，专利信息资源网络检索系统提供多语言检索，检索效率高，不受时空限制，并且提供分类检索、简单检索、高级检索等多种检索方式，还提供在线帮助、操作指南等多项辅助功能。

检索时，应选择各种不同的中国专利检索数据库系统，使用字段、通配符、逻辑组配运算符、邻词算符、范围、跨字段逻辑组配等检索方法，根据不同的检索目的使用不同的检索策略进行各种中国专利信息的检索。

1. 中国国家知识产权局(SIPO)专利检索系统

(1) 概述

中国国家知识产权局(SIPO)专利检索系统是由国家知识产权局支持建立的政府性官方网站(http://www.sipo.gov.cn)，是国家知识产权局对国内外公众进行信息报道、信息宣传、信息服务的窗口，有中、英文两种版本，如图5-1所示。中国国家知识产权局(SIPO)专利检

图 5-1 中国国家知识产权局(SIPO)专利检索系统主页

索系统于2001年11月正式开通,检索系统包括一个16字段的检索模板,如图5-2所示,以及IPC分类检索和其他检索两个入口。可检索发明、实用新型、外观设计专利的题录、摘要、说明书全文及法律状态信息。中国国家知识产权局(SIPO)专利检索系统收录自1985年4月1日起到目前的全部专利文献,每周更新一次。

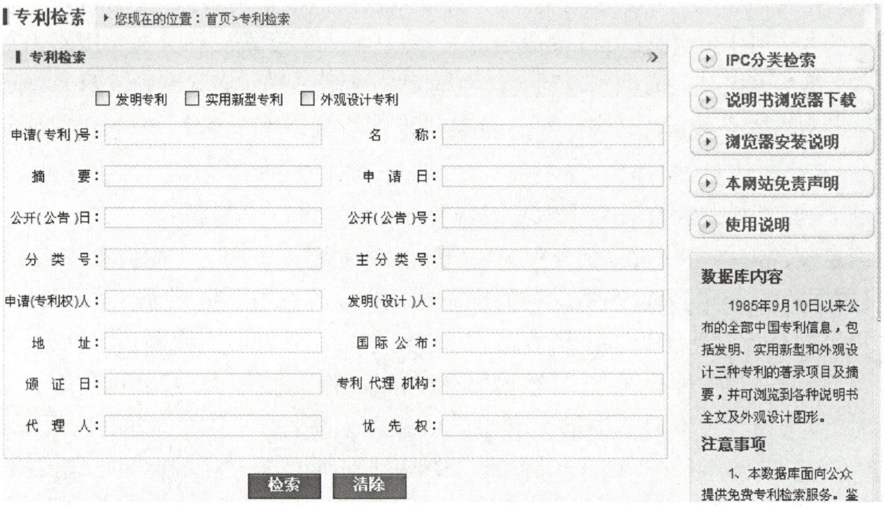

图5-2 中国国家知识产权局(SIPO)专利检索系统

（2）检索方法

SIPO专利检索系统提供简单检索、高级检索和IPC分类检索3种检索方式。

① 简单检索

登录中国国家知识产权局(SIPO)专利检索系统(http://www.sipo.gov.cn),在其主页右侧上选择"专利检索",即可进入专利检索系统的简单检索页面。检索项目列表框有9个字段可供选择,如图5-3所示。用户只需在输入框中输入检索词,在检索项目列表框中选择相应的检索字段,单击"搜索"按钮即可。

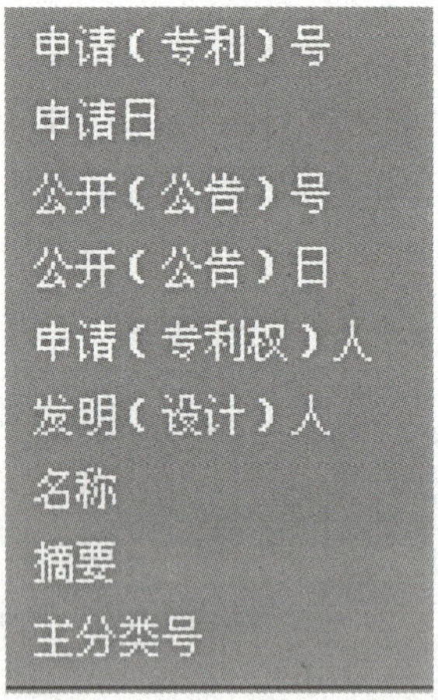

在简单检索页面还可进行其他检索,包括:集成电路布图设计检索、国外及港澳台专利检索、专题数据库检索、法律状态查询、代理机构查询、专利证书发文信息查询等专利信息的查询。

② 高级检索

图5-3 SIPO简单检索检索项目列表框

在SIPO专利检索系统的简单检索页面中单击"高级检索",进入如图5-2所示的高级检索主页面。高级检索页面上方提供发明专利、实用新型专利、外观设计专利3种专利类型的复选框,供用户选择检索的数据库范围。高级检索提供16个检索字段:申请(专利)号、名称、摘要、申请日、公开(公告)日、公开(公告)号、分类号、主分类号、申请(专利权)人、发明(设计)人、地址、国际公布、颁证日、专利代理机构、代理人、优先权。用户只要在检索字段后的输入框中输入检索词、词组或检索表达式,单击"检索"按钮即可进行高级检索。同时还可使用多个检索字段进行检索,不同字段间的逻辑关系是逻辑"与"。

③ IPC 分类检索

单击高级检索页面右侧的"IPC 分类检索"链接,进入 IPC 分类检索主页面,如图 5-4 所示。IPC 分类检索主页面由 IPC 分类列表和高级检索字段列表两部分组成。

图 5-4 IPC 分类检索主页面

用户可在页面左侧 IPC 的 8 个大类中逐级选择类目,并结合页面右侧的字段列表和关键词输入框,来查询相应的专利信息。若已确定 IPC 分类号,则可直接在字段列表中选择"分类号"字段,在输入框中输入 IPC 分类号即可实施检索。

(3) 检索结果及全文获取

在检索结果页面,输出符合检索条件的专利文献的简单信息,包括序号、申请号和专利名称,如图 5-5 所示。单击专利名称链接,即可打开该专利的题录和文摘信息页面,如图 5-6 所示。单击题录和文摘页面的"申请公开说明书",可逐页浏览图片格式的专利说明书全文,如图 5-7 所示。还可以利用页面上方的图标按钮,进行全文内容的打印和保存。

序号	申请号	专利名称
1	200610147745.6	网络互穿式金刚石涂层多孔电极的制备方法
2	200720070570.3	拨夹式电子枪定位与固定装置
3	200720074023.2	整体式液压拉伸器
4	200720075108.2	带有过载保护装置的液压拉伸器
5	200720074903.X	一种定位控制装置
6	200610023442.3	n型CVD共掺杂金刚石薄膜的制备方法
7	200710039354.7	柴油机油泵喷油量的测量方法
8	200710040965.3	自助式多功能翻书桌
9	200710040967.2	智能型计费式节水淋浴装置
10	200710041549.5	一种温室智能控制方法
11	200710041955.1	基于总线结构的住户抄表查询方法和装置
12	200710045798.1	小型无线集散控制系统及其传输方法

图 5-5 SIPO 检索结果

图5-6 SIPO题录和文摘信息页面

图5-7 SIPO专利说明书全文

2. 中国专利信息网检索系统

（1）概况

中国专利信息网由国家知识产权局专利检索咨询中心于1997年10月建立，是国内最早通过因特网向公众提供专利信息服务的权威网站。通过网址http://www.patent.com.cn即可进入网站（如图5-8所示）。该网站自1997年建立以来，其中国专利数据库就以检索快捷、方便、数据来源可靠、更新快而深受广大用户好评。中国专利信息网于2001年11月全新改版，在收录内容及检索功能方面都有了很大的突破：

① 检索功能更强大。提供简单检索、逻辑组配检索和菜单检索三种免费检索方式，其功能汇集国际各知名网站的检索功能，大大提高了用户的检索效率。

② 专利全文浏览。在题录信息界面，通过身份验证即可在线浏览专利全文。

③ 提供相应的英文检索，为中国专利走向世界提供了国际化通道。

图 5-8 中国专利信息网主页

另外,中国专利信息网还提供与专利相关的多种信息服务和委托检索服务,并提供国内外免费专利数据库的链接检索。

(2) 收录范围

中国专利信息网中的中国专利数据库收录了 1985 年中国专利法实施以来公开的全部中国发明、实用新型和外观专利的题录和文摘。所有题录信息(包括法律状态、文摘和权利要求)都可进行检索。此外,还提供了相应发明和实用新型专利的全文扫描图形。该数据库每三个月更新一次。

(3) 检索方式

中国专利信息网中的中国专利数据库提供了四种检索方式,如图 5-9 所示:

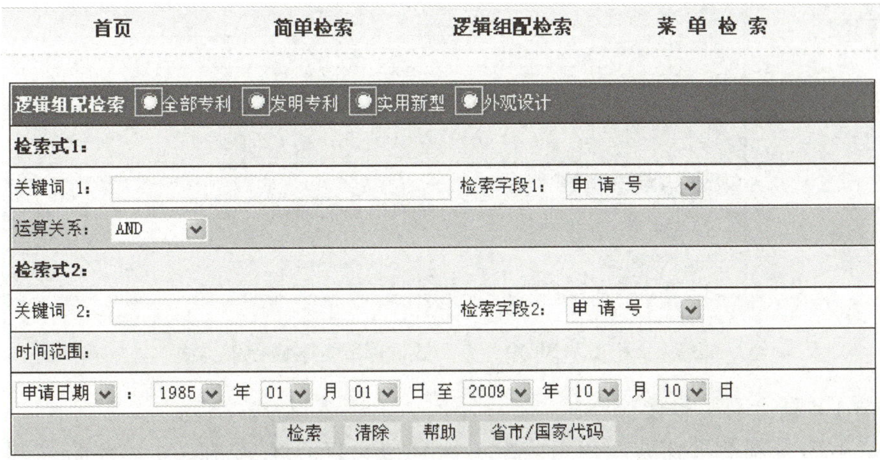

图 5-9 中国专利信息网检索页面

- 简单检索——文本格式的题录信息的检索；
- 逻辑组配检索——检索式之间的逻辑关系匹配检索；
- 菜单检索——提供13个固定的检索入口及逻辑组配关系；
- 二次检索——在检索结果中再进行检索。

3. 中国知识产权网

中国知识产权网(http://www.cnipr.com)，英文简称 CNIPR，取自"中国知识产权"的英文名称"China Intellectual Property"，是国家知识产权局知识产权出版社推出的网上专利说明书全文检索阅览系统。它是知识产权领域的专业网站，致力于打造一个集新闻、产品与服务结合的综合性在线互动平台。新版网站于 2010 年 4 月 26 日，世界知识产权日之际，全新上线。网站既提供知识产权领域的新闻资讯，专业文章，也提供为实现专利转化而建立的展示平台，最具特点的是其提供的专利信息产品与服务以及功能强大的中外专利数据库服务平台。普通用户可免费检索、浏览专利摘要和著录项信息，会员用户付费可获得专利全文。CNIPR 中外专利数据库服务平台如图 5-10 所示。

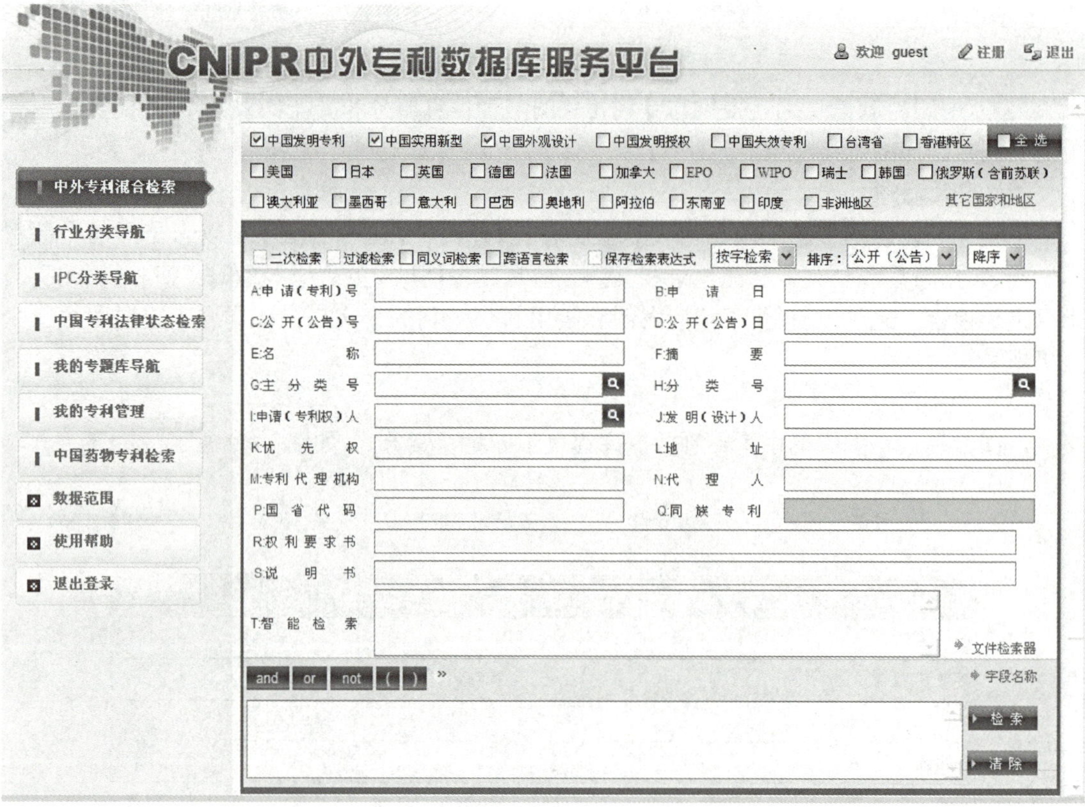

图 5-10 CNIPR 中外专利数据库服务平台检索界面

4. CNKI 中国专利数据库

CNKI 中国专利数据库收录了 1985 年 9 月以来的所有专利，包含发明专利、实用新型专利、外观设计专利三个子库，准确地反映中国最新的专利发明，专利的内容来源于国家知识产权局知识产权出版社,相关的文献、成果等信息来源于 CNKI 各大数据库。其网址为 http://www.cnki.net。可以通过申请号、申请日、公开号、公开日、专利名称、摘要、分类号、申请人、发明人、地址、专利代理机构、代理人、优先权等检索项进行检索,并下载专利说明书全文。与通常的专利库相比,CNKI 中国专利数据库每条专利的知网节集成了与该专利相关的最新文献、科技成果、标准等信息,可以完整地展现该专利产生的背景、最新发展动态、相关领域的发展趋势,可以浏览发明人与发明机构更多的论述以及在各种出版物上发表的信息。它分为发明专利、实用新型专利、外观设计专利三个子库,进一步根据国际专利分类(IPC 分类)和国际外观设计分类法分类。CNKI 中国专利数据库主页如图 5-11 所示。

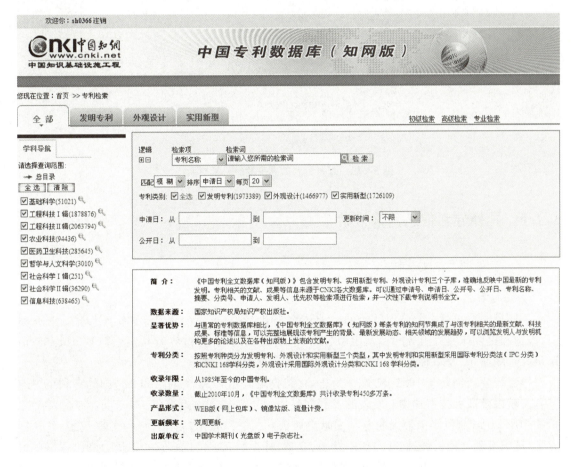

图 5-11　CNKI 中国专利数据库主页

5. 万方数据资源系统中的中国专利全文数据库

该库收录从 1985 年至今授理的全部发明专利、实用新型专利、外观设计专利数据信息,包含专利公开(公告)日、公开(公告)号、主分类号、分类号、申请(专利)号、申请日、优先权等数据项。网址为 http://www.wanfang.com.cn。内容涉及自然科学各个学科领域,每年增加约 25 万条,中国专利每两周更新一次,国外专利每季度更新一次。检索方式简单易用,高级检索可通过专利名称、摘要、申请人、申请日期、公开号、主分类号、分类号、申请人、发明人等检索项进行检索,并提供专利全文下载。高级检索主界面如图 5-12 所示。

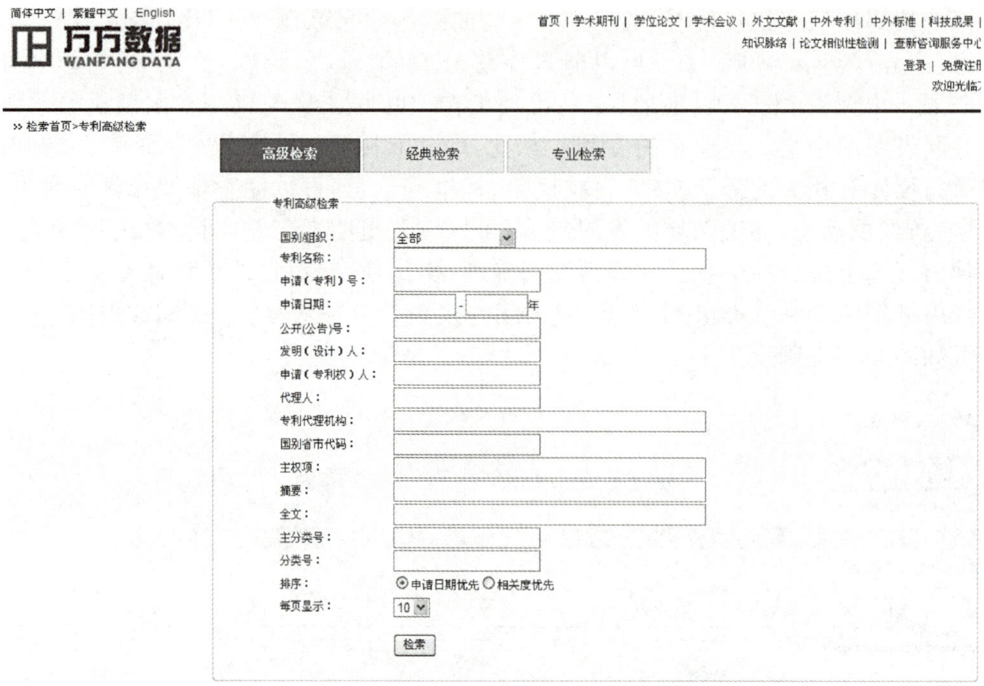

图 5-12　万方专利数据库高级检索界面

5.1.6　国外专利信息网络检索

一、德温特专利数据库

1. 德温特公司出版物简介

英国德温特出版有限公司(Derwent Patent Ltd.)是一家专门从事专利文献搜集、摘录、标引、报道和提供原文等服务的私营出版公司，它所编辑出版的《世界专利索引》(World Patent Index,简称 WPI)是一种查找世界各主要国家专利文献的主要检索工具。

德温特公司创立于1951年，迄今为止，它共收录世界上33个国家和2个国际专利组织的专利文献以及2种技术刊物上发表的专利文献，年报道量约92万多件，占全世界专利文献总量的70%以上，是世界上最大的专利文献出版公司。它从报道本国的专利文献开始，首先创办了《英国专利文摘》，经过60多年的发展、变革、补充和完善，目前，它的报道范围已逐步扩大到包括自然科学的一切学科领域，现出版的有《世界专利索引》、《世界专利文摘》(World Patent Abstracts，WPA)、《化学专利索引》(Chemical Patent Index，CPI)、《电气专利索引》(Electrical Patent Index，EPI)、《优先权周报》(Weekly Priority Concordance，WPC)、《WPI 累积索引》及按国别出版的专利摘要等。英国德温特公司出版的专利索引体系具有报道国家多、报道内容广泛；出版迅速、形式多样；检索体系完善、检索途径多、使用方便；文种单一、选用面广等优点，在世界上各种专利检索工具中占有重要的地位。

2. 《世界专利索引》

《世界专利索引》出版物体系是由题录和文摘两大部分构成的。使用 WPI 最重要的就是必须熟悉和掌握两种检索工具：《题录周报》和《文摘周报》。《题录周报》分一般、机械、电气、化工 4 个分册,按这 4 种索引编制而成,仅报道专利的题录;《文摘周报》分普通专利索引、电气专利索引、中心专利索引 3 个部分,主要按德温特分类体系编制而成,它不仅报道专利的题录,还刊出专利说明书的内容摘要。

(1)《题录周报》(World Patents Index)

《题录周报》每周出版一次,每期共分 4 个分册,其报道的内容如下:

① 一般分册(Section P:General):P 分册主要报道农业、轻工、医药、一般工艺、加工工艺、设备、光学、摄影等方面的专利;

② 机械分册(Section Q:Mechanical):Q 分册包括运输、建筑、照明、加热、包装、机械工程、机械零件、动力机械等;

③ 电气分册(Section R:Electrical):E 分册包括仪器仪表、测量、计算机、自动控制、测试技术、电工和电子元器件、电力工程和通讯等;

④ 化工分册(Section CH:Chemical):CH 分册包括一般化学、化工、聚合物、药品、农业、食品、化妆品、洗涤剂、纺织、造纸、印刷、涂层、石油、燃料、原子能、爆炸物、耐火材料、冶金等。

每个分册均有 4 种索引:专利权人索引、国际专利分类索引、登记号索引和专利号索引。

(2) 文摘周报(World Patents Abstracts,简称 WPA)

《文摘周报》和《题录周报》配套出版。《文摘周报》分三大系列:《综合与机械文摘》(GMPI)、《电器文摘》(EPI)、《化学文摘》(CPI),每一系列又分快报型和文摘型,前者报道所有专业范围,报道速度快,文摘简短,后者仅报道化工专业的基本专利,文摘较详细。目前我国大多数单位都订购快报型《文摘周报》,故以后论及的《文摘周报》均以快报型《文摘周报》为例。

《综合与机械文摘》的前身是《世界专利文摘》(分类版),简称 GMPI。它包括有《GMPI 文摘周报》的 4 个分册和《速报文摘胶卷:一般与机械部分》。

《电器文摘》,简称 EPI。它创刊于 1980 年,是一种文摘式的专利检索刊物,1988 年改称为《EPI 文摘周报》,分本国本和分类本两种,各 6 个分册,用英文字母 S-X 来表示。它主要报道的是电气电子方面的专利文献。

《化学文摘》,简称 CPI。CPI 共有 12 个分册,以文摘的形式报道化学化工和冶金文献的专利文献。

(3) 德温特专利的基本检索途径与方法

利用德温特专利检索工具进行检索,一般从 3 个途径入手,即专利权人途径、分类检索途径、登记号途径。

① 专利权人途径

首先根据专利权人名称,直接在德温特《公司代码手册》中查出大公司代码,小公司和个人代码需根据编码规则自行确定其代码。然后查出专利权人代码,查阅《文摘周报》各分册中的"专利权人索引"可得专利名称、专利号、文摘正文页码,利用文摘正文的页码,即可找到文摘正文中的内容摘要。

② 分类途径

分析检索的课题,找到准确的 IPC 分类号,再根据 IPC 分类号查 WPI 或者 IPC 索引,从而得到德温特分类号和专利号,根据分类号或专利号查 CPI、GMPI、EPI 文摘选择记录专利号,最后根据专利号查找专利说明书全文。

③ 登记号途径

如果已知某件专利的入藏登记号,可利用登记号索引获得同族专利号,在同族专利号中选择自己熟悉的语种和容易取得专利说明书原文的专利号,再查专利号索引,可得专利权人代码,再查专利权人索引,即可得到所需各项。

3. 德温特专利数据库(Derwent Innovation Index,简称 DII)

网址:http://www.isiwebofknowledge.com

(1) DII 数据库概况

DII(Derwent Innovation Index)是德温特公司与汤森路透 Thomson Routers 合作开发的基于 Web of Knowledge 统一检索平台的网络版专利全文数据库。DII 将"世界专利索引(WPI)"和"专利引文索引(PCI)"的内容有机地整合在一起。它包括了可申请专利的所有技术领域,其专利文献分为化学、一般、电气和机械四大类。该数据库收录了自 1963 年至今的所有基本专利文献和它们相应的同族专利。以每周更新的速度,提供全球专利信息。主页如图 5-13 所示。

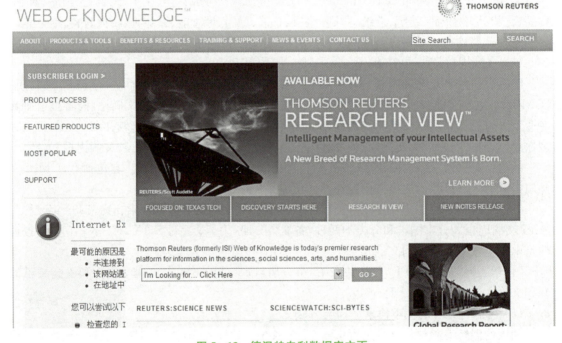

图 5-13 德温特专利数据库主页

该数据库收录了自 1963 年至今的约 700 余万件基本专利文献和它们相应的同族专利。每周增加约 15 000 件新的纪录。数据来源于 40 余个信息源,即 38 个国家和两个国际组织的专利公布机构,以及两个重要的国际技术报告刊物:《研究公开》《国际技术公开》。每条记录除了包含相关的同族专利信息,还包括由各个行业的技术专家进行重新编写的专利信息,如描述性的标题和摘要、新颖性、技术关键、优点等。

(2) DII 数据库特色

DII 提供德温特专业的专利情报加工技术,协助研究人员简捷有效地检索和利用专利情报,鸟瞰全球市场,全面掌握工程技术领域创新科技的动向与发展。Derwent Innovations Index 还同时提供了直接到专利全文电子版的链接,用户只需点击记录中"Original Document"就可以获取专利说明书的电子版全文,可浏览说明书全文的有美国专利(US)、世界专利(WO)、欧洲专利(EP)和德国专利(DE)。其主要特点是:重新编写及标引的描述性专利信息；可查找专利引用情况；建立专利与相关文献之间的链接；对检索结果的管理方便等。

(3) DII 数据库检索

DII 检索系统提供 4 种检索途径，分别是快速检索(Quick Search)、表格检索(Form Search)、专家检索(Expert Search)和被引用专利检索(Cited Patent Search)。对该数据库进行检索之前，还需要对数据库范围、时间范围、检索方式等限制性条件进行选择。

二、美国专利商标局专利数据库(USPTO)

1. 数据库概况

美国专利商标局专利数据的网址是：http://www.uspto.gov，该数据库是由美国专利商标局提供的，包括专利全文数据库和专利文摘数据库，用于检索美国授权专利和专利申请，提供 1790 年至今的图像格式的美国专利说明书全文，1976 年以来的专利还可以看到 HTML 格式的说明书全文。专利类型包括：发明专利、外观设计专利、再公告专利、植物专利等。网络用户可免费检索该数据库，并可浏览检索到专利标题、文摘等信息，若安装专门的软件和浏览器插件，就可在全文库中浏览 TIFF 格式的专利全文扫描图像。输入网址：http://www.uspto.gov，即可进入美国专利商标局专利数据库的首页，如图 5-14 所示。该数据库每周更新一次，用于检索美国授权专利和专利申请人。

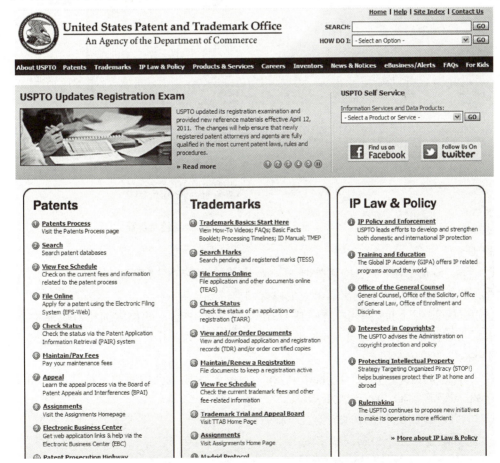

图 5-14 美国专利数据库(USPTO)首页

2. 数据库检索

该数据库提供快捷检索(Quick Search)、高级检索(Advanced Search)和专利号检索(Patent Number Search)三种检索方式。

(1) 快捷检索(Quick Search)

点击"Quick Search"选项,即可进入快捷检索的界面,如图5-15所示。快捷检索可满足在可选的年限范围内对所有字段进行单一检索,也可对任意两个字段进行布尔逻辑组配检索,可选布尔逻辑运算符有"AND"、"OR"、"ANDNOT",检索界面一目了然。

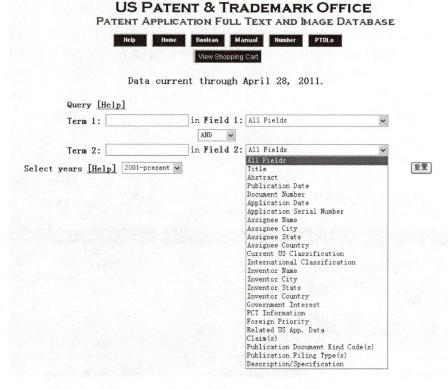

图5-15 美国专利数据库(USPTO)快捷检索界面

检索步骤如下:

① 单击"Select years"下拉菜单中,选择检索的年代或时间范围;

② 在"Term 1"文本框中输入第一个检索词;

③ 在"Field 1"下拉菜单中选择与"Term 1"文本框中输入的检索词相对应的检索字段;"Field 1"下拉菜单中共有30个字段可供选择,系统默认为All Fields(全字段)。图5-16为USPTO提供的检索字段;

④ 选择逻辑运算符,在位于"Term 1"和"Term 2"两输入框中间的下拉菜单中,根据需要选择逻辑运算符 AND、OR 和 ANDNOT;

⑤ 在"Term 2"文本框中输入第二个检索词;

⑥ 选择限定第二个检索词的字段;

⑦ 点击"Search"按钮,执行检索,并输出检索结果。

在进行快捷检索时,需注意以下几点:

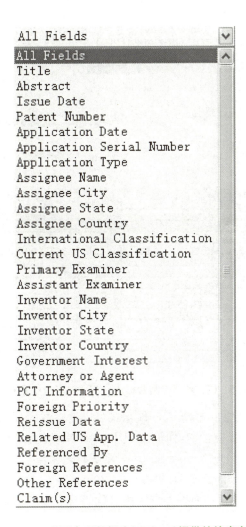

图 5-16　美国专利数据库(USPTO)提供的检索字段

① 在"Term 1"和"Term 2"输入框中只能输入检索词,不能输入带有逻辑运算符的检索表达式;

② 输入短语时,需用双引号括起,并且双引号必须在半角状态下输入;

③ 可以使用右截词符,即在检索词(包括人名等)词尾使用截词符"$";

④ 输入人名时,姓和名之间用短横线"-"连接,姓在前,名在后;

⑤ 在输入框中输入字母不区分大小写;

⑥ 一些使用频率过高和没有检索意义的禁用词,在某些字段的检索中无效,这些词在系统帮助中有一个表格详细列出。

(2) 高级检索(Advanced Search)

高级检索是在"Query"输入框中,直接输入含有布尔逻辑运算符的检索表达式进行检索,是一种更灵活、更复杂的检索方式。如图 5-17 所示。

检索步骤:

① 点击主界面上的"Advanced Search"按钮进入高级检索主界面,从"Select years"下拉菜单中选择检索数据库的日期范围;

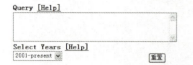

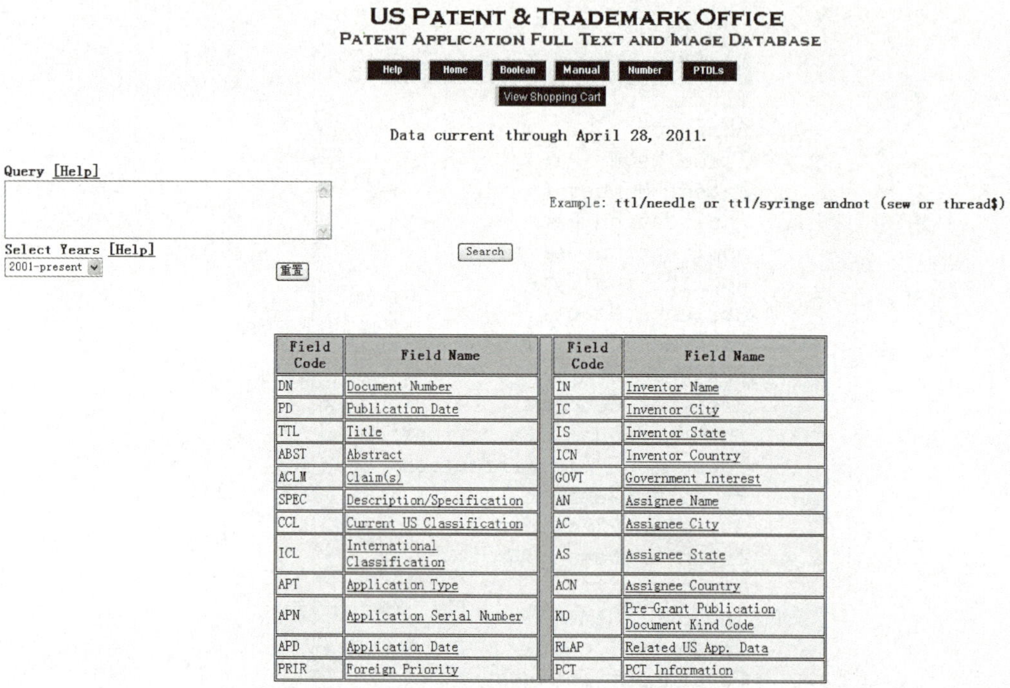

图 5-17　美国专利数据库(USPTO)高级检索界面

② 在"Query"文本框中输入检索式。检索式可以是检索词、短语、检索表达式。字段检索的输入格式是：字段名代码/检索词，如输入"TTL/GENE"表示检索专利名称中含有"GENE"一词的专利；输入"TTL/(DNA and SEQUENCE)"，则表示查询专利名称中同时含有"DNA"、"SEQUENCE"两个词的专利,等等。在"Query"输入框右侧有检索表达式的范例,在编写检索式时可作参考。检索页面下方有字段名代码与字段名称对照表,如表5-2所示。

③ 点击"Search"按钮，执行检索，输出检索结果。

表 5-2　USPTO 专利数据库字段名代码与字段名称对照表

Field Code （字段代码）	Field Name （字段名称）	Field Code （字段代码）	Field Name （字段名称）
PN	Patent Number(专利号)	IN	Inventor Name(发明人)
ISD	Issue Date(授权日期)	IC	Inventor City(发明人所在城市)
TTL	Title(专利名称)	IS	Inventor State(发明人所在州)
ABST	Abstract(专利文摘)	ICN	Attorney or Agent(发明人国籍)
ACLM	Claim(s)(权利要求)	LREP	Attorney of Agent(律师或代理人)
SPEC	Description/Specification(专利说明书全文)	AN	Assignee Name(专利权人)
CCL	Current US Classification(美国专利分类号)	AC	Assignee City(专利权人所在城市)
ICL	International Classification(国际专利分类号)	AS	Assignee State(专利权人所在州)

续 表

Field Code (字段代码)	Field Name (字段名称)	Field Code (字段代码)	Field Name (字段名称)
APN	Application Serial Number(申请号)	CAN	Assignee Country(专利权人国籍)
APD	Application Date(申请日期)	EXP	Primary Examiner(主要审查员)
PARN	Parent Case Information(母案申请信息)	EXA	Assistant Examiner(助理审查员)
RLAP	Related US App. Date(与美国申请有关的数据)	REF	Referenced By(参考文献)
REIS	Reissue Date(再公告数据)	FREF	Foreign References(外国参考文献)
PRIR	Foreign Priority(国外优先权)	OREF	Other References(其他参考文献)
PCT	PCT Information(PCT 信息)	GOVT	Government Interest(政府利益)
APT	Application Type(申请类型)		

(3) 专利号检索(Patent Number Search)

专利号检索使用较简单,若用户已经知道所要检索专利的专利号,则只需在检索框中直接输入待查的专利号,用鼠标单击"Search"按钮即可进行检索。若查找多个专利,可同时输入多个专利号,但多个专利号之间应用空格分开或用逻辑运算符"OR"隔开。专利号检索界面如图 5-18 所示。

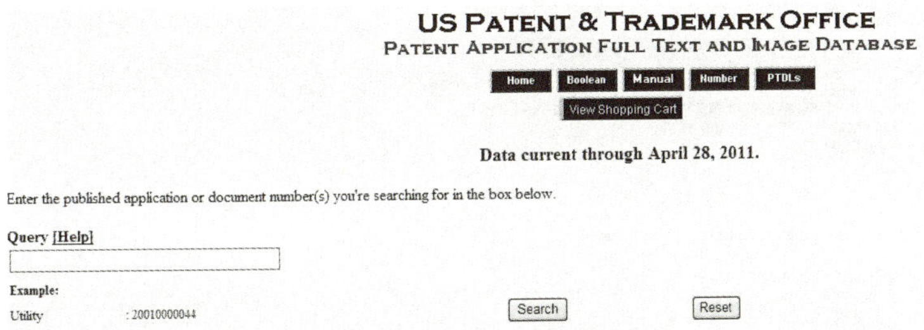

图 5-18 美国专利数据库(USPTO)专利号检索界面

(4) 检索结果

检索结果每页最多显示 50 条记录,可翻页浏览。每条记录包括:专利名称、专利号、引用参考文献、申请日、申请号、受让人姓名、受让人所在州、受让人所在城市、权利要求项、说明书全文、国际专利分类号、发明人姓名、公告日期等。单击记录中的专利号或题名,系统便会提供 text 格式的专利说明书全文;单击全文首页上方的"Images"图标,可利用 Alterna TIFF 图像浏览器打开阅读该专利的专利说明书。

3. 检索实例

【实例 2】 检索有关太阳能路灯方面的美国专利。

(1) 课题分析

本课题实际上是检索"以太阳能作为能源的路灯"。这种太阳能路灯,白天由太阳能电池发电给蓄电池充电,晚上给路灯供电用来照明,是有别于其他能源的路灯。课题中"太阳能"实质上是"太阳能电池"、"太阳能利用"和"光电转换器",而路灯属于"照明"类。

(2) 确定检索词

经过对课题的分析，确定 solar energy，solar battery，solar cell，street lamp，illuminate，lighting 作为检索词，其中 solar energy 和 street lamp 两词专指度较高，可作为重点检索词，其他词作补充，以减少漏检。

(3) 检索

登录 USPTO 网站，进入专利检索界面，点击"Quick Search"按钮，输入检索式"solar energy"AND"street lamp"，按"Search"按钮进行检索，命中 19 条检索结果，如图 5-19 所示，点击专利标题，可显示专利的文摘和权利要求书等，如图 5-20 所示。

USPTO PATENT FULL-TEXT AND IMAGE DATABASE

Home | Quick | Advanced | Pat Num | Help

Bottom | View Cart

Searching US Patent Collection...

Results of Search in US Patent Collection db for:
"solar energy" AND "street lamp": 19 patents.
Hits 1 through 19 out of 19

Jump To

Refine Search | "solar energy" AND "street lamp"

	PAT. NO.		Title
1	7,755,829	T	Thermally switched reflective optical shutter
2	7,728,527	T	Energy saving power supply circuit
3	7,612,735	T	Multi-function field-deployable resource harnessing apparatus and methods of manufacture
4	7,561,130	T	Solar powered street-lamp control circuit
5	7,558,452	T	Apparatus and method for collecting energy
6	7,382,332	T	Modular inflatable multifunction field-deployable apparatus and methods of manufacture
7	7,014,355	T	Electronic parking meter system
8	6,949,909	T	Solar energy pulse charge device
9	6,897,832	T	Inflatable multi-function parabolic reflector apparatus and methods of manufacture
10	6,895,145	T	Apparatus and method for collecting light
11	6,784,357	T	Solar energy-operated street-lamp system
12	6,729,742	T	Solar lamp for outdoor use
13	6,060,658	T	Pole having solar cells
14	5,560,700	T	Light coupler
15	5,429,685	T	Photoelectric conversion element and power generation system using the same
16	5,371,660	T	Illumination system and method
17	5,011,565	T	Dotted contact solar cell and method of making same
18	4,972,094	T	Lighting devices with quantum electric/light power converters
19	4,344,418	T	Solar collector

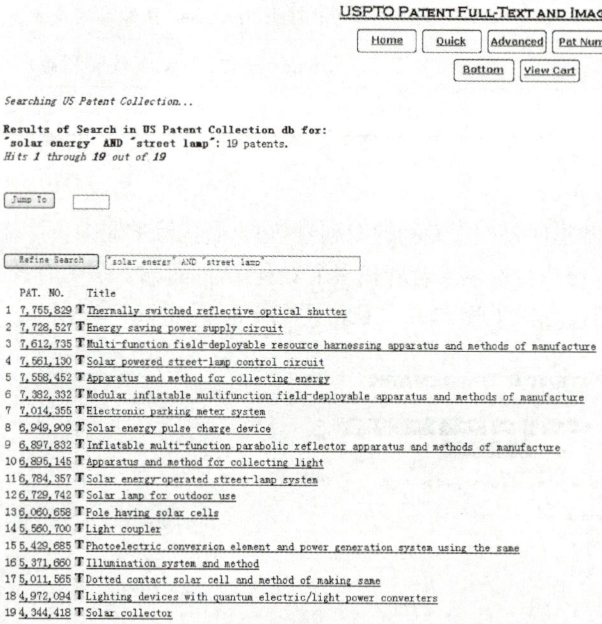

图 5-19 美国专利数据库(USPTO)检索结果显示界面

USPTO PATENT FULL-TEXT AND IMAGE DATABASE

Home | Quick | Advanced | Pat Num | Help

Hit List | Previous | Bottom

View Cart | Add to Cart

Images

(19 of 19)

United States Patent **4,344,418**
Leroy **August 17, 1982**

Solar collector

Abstract

A solar collector includes two concentric spheres or hemispheres, the outer sphere or hemisphere being translucent or transparent and the inner sphere or hemisphere being absorbent of the solar radiation. Fluid to be heated is conveyed by an inlet duct in which is inserted a pump, and sprayed by a head in an inner spherical or hemispherical chamber defined by the inner surface wall of the inner sphere or hemisphere. It flows along this inner wall, becomes heated during its passage, is collected at the base of the inner sphere or hemisphere by an outlet duct. The collector is particularly adapted for the production of hot water to heat swimming pools and the like. In its hemispherical form, when placed at the top of a support post, it can be associated with a mating hemispherical, translucent or frosted housing which houses a light bulb. In this form the structure functions as a ***street lamp*** or the like.

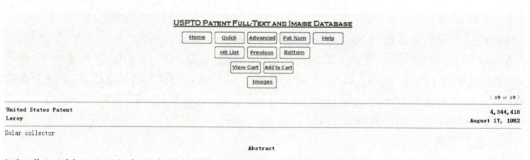

图 5-20 美国专利数据库(USPTO)检索结果摘要

三、欧洲专利局 esp@cenet 专利数据库

1. 概况

数据库网址是 http：//ep.espacenet.com。欧洲专利局、欧洲专利组织成员国及欧洲委员会于 1998 年通过互联网建立了面向公众的免费专利服务系统 esp@cenet，其主要目的就是使用户能够方便、快捷、有效地获取世界范围内的专利信息。服务的具体内容包括：近 2 年内欧洲专利组织成员国出版的专利，美国、日本等 50 多个国家自 1970 年起的专利文献以及世界知识产权组织 WIPO 出版的 PCT 专利文献，提供了 HTML 和图像两种全文显示方式，图像格式的说明书需用 Adobe Reader 浏览器打开，数据库每周更新。对于 1970 年以后公开的专利文献，数据库中每件同族专利都包括一件带有可检索的英文发明名称和文摘的专利文献。检索界面可使用英文、德文、法文 3 种语言。欧洲专利局专利检索界面如图 5-21 所示。

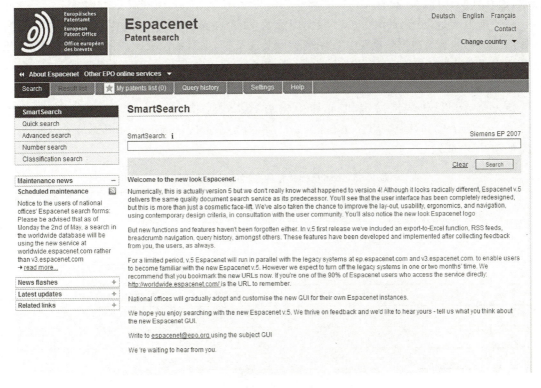

图 5-21 欧洲专利局专利检索界面

2. 收录范围

esp@cenet 提供了自 1920 年以来世界上 50 多个国家公开的专利题录数据，以及 20 多个国家的说明书。对于 1970 年以后公开的专利文献，数据库中每个专利同族都包括一件带有可检索的英文发明名称和文摘的专利文献。从 1998 年中旬开始，esp@cenet 用户能够检索欧洲专利组织任何成员国、欧洲专利局和世界知识产权组织近两年公开的全部专利的题录数据。每个国家所含数据收录的范围不同，数据类型也不同。数据类型包括：题录数据、文摘、文本式的说明书及权利要求，扫描图像存储的专利说明书首页、附图、权利的要求及全文。

esp@cenet 数据库群主要包括以下三个数据库：

(1) 世界专利数据库(Worldwide)：是 esp@cenet 中收录专利文献最全的一个，可满足大

部分检索需求。截止 2006 年,已收录 80 多个国家和地区的超过 6 000 万件的专利申请公开文献。可通过关键词、申请号、公开号、优先权、公开日期、申请人、发明人、EC 欧洲专利分类号、IPC 分类号等途径进行检索。

(2) 欧洲专利(EP)数据库:收录近两年欧洲专利局公开的专利申请的著录项目数据。一般情况下,EP 数据库在每周三的专利文献公布日更新。该库中的文献信息资源很快会被转录在 Worldwide 数据库中。因此,要检索两年以前的欧洲专利,需选择 Worldwide 数据库。可检索专利并下载和显示专利全文的扫描图像,图像格式为 PDF。数据库每周更新一次。可通过关键词、申请号、公开号、优先权、公开日期、申请人、发明人、IPC 分类号等途径进行检索。

(3) 世界知识产权组织(WIPO)专利数据库:可检索近两年 WIPO 公开的 WO 专利文献。一般情况下,WO 数据库每周更新一次,通常是在国际申请公布日的两周后进行。该数据库中的文献信息资源很快也会被转录在 Worldwide 数据库中。可通过关键词、申请号、公开号、优先权、公开日期、申请人、发明人、EC 欧洲专利分类号、IPC 分类号等途径进行检索。

需要指出的是,虽然 esp@cenet 数据库涉及 72 个国家的专利数据,但检索数据不完整。例如部分国家的著录数据包括英文发明名称及英文文摘,但有些国家的数据不包括,所以如果从英文发明名称输入关键词就会造成漏检。

3. 检索方式

esp@cenet 专利数据库提供 4 种检索方式:快速检索(Quick Search)、高级检索(Advanced Search)、号码检索(Number Search)和分类检索(Classification Search)。常用检索字段如表 5-3 所示。

表 5-3　esp@cenet 专利数据库常用检索字段

检 索 字 段
Publication number(公开号)
Application number(申请号)
Priority number(优先号)
Publication date(公开日期)
Applicant's name(申请人姓名)
Inventor's name(发明人姓名)
IPC Classification(IPC 分类)
Title(发明名称)
Abstract(文摘)只有日本和世界专利检索才有此字段
EC Classification(EC 分类)只有世界专利检索才有此字段

(1) 快速检索

esp@cenet 专利数据库快速检索界面如图 5-22 所示。在快速检索界面上进行检索分三个步骤:

① 选择数据库——用户可根据自己的需求从 3 个数据库中选择一个;

② 选择检索类型——供选择类型有两种:题目或摘要中的关键词、公司名称;

③ 输入检索词——允许使用布尔逻辑运算符进行组配,短语应用""括起来作为一个固定的检索词,系统执行精确检索,如不用"",系统检索出的结果是各个检索词间的逻辑与。用鼠

标单击"search"按钮，系统将在所选的数据库中进行检索。

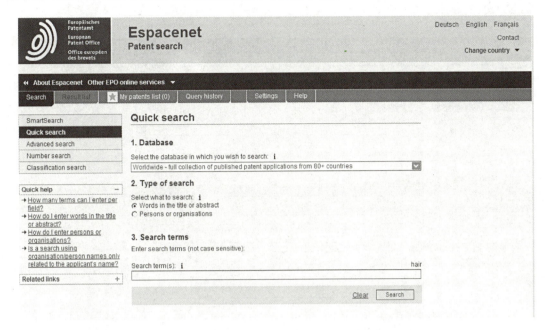

图 5‐22　esp@cenet 专利数据库快速检索界面

(2) 高级检索

在主界面点击"Advanced Search"按钮，esp@cenet 专利数据库进入高级检索界面，如图 5‐23 所示。高级检索分两个步骤：

① 选择数据库——用户可根据自己的需求从 3 个数据库中选择一个。

② 输入检索式。

在高级检索界面，提供了多个检索栏，每一个检索栏后面都有一个输入格式的示例。用户可在一个或多个检索栏进行检索。使用多个检索栏进行检索时，系统将各个字段进行逻辑"与"运算。在每个检索栏中，可使用布尔逻辑运算符 AND(与)、OR(或)、NOT(非)对多个检索词或检索项进行组配。例如：(motorcycle or autocycle) and tyre 表示检索含有 motorcycle 或者 autocycle，并且同时含有 tyre 的专利文献。在发明名称、文摘、申请人或发明人中输入多个词时，只需输入每个单词并用空格将它们隔开。例如：在"Title"中检索同时含有 laser 及 printer 两个词的专利，输入形式如下：Title：laser printer，相当于检索式：laser and printer。但在其中检索词组的时候，需要将词组作为字符串用双引号括起来，并且在检索到的文献中该词组与输入的词组及词序完全一致。例如：检索发明人为 Smith John 的发明的专利，需要在"Inventor"检索栏中输入"Smith John"。

(3) 号码检索

在 esp@cenet 专利数据库中，利用号码检索非常简单，只需选择所需的数据库，输入公开号即可。

(4) 分类检索

esp@cenet 专利数据库分类检索界面如图 5‐24 所示。页面列出了 ECLA 分类的 8 个部（与 IPC 相同），用户可浏览欧洲专利局的分类系统，也可直接在文本框中输入检索项进行分类查询。

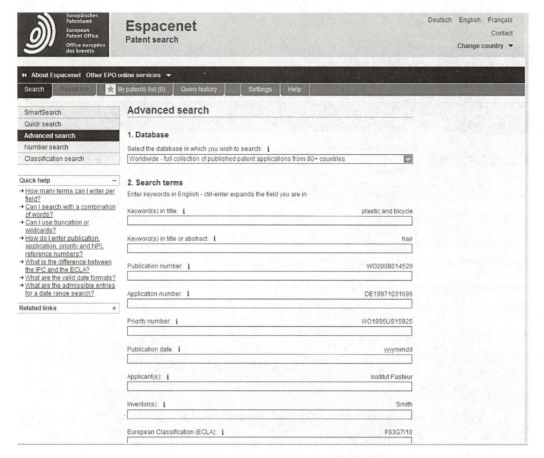

图 5-23 esp@cenet 专利数据库高级检索界面

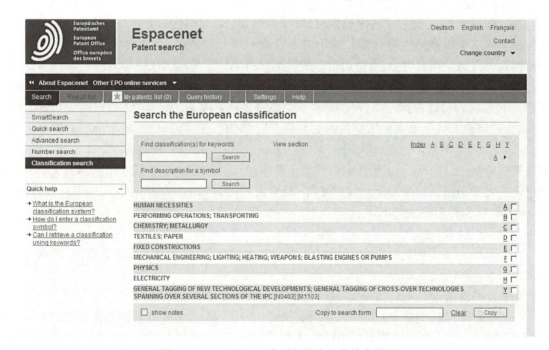

图 5-24 esp@cenet 专利数据库分类检索界面

可通过两种方式进行检索：① 输入关键词查找相应的分类号；② 对某个分类号进行文字描述。

4. 检索结果

检索结束后，esp@cenet 专利数据库不仅提供检索结果列表（包括专利文献号及发明名称）显示，而且还提供题录数据、文摘以及专利说明书内容的显示。另外，显示的检索结果涉及专利同族文献。除了扫描专利说明书保存、打印利用浏览器插件所提供的功能以外，其他检索结果的保存、打印均使用浏览器提供的功能，并且只能保存或打印 Web 页面显示的内容，而不能将所检到的结果同时打印或保存。

5.2 标准文献及其检索

5.2.1 标准概述

1. 标准的概念

我国国家标准 GB 3939-1-83 中对标准所作的定义是：**标准**是对重复性事物和概念所做的统一规定，它以科学、技术和实践经验的综合成果为基础，经有关方面协商一致，由主管机构批准，以特定形式发布，作为共同遵守的准则和依据。标准不仅是从事生产、建设工作的共同依据，而且是国际贸易合作，商品质量检验的依据。

2. 标准的类型

标准的分类可按其使用范围、内容和性质、成熟度来划分。

（1）按使用范围，可划分为：国际标准、区域性标准、国家标准、专业标准、企业标准、地方标准等。

- **国际标准**：是指经国际性标准化组织审查通过的标准或从事标准化活动的国际组织审查通过的标准。如国际标准化组织标准(ISO)、国际电工委员会标准(IEC)等。
- **区域性标准**：是指由世界某一区域的标准化组织或在一定情况下经从事标准化活动的区域性组织通过的技术标准。如欧洲共同体标准(CEN)、欧洲电气标准协调委员会标准(CENEL)等。
- **国家标准**：是指经过全国性标准化组织通过，在全国范围内统一遵循的标准。如中华人民共和国国家标准(GB)、美国国家标准(ANSI)等。
- **专业标准**：指经过专业主管部门或专业团体审查通过的标准，它适用于一个国家的某一个专业或相关领域。如我国教育部的标准(JY)、美国试验与材料协会标准(ASTM)等。
- **企业标准**：是指未颁布有关国家标准、专业标准之前，各企业为了正常生产自行制定并在企业内部使用的标准。如美国通用电气公司标准(SPO)等。

（2）按照内容及性质，可划分为技术标准、管理标准和工作标准。

- 技术标准：是指对标准化领域中需要统一的技术事项所制定的标准称技术标准。技术标准是一个大类,可进一步分为:基础技术标准、产品标准、工艺标准、检验和试验方法标准、设备标准、原材料标准、安全标准、环境保护标准、卫生标准等。其中的每一类还可进一步细分,如技术基础标准还可再分为:术语标准、图形符号标准、数系标准、公差标准、环境条件标准、技术通则性标准等。

- 管理标准:指对标准化领域中需要协调统一的管理事项所制定的标准叫管理标准。管理标准主要是对管理目标、管理项目、管理业务、管理程序、管理方法和管理组织所作的规定。
- 工作标准:是指为实现工作(活动)过程的协调,提高工作质量和工作效率,对每个职能和岗位的工作制定的标准叫工作标准。

(3) 按成熟程度,可划分为法定标准、推荐标准、试行标准等。

- **法定标准**:是指具有法律性质的必须遵守的标准,又称强制性标准。
- **推荐标准**:是指制定和分页标准的机构建议优先遵循的标准。
- **试行标准**:是指内容不够成熟,尚待在使用实践中进一步修订、完善的标准。

5.2.2 标准文献概述

1. 标准文献的概念

标准文献有广义和狭义之分。狭义的标准文献主要是指按规定程序制订,经公认权威机构(主管机关)批准的一整套在特定范围(领域)内必须执行的规格、规则、技术要求等规范性文献。广义的标准文献是指与标准化工作有关的一切文献,包括标准形成过程中的各种档案、宣传推广标准的手册及其他出版物、揭示报道标准文献信息的目录、索引等。

标准文献是标准化工作的产物,它在国民经济、科研、工业生产、企业管理、日常生活等方面起着非常重要的作用。通过标准文献可以了解和研究世界各国国民经济政策、技术政策、工农业生产发展水平,有利于合理利用资源、节约原材料、提高技术和劳动生产率、保证产品的质量。对于开发新产品、提高工艺和技术水平都有着重要的参考作用。

标准是国际贸易和合作的技术依据。随着我国加入WTO,我国对外开放将向更深层次发展,技术标准也将随之不断升级、补充和修改。国际经济贸易的发展,也将促使标准日趋国际化,因此,掌握有关标准的基本知识和国内外各种标准的获取和利用,无论是对生产建设者、商品经营者、外贸人员或是商品消费者都具有重要的意义。

2. 标准文献的特点

(1) 具有明确的适用范围和用途

标准文献是供国民经济多部门多次使用的技术文件。出版任何一项标准,首先必须明确规定其适用范围、用途及有效期限,且每级标准适用于特定的领域和部门。

(2) 具有法律性

标准文献是经过一个公认的权威机构或授权单位的批准认可而审查通过的标准,具有一定的法律约束力。

(3) 具有时效性

标准不是一成不变的,随着国民经济的发展和科学技术的不断提高,标准要不断地进行补充、修订或废止,同样标准文献也需不断更新,因此标准文献具有时效性。

(4) 具有约束性

标准文献是从事生产、设计、管理、产品检验、商品流通、科学研究的共同依据,在一定条件下具有某种法律效力,有一定的约束力。

(5) 具有检索性

标准文献通常包括标准级别、标准名称、标准号、标准提出单位、审批单位、批准时间、实施时间、具体内容等著录项目,提供多种检索途径,具有检索性。

(6) 统一的产生过程、编制格式和叙述方法

标准文献是有组织、有步骤地进行标准化工作的具体成果;各国标准化机构对其出版的标准文献都有一定的格式要求,这就使标准文献成为具有体裁划一、逻辑严谨、统一编号等形式特点的文献体系。

3. 标准文献的作用

(1) 通过标准文献可了解各国经济政策、技术政策、生产水平、资源状况和标准水平;

(2) 在科研、工程设计、工业生产、企业管理、技术转让、商品流通中,采用标准化的概念、术语、符号、公式、量值、频率等有助于克服技术交流的障碍;

(3) 国内外先进的标准可供推广研究、改进新产品、作为提高新工艺和技术水平的依据;

(4) 标准文献是鉴定工程质量、校验产品、控制指标和统一试验方法的技术依据;

(5) 可以简化设计、缩短时间、节省人力、减少不必要的试验、计算,能够保证质量,减少成本;

(6) 进口设备可按标准文献进行装备、维修配制某些零件;

(7) 有利于企业或生产机构经营管理活动的统一化、制度化、科学化和文明化。

4. 标准的编号

(1) 中国标准编号

我国国家标准及行业标准的代号规定为:标准代号+顺序号+年代

其中:

中国国家标准代号用 GB 表示,国家推荐性标准用 GB/T 表示,国家指导性标准用 GB/Z 表示。

行业标准代号由该行业主管部门名称的两个汉语拼音字母组成。如机械工业部标准用 JB 表示,轻工业部标准用 QB 表示,等等。

企业标准代号规定以 Q 为分子,以企业名称代码为分母来表示。如 Q/HB。HB 为沈阳标准件厂。

地方标准代号由 DB 和省、自治区、直辖市行政区代码前两位数字加斜线组成。如广东省推荐性地方标准代号为 DB44/T。

(2) 国际标准编号

国际标准化组织(ISO)负责制定和批准除电工与电子技术领域以外的各种技术标准。ISO 标准号的构成为:ISO+顺序号+年代号(制定或修订年份)。如 ISO 3347:1976 表示于 1976 年颁布的有关木材剪应力测定的标准。

无论是国际标准还是各国标准,在编号方式上均遵循固定格式,通常为"标准代号＋顺序号＋年代",如 GB 9400－88 表示 1988 年颁布的第 9400 号国家标准。

5. 标准文献分类法

（1）中国标准分类法

我国标准文献的分类依据是《中国标准文献分类法》。《中国标准文献分类法》是一部标准文献专用的分类法,是目前国内用于标准文献管理的一部工具书。其分类体系以专业划分为主,由一级类目和二级类目组成,一级类目由二十四个大类组成,用英文字母表示,每个一级类目下分 100 个二级类目,二级类目用两位阿拉伯数字表示。一级类目表如表 5－4 所示。

表 5－4 中国标准文献分类法一级类目表

A	综 合	N	仪器、仪表
B	农业、林业	P	工程建设
C	医药、卫生、劳动保护	Q	建 材
D	矿 业	R	公路、水路运输
E	石 油	S	铁 路
F	能源、核技术	T	车 辆
G	化 工	U	船 舶
H	冶 金	V	航空、航天
J	机 械	W	纺 织
K	电 工	X	食 品
L	电子元器件与信息技术	Y	轻工、文化与生活用品
M	通信、广播	Z	环境保护

（2）国际标准分类法

《国际标准分类法》(International Classification for Standards,简称 ICS)是由国际标准化组织编制的标准文献分类法。它主要用于国际标准、区域标准和国家标准以及相关标准化文献的分类、编目、订购与建库,从而促进国际标准、区域标准、国家标准以及其他标准化文献在世界范围的传播。ICS 是一个等级分类法,包含三个级别。第一级包含 40 个标准化专业领域,各个专业又细分为 407 个组(二级类),407 个二级类中的 134 个又被进一步细分为 896 个分组(三级类)。国际标准分类法采用数字编号。第一级和第三级采用双位数,第二级采用三位数表示,各级分类号之间以实圆点相隔。ICS 一些二级和三级类名下设有范畴注释和/或指引注释。一般来说,范畴注释列出某特定二级类和三级类所覆盖的主题或给出其定义;指引注释指出某一特定二级类或三级类的主题与其他类目的相关性。一级类目表如表 5－5 所示。

表 5-5 国际标准分类法一级类目表

类号	类名	类号	类名
01	综合、术语学、标准化、文献	49	航空器和航天器工程
03	社会学、服务、公司的组织和管理、行政、运输	53	材料储运设备
		55	货物的包装和调运
07	数学、自然学	59	纺织和皮革技术
11	医药卫生技术	61	服装工业
13	环保、保健与安全	65	农业
17	计量学和测量、物理现象	67	食品技术
19	试验	71	化工技术
21	机械系统和通用件	73	采矿和矿产品
23	流体系统和通用件	75	石油及相关技术
25	机械制造	77	冶金
27	能源和热传导工程	79	木材技术
29	电气工程	81	玻璃和陶瓷工业
31	电子学	83	橡胶和塑料工业
33	电信、音频和视频技术	85	造纸技术
35	信息技术、办公机械设备	87	涂料和颜料工业
37	成像技术	91	建筑材料和建筑物
39	精密机械、珠宝	93	土木工程
43	道路车辆工程	95	军事工程
45	铁路工程	97	家用和商用设备
47	造船和海上建筑物	99	其他

5.2.3 中国标准文献信息网络检索

标准文献检索方式主要有印刷型、光盘型和网络型三种形式。检索我国印刷型标准文献的检索工具主要有：《中华人民共和国国家标准目录及信息总汇》、《中国标准化年鉴》、《中国国家标准汇编》等；光盘型标准文献的检索工具主要有：《中国国家标准文本数据库》系列光盘、《中国国家标准题录总览》光盘、《中华人民共和国机械行业标准(JB)》全文光盘等；著名的网络标准数据库主要有：《中国标准数据库》、《国家标准全文数据库》、《国外标准数据库》、《中外标准数据库》、《中国标准网》等标准数据库。

1. **中国知网标准数据库**(网址：http://www.cnki.net)

中国知网内有 3 个标准文献数据库，分别为《中国标准数据库》、《国外标准数据库》、《国家标准全文数据库》。《中国标准数据库》、《国外标准数据库》为题录型数据库，《国家标准全文数据库》为全文数据库。3个数据库检索方法基本相同,均可通过选择中文标准名称、英文标准名称、中文主题词、英文主题词、标准号、发布单位名称、发布日期、被代替标准、采用关系、摘要等检索项进行检索。

(1)《中国标准数据库》

① 简介

《中国标准数据库》是中国知网CNKI中的一个子库,收录了从1957年至今所有的国家标准(GB)、国家建设标准(GBJ)、中国行业标准的题录信息,共计标准约13万条,标准的内容来源于中国标准化研究院标准馆,相关的文献、成果等信息来源于CNKI各大数据库。该数据库的产品形式主要有WEB版(网上包库)、镜像站版、流量计费等三种形式,每月对标准数据进行更新。

与通常的标准库相比,《中国标准数据库》每条标准的知网节集成了与该标准相关的最新文献、科技成果、专利等信息,可以完整地展现该标准产生的背景、最新发展动态、相关领域的发展趋势,可以浏览发布单位更多的论述以及在各种出版物上发表的信息。采用国际标准分类法(ICS分类)和中国标准分类法(CCS分类)。用户可以根据各级分类导航浏览。

② 数据库检索

《中国标准数据库》检索界面如图5-25所示,该库提供初级检索、高级检索和专业检索及导航检索(包括中国标准分类检索、国际标准分类检索及学科导航检索)4种检索方式。

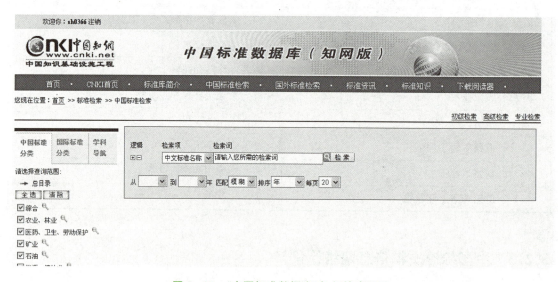

图5-25 《中国标准数据库》初级检索界面

③ 检索实例

【实例3】 检索有关食品添加剂的标准文献

检索步骤：

- 选择查询范围,默认为全选；
- 选择检索字段：中文标准名称；
- 输入与检索字段相对应的检索(式)词：食品、添加剂；
- 选择逻辑关系：并且；

- 选择检索条件:选择年代:从 2010 到 2010 年、匹配:精确、排序:相关度、每页 20;
- 输出检索结果:如图 5-26。

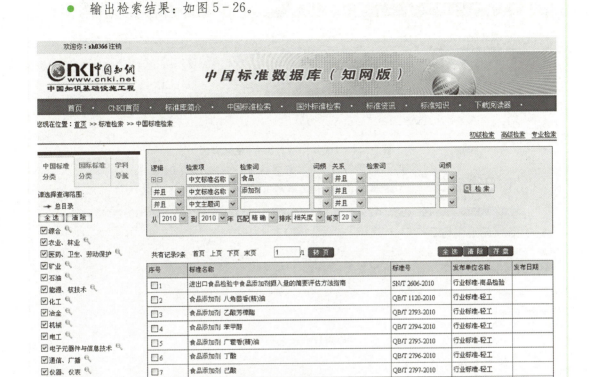

图 5-26 《中国标准数据库》高级检索结果界面

(2)《国外标准数据库》

《国外标准数据库》收录了国际标准(ISO)、国际电工标准(IEC)、欧洲标准(EN)、德国标准(DIN)、英国标准(BS)、法国标准(NF)、日本工业标准(JIS)、美国标准(ANSI)、美国部分学协会标准(如 ASTM,IEEE,UL,ASME)等题录信息,共计约 31 万条标准,标准的内容来源于中国标准化研究院标准馆,相关的文献、成果等信息来源于 CNKI 各大数据库。与通常的标准库相比,《国外标准数据库》每条标准的知网节集成了与该标准相关的最新文献、科技成果、专利等信息,可以完整地展现该标准产生的背景、最新发展动态、相关领域的发展趋势,可以浏览发布单位更多的论述以及在各种出版物上发表的信息。采用国际标准分类法(ICS 分类)和中国标准分类法(CCS 分类)。用户可以根据各级分类导航浏览。《国外标准数据库》检索界面如图 5-27 所示。

(3)《国家标准全文数据库》

《国家标准全文数据库》收录了由中国标准出版社出版的,国家标准化管理委员会发布的所有国家标准,占国家标准总量的 90% 以上。标准的内容来源于中国标准出版社,相关的文献、专利、成果等信息来源于 CNKI 各大数据库。《国家标准全文数据库》检索界面如图 5-28 所示。

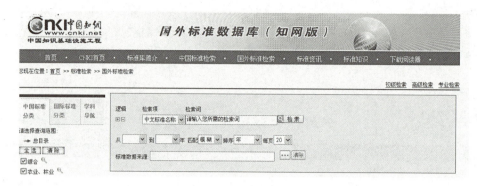

图 5-27 《国外标准数据库》检索界面

图 5-28 《国家标准全文数据库》检索界面

2. 中国标准服务网(CSSN)

(1) 概况

中国标准服务网(http://www.cssn.net.cn)是国家级标准信息服务门户,是世界标准服务网(www.wssn.net.cn)的中国站点。中国标准化研究院标准馆负责网站的标准信息维护、网页管理和技术支撑。中国标准服务网首页如图 5-29 所示。

图 5-29 中国标准服务网主页

中国标准服务网的标准信息主要来源于国家标准化管理委员会、中国标准化研究院标准馆及院属科研部门、地方标准化研究院及国内外相关标准化机构。是我国历史最久、资源最全、服务最广、影响最大的权威性标准文献服务机构。

中国标准服务网提供用户检索的数据主要有：

- 国家标准(GB)、国家建设标准(GBJ)、中国 70 余个行业标准、台湾地区标准、技术法规；
- 国际标准(ISO)、国际电工标准(IEC)、国际电信联盟标准(ITU)、欧洲标准(EN)、欧共体法规(EC)、欧洲计算机制造商协会标准(ECMA)、欧洲电子元器件协会标准(CECC)；
- 德国标准(DIN)、英国标准(BS)、法国标准(NF)、日本工业标准(JIS)、美国标准(ANSI)、澳大利亚国家标准(AS)、加拿大标准协会标准(CSA)、加拿大通用标准局标准(CGSB)；
- 美国铝协会标准(AA)、美国国家公路与运输商协会标准(AASHTO)、美国船舶局标准(ABS)、美国音频工程协会标准(AES)、美国煤气协会标准(AGA)、美国齿轮制造商协会标准(AGMA)、美国航天工业协会标准(AIA)、美国航空与航天协会标准(AIAA)、美国信息与图像管理协会标准(AIIM)、美国核协会标准(ANS)、美国国家标准协会标准(ANSI)、美国石油协会标准(API)、美国空调与制冷学会标准(ARI)、美国航空无线电设备公司标准(ARINC)、美国声协会标准(ASA)、美国加热、制冷与空调工程师协会标准(ASHRAE)、美国机械工程师协会标准(ASME)、美国质量控制协会标准(ASQ)、美国卫生工程协会标准(ASSE)、美国材料与试验协会标准(ASTM)、美国焊接协会标准(AWS)、美国建筑小五金制造商协会标准(BHMA)、美国冷却塔学会标准(CTI)、美国电子工业协会标准(EIA)、美国通用汽车标准(GM)、美国照明工程学会标准(IEEE)、美国连接电子学工业协会标准(IPC)、美国仪器、系统与自动化协会标准(ISA)、美国阀门及配件工业制造商协会标准(MSS)、美国全国腐蚀工程师协会标准(NACE)、美国电气制造商协会标准(NEMA)、美国国家信息标准协会标准(NISO)、美国全国卫生基金会标准(NSF)、美国制管学会标准(PFI)、美国电阻焊接机制造商协会标准(RWMA)、美国机动工程师协会标准(SAE)、美国电影与电视工程师协会标准(SMPTE)、美国钢结构油漆委员标准(SSPC)、美国保险实验室协会标准(UL)、美国联邦军用标准(DOD)、美国军用标准(MIL)及德国工程师协会标准(VDI)。

(2) 检索方式

标准检索提供三种检索方式，即：标准模糊检索、标准分类检索和标准高级检索。

① 标准模糊检索

用户可按标准号或按关键词对标准信息数据库进行方便快捷的检索。如图 5-30 所示。

需先选择按"标准号"检索还是按"关键词"检索，然后再输入检索条件。检索条件可以是单个词，也可以是多个词，多个词之间应以空格分隔，空格分隔的多个词之间是逻辑与的关系，

图 5‑30　中国标准服务网标准检索界面

即检索结果中必须同时满足包含有输入的以空格为分隔的词。检索条件不区分大小写。例如：按标准号检索 GB/T 1.1－2000 标准，则在文本框中输入"GB 1.1"、"gb 1.1"、"gb/t 1.1"、"GB/T 1.1－2000"等均可查询到该标准。

在应用标准模糊检索方式时，需注意：

> ● 按标准号检索时，检索条件输入时应按标准号的一般写法顺序输入，不清楚的可以以空格分隔，不可以反向输入标准号，如输入"1.1 gb"、"1.1 gb/t"则查不到该标准；
> ● 按关键词检索时，输入的多个检索关键词必须同是中文或同是英文，如果中英文混输，如输入"婴儿 foods"，一般无法检索到想要的标准。

② 标准分类检索

标准分类检索又分为按"国际标准分类"和"中国标准分类"两种。在中国标准服务网首页中间位置提供标准分类功能，如图 5‑31 所示。用户可点击自己感兴趣的分类，点击后页面会显示当前类别下的明细分类，直到显示该分类下的所有标准列表。如图 5‑32 所示。

图 5‑31　中国标准服务网标准分类检索界面

③ 标准高级检索

与前两种检索方式相比，标准高级检索提供了可输入多种条件、不同条件进行组合的检索方式，用户能够更准确地查找所需的标准。检索页面如图 5‑33 所示。

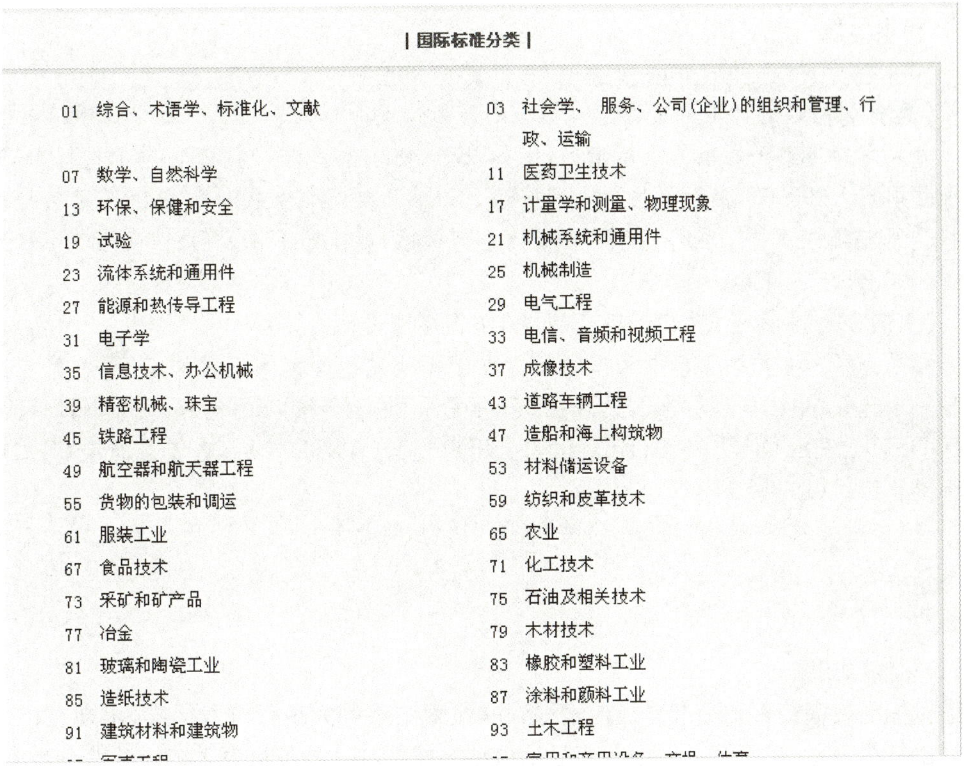
| 国际标准分类 |
01 综合、术语学、标准化、文献
03 社会学、服务、公司(企业)的组织和管理、行政、运输
07 数学、自然科学
11 医药卫生技术
13 环保、保健和安全
17 计量学和测量、物理现象
19 试验
21 机械系统和通用件
23 流体系统和通用件
25 机械制造
27 能源和热传导工程
29 电气工程
31 电子学
33 电信、音频和视频工程
35 信息技术、办公机械
37 成像技术
39 精密机械、珠宝
43 道路车辆工程
45 铁路工程
47 造船和海上构筑物
49 航空器和航天器工程
53 材料储运设备
55 货物的包装和调运
59 纺织和皮革技术
61 服装工业
65 农业
67 食品技术
71 化工技术
73 采矿和矿产品
75 石油及相关技术
77 冶金
79 木材技术
81 玻璃和陶瓷工业
83 橡胶和塑料工业
85 造纸技术
87 涂料和颜料工业
91 建筑材料和建筑物
93 土木工程

图 5－32　国际标准一级分类

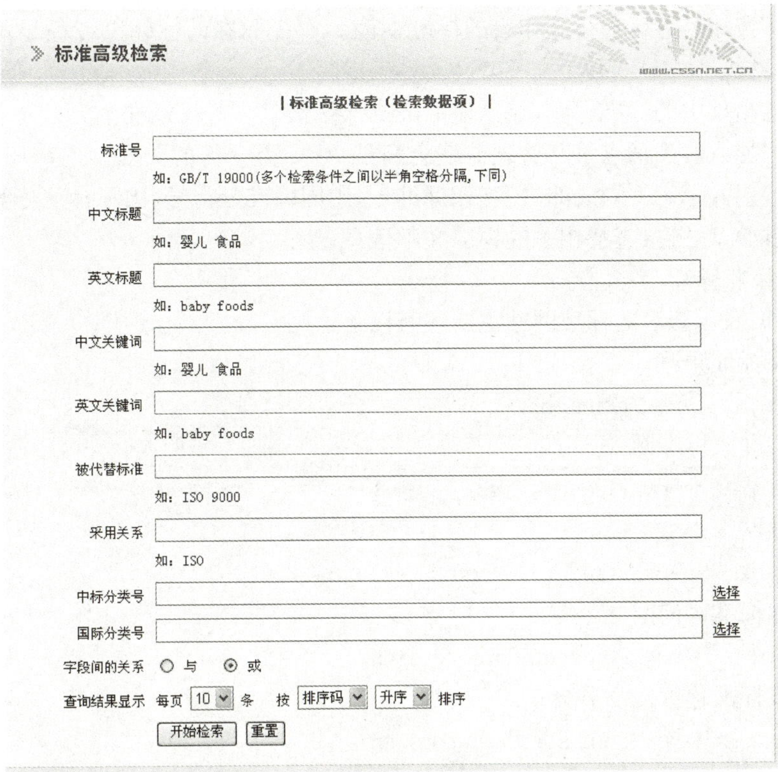
标准高级检索
www.cssn.net.cn
| 标准高级检索（检索数据项） |
标准号
如：GB/T 19000(多个检索条件之间以半角空格分隔,下同)
中文标题
如：婴儿 食品
英文标题
如：baby foods
中文关键词
如：婴儿 食品
英文关键词
如：baby foods
被代替标准
如：ISO 9000
采用关系
如：ISO
中标分类号
选择
国际分类号
选择
字段间的关系 与 或
查询结果显示 每页 10 条 按 排序码 升序 排序
开始检索
重置

图 5－33　中国标准服务网标准高级检索界面

④ 检索示例

【实例4】 通过标准号查询某个标准的最新情况

如果想知道某个标准的最新情况，比如 ISO 9000，首先在数据库种类中选择 ISO，在标准号中输入"9000"，然后点击"检索"按钮。如果只在标准号中输入"9000"，那么检索结果将是所有数据库中标准号包含"9000"的全部标准，如：ASTM/ISO 9000-2000，BS EN ISO 9000-1-1994 等。

【实例5】 通过中文信息和采用关系，查询标准之间的关系

如果想了解中国国家标准采用国际标准或其他发达国家的标准的情况，首先在数据库种类中选择"中国国家标准"，然后在"采用关系"中输入相应的代码：日本(JIS)、俄罗斯(GOST)、德国(DIN)、英国(BS)、法国(NF)、美国(ANSI)、国际电工委员会(IEC)、国际标准化组织(ISO)。

在"采用关系"中输入"ISO"，再按"检索"按钮，将显示出采用了 ISO 标准的全部中国国家标准。

(3) 检索结果

通过标准模糊检索和标准高级检索得到的检索结果均为现行有效标准，出现在标题中的检索词以红色表示；检索结果页面右边显示该结果按标准品种进行聚类统计的信息列表(简称"聚类列表")，用户可选择多个品种，再按"刷新纪录"按钮，即可检索到所需品种的标准列表。此功能相当于根据品种进行的二次检索；在检索结果右边的聚类列表中选择"包含作废信息"，按"刷新纪录"按钮后显示现行和作废的标准列表。作废标准的标题以红色显示，并在其后加有"[作废]"字样。

点击检索结果中的标准标题，显示该标准的详细信息。若需标准全文只要点击"加入信息推送清单"或"加入服务请求单"，管理员就会满足 ABC 类会员的要求。用户还可利用详细信息中字体为蓝色并带有下划线的内容(如标准号、中国标准分类号、国际标准分类号、中文主题词、英文主题词)，超链接查找相关的标准文献信息。

3. 其他标准网站

除此之外，我国著名的标准网站主要还有以下这些：

(1) 国家标准频道

网址：http://www.chinagb.org

(2) 中国国家标准网

网址：http://www.chinaios.com/

(3) 标准网

网址：http://www.standardcn.com/

(4) 中国标准咨询网

网址：http://www.chinastandard.com.cn/

(5) 国家标准化管理委员会

网址：http://www.chinastandard.com.cn/

5.2.4 国外标准文献信息网络检索

1. 国际标准化组织(ISO)

（1）概述

国际标准化组织（ISO）是目前世界上最大的非政府性标准化专门机构，是国际标准化领域中一个十分重要的组织。ISO 成立于 1947 年，其成员由来自世界上 100 多个国家的国家标准化团体组成，其主职能是制订 ISO 国际标准，促进世界各国标准化工作的发展，负责除电气和电子领域外的一切国际标准化工作（国际电工标准化工作由 IEC 负责）。ISO 标准每隔 5 年就要重新修订一次，在使用时应该注意利用最新版本的 ISO 标准。

（2）检索

国际标准化组织（ISO）网址为：http://www.iso.org，主页如图 5-34。该网站设有 ISO 介绍、产品和服务、标准发展、新闻及媒体、关于 ISO 等栏目。通过 ISO 在线网址，可查询 17 000 多条国际标准。ISO 在线检索提供简单检索、分类检索、出版物及电子产品检索及 ISO 数据库检索四种检索方式。

图 5-34　ISO 主页

① 简单检索：网站默认的界面即为简单检索界面，位于图 5-34 右上角。在输入框中输入检索词，点击"Search"按钮即可。

② 分类检索

点击"Products"栏目下的"ISO Standards"按钮，即可进入标准分类查询页面，如图 5-35 所示。点击"By ICS"按钮，即可进入 ICS 一级类目及类号表，如图 5-36，逐级点击类目及类号，可进入三级类目下的标准目录，如图 5-37，在标准目录中选择所需标准，点击 ISO 标准号，即可获得所需用的标准信息，如图 5-38 所示。

图 5‑35　ISO 分类检索

图 5‑36　ISO 分类检索一级类目表

③ 出版物及电子产品检索

点击"Publications and e-products"按钮,即可进入"Publications and e-products"界面,如图 5‑39 所示,通过选择出版物或电子产品的种类,即可获取所需信息。

④ ISO 数据库检索

单击"ISO Concept Database（ISO/CDB）"按钮,即可进入"ISO Concept Database（ISO/CDB）"界面,如图 5‑40 所示。该页面有"ISO Concept Database"与"Oline tour of the ISO Concept Database"两个按钮,可根据需要,点击进入即可获取所需的标准信息。

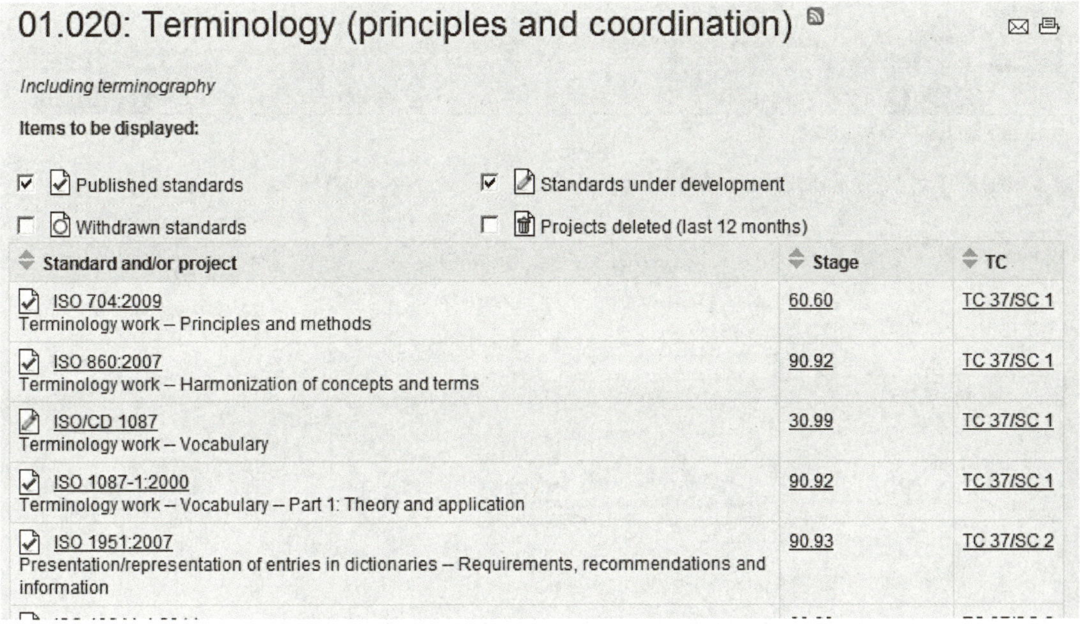

图 5‑37　ISO 分类检索三级类目下的标准目录

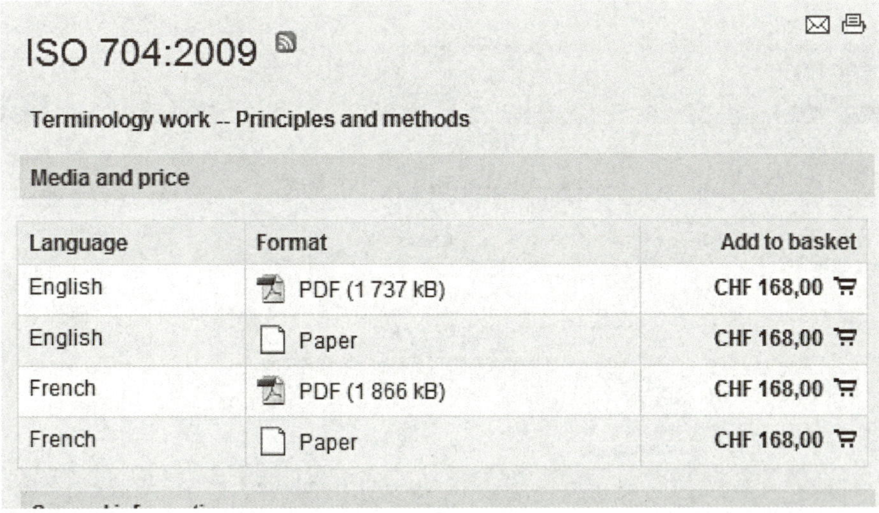

图 5‑38　ISO 分类检索结果

2. 国际电工委员会(IEC)

(1) 概述

IEC 标准即国际电工委员会(International Electrical Commission),是由各国电工委员会组成的世界性标准化组织,其目的是为了促进世界电工电子领域的标准化。国际电工委员会的起源于 1904 年在美国圣路易召开的一次电气大会上通过的一项决议。根据这项决议,1906 年成立了 IEC,它是世界上成立最早的一个标准化国际机构。

IEC 的宗旨是促进电工、电子领域中标准化及有关方面问题的国际合作,增进相互了解。为实现这一目的,出版包括国际标准在内的各种出版物,并希望各国家委员会在其本国条件许

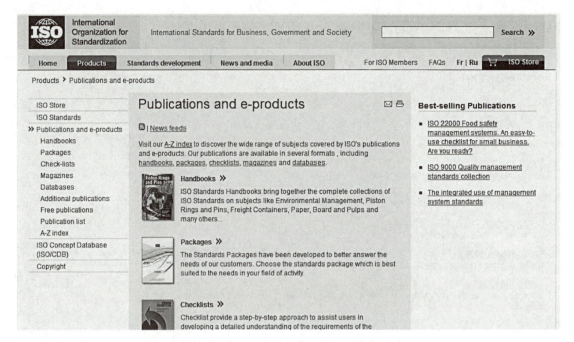

图 5-39　ISO 出版物及电子产品检索界面

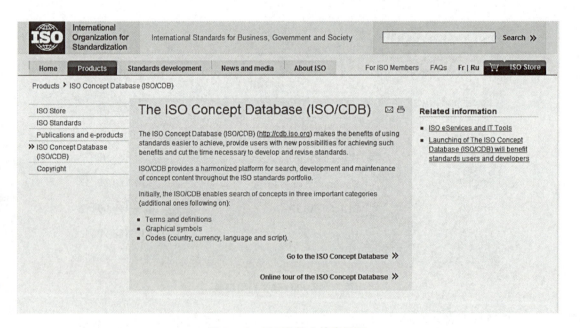

图 5-40　ISO 数据库检索界面

可的情况下,使用这些国际标准。IEC 的工作领域包括了电力、电子、电信和原子能方面的电工技术。现已制订国际电工标准 3 000 多个。

(2) IEC 检索

国际电工委员会网址为:http://www.iec.ch,首页如图 5-41 所示。在 IEC 网站主页上点击"Webstore"下的"Search and buy IEC standards"即可进入 IEC 标准的检索页面,如图 5-42 所示。IEC 提供两种简单检索与高级检索两种方式。

① 简单检索

网站默认的界面即为简单检索界面,位于图 5-41 右侧,在输入框中可输入关键词、IEC 标准号、出版号、委员会编号、出版日期等内容,点击"Search"按钮即可进行检索。

图 5-41　IEC 标准主页面

② 高级检索

在网站主页,直接点击"Advanced Search"项即可进入高级检索主界面,如图 5-42 所示。各检索字段可通过逻辑运算符"AND"、"OR"、"NOT"与双引号""进行组配检索,并可对标准的日期进行设定。

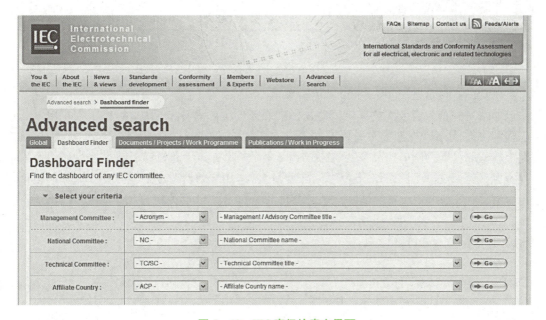

图 5-42　IEC 高级检索主界面

检索获得的信息包括 IEC 标准号、版次、语种、题名、出版日期、委员会编号、页数、尺寸、载体形式、价格及其代码、文摘以及 ICS 号,可通过 IEC 的国家委员会和在各国的销售代理获取标准全文,IEC 网站为用户提供 IEC 的国家委员会和在各国的销售代理的邮政地址、E-mail 地址、电话和传真号码,IEC 在中国的销售代理是中国标准信息中心。

3. 美国国家标准(American National Standards Institute,简称 ANSI)

ANSI 标准主要包括美国国家标准学会审查并颁布的标准和被 ANSI 采纳作为国家标准的美国各专业团体颁布的标准。网址为:http://www.ansi.org。该网站设有标准活动、ANSI/ISO/IEC 联合目录、ANSI 电子标准馆藏等栏目,用户可通过主题词索引查询任何主题,可方便快捷地检索到所需信息。主页如图 5-43 所示。

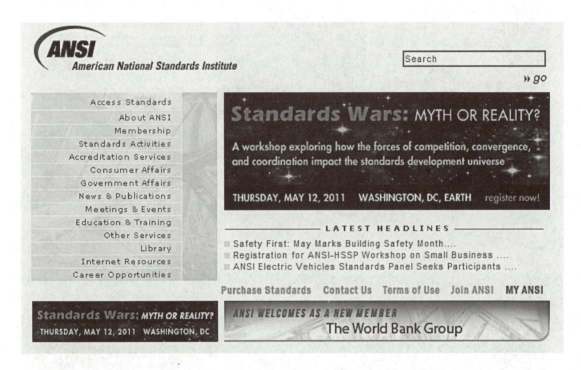

图 5-43 ANSI 主页

4. IEEE 标准(网址:http://standards.ieee.org)

该网站是一个为当今工业提供完整化标准服务的国际性成员组织,给出了美国电气与电子工程师协会(IEEE)发布的有关标准的信息。其在线服务包括新标准的在线连续展示、标准的网上检索和订购、新闻、产品发行、在线帮助等。主要有如下超链接:标准协会、标准产品、开发资源、信息数据库、图书馆、FAQ、标准委员会等,用户可免费进入查询。IEEE 的标准制定内容有:电气与电子设备、试验方法、元器件、符号、定义以及测试方法等。主页如图 5-44 所示。

5. 其他国外标准网站

(1) 国际电联 ITU

网址:http://www.itu.int

(2) 美国国家标准系统网络(NSSN)

网址:http://www.nssn.org

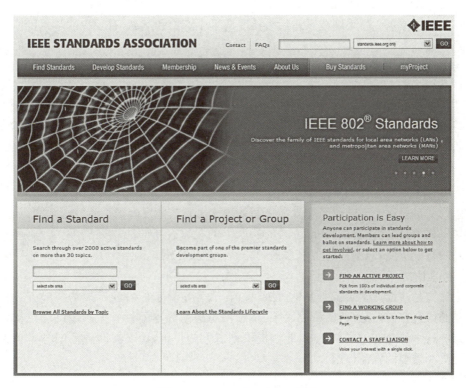

图 5‑44　IEEE Standards 主页

（3）加拿大标准委员会（SCC）

网址：http://www.scc.ca

（4）英国标准协会

网址：http://www.bsi.org.uk

（5）德国标准化协会

网址：http://www.beuth.de

5.3　学位论文及其检索

5.3.1　学位论文概述

1. 学位论文的定义

据美国标准学会解释，**学位论文**是指为获得不同级别学位候选资格、专业资格或其他授奖提出的研究成果或研究结论的书面报告。我国国家标准则把学位论文定义为是表明作者从事科学研究取得创造性成果或有了新的见解，并依此为内容撰写而成，作为提出申请授予相应的学位时评审用的学术论文。

学位论文是高等院校毕业生用以申请授予相应学位而提出作为考核和评审的文章。目前，我国和世界上大多数国家一样，实行三级学位制度，即学士学位、硕士学位、博士学位。由此也就相应有了三个级别的学位论文。很多学位论文因选题能够接触到前沿科学，所反映的创新见解和成果被企业所采纳或采用后直接变成了生产力和产品,有较大的学术价值、情报价值和实用价值。

2. 学位论文的种类

(1) 学士论文

学士论文是合格的本科毕业生撰写的论文。毕业论文应反映出作者能够准确地掌握大学阶段所学的专业基础知识,基本学会综合运用所学知识进行科学研究的方法,对所研究的题目有一定的心得体会,论文题目的范围不宜过宽,一般选择本学科某一重要问题的一个侧面或一个难点,选择题目还应避免过小、过旧和过长。

(2) 硕士论文

硕士论文是攻读硕士学位研究生所撰写的论文。它应能反映出作者广泛而深入地掌握专业基础知识,具有独立进行科研的能力,对所研究的题目有新的独立见解,论文具有一定的深度和较好的科学价值,对本专业学术水平的提高有积极作用。

(3) 博士论文

博士论文是攻读博士学位研究生所撰写的论文。它要求作者在导师的指导下,能够自己选择潜在的研究方向,开辟新的研究领域,掌握相当渊博的本学科有关领域的理论知识,具有相当熟练的科学研究能力,对本学科能够提供创造性的见解,论文具有较高的学术价值,对学科的发展具有重要的推动作用。

3. 学位论文特点

(1) 出版形式特殊

学位论文的目的只是供审查答辩之用,一般都不通过出版社正式出版,而是以打印本的形式储存在规定的收藏地点,且每篇论文在版式上均有严格的要求,必须严格按照学位论文的格式进行论文的写作、参考文献的引用和论文的装订等,学位论文的结构内容一般包括:封面、题名、中英文摘要、英文关键词、目录、序言、正文、注释、结论、参考文献。

(2) 内容具有独创性

学位论文一般都具有独创性,探讨的课题比较专深,有较高的参考价值。但因学位论文有不同的等级,故水平参差不齐。通常情况下,所谓学位论文习惯上只限于硕士和博士论文。

(3) 数量大,难以系统地收集、管理和交流

随着科学技术的迅速发展,学位教育越来越受到各国的高度重视。仅美国每年就授予硕士学位学生达 30 万人,博士学位学生约 3 万人。因学位论文一般在各授予单位或指定地点才有收藏,搜集起来比较困难。

学位论文的以上特点,需要通过专门检索工具和特殊搜集渠道才能获得。为此,许多国家都编辑出版各类报道学位论文的检索工具。有些国家将学位论文集中保存,统一报道与提供,如美国学位论文由美国大学缩微品国际出版公司收集,该公司还收集、报道、提供其他国家的学位论文。在我国,中国科学技术情报研究所和中国国家图书馆是国家法定学位收藏单位。国内的学位论文主要由它们集中收藏。另外,随着因特网的发展和普及,现在,许多授予学位的院校和研究机构都把自己本校的学位论文建成了数据库,提供网上服务。因此,目前因特网已成为查询和获取学位论文最方便也是最重要的途径之一。

传统的检索学位论文的方法是采用手工查阅印刷型检索工具书,主要有《国际学位论文文摘》、《美国博士论文索引》、《硕士论文摘要》等。在我国,一般使用《国际学位论文文摘》检索国外学位论文,《中国学位论文通报》检索国内学位论文。随着互联网技术的发展,目前学位论文主要是通过互

联网上的专题数据库或高等院校、科研院所自建的学位论文数据库进行检索,其中著名的学位论文数据库主要有:中国博士学位论文全文数据库、中国优秀硕士学位论文全文数据库、万方数据资源系统学位论文数据库、CALIS 高校学位论文全文数据库、ProQuest PQDD 数据库等。

5.3.2 中国学位论文数据库检索

1. 中国博士学位论文全文数据库和中国优秀硕士学位论文全文数据库

(1) 概述

《中国博士学位论文全文数据库》简称 CDFD,是国家知识基础设施(National Knowledge Infrastructure,简称 CNKI)工程的系列内容之一,是由中国学术期刊(光盘版)电子杂志社与清华同方光盘股份有限公司共同研制,内容覆盖基础科学、工程技术、农业、医学、哲学、人文、社会科学等各个领域。截止 2010 年 10 月,收录来自 388 家培养单位的博士学位论文 13 万多篇。收录全国 985、211 工程等重点高校,中国科学院、社会科学院等研究院所的博士学位论文。

《中国优秀硕士学位论文全文数据库》简称 CMFD,是国内内容最全、质量最高、出版周期最短、数据最规范、最实用的硕士学位论文全文数据库。截止至 2010 年 10 月,收录来自 561 家培养单位的优秀硕士学位论文 107 多万篇。重点收录 985、211 高校、中国科学院、社会科学院等重点院校高校的优秀硕士论文、重要特色学科如通信、军事学、中医药等专业的优秀硕士论文。

CDFD、CMFD 数据库产品均分为十大专辑:基础科学、工程科技Ⅰ、工程科技Ⅱ、农业科技、医药卫生科技、哲学与人文科学、社会科学Ⅰ、社会科学Ⅱ、信息科技、经济与管理科学。十大专辑下细分为 168 个专题。收录年限:从 1984 年至今的博士学位论文与硕士学位论文。产品形式主要有 WEB 版(网上包库)、镜像站版、光盘版、流量计费等服务方式,免费提供检索,可免费获取文摘信息。

(2) 检索方法

CDFD、CMFD 检索方法与 CNKI 中文期刊全文数据库检索方法相同,具体可参照本书第三章有关章节。CDFD、CMFD 提供五种主要检索途径:分类检索、学位授予单位导航、初级检索、高级检索、专业检索五种检索方式。检索界面如图 5-45 所示。

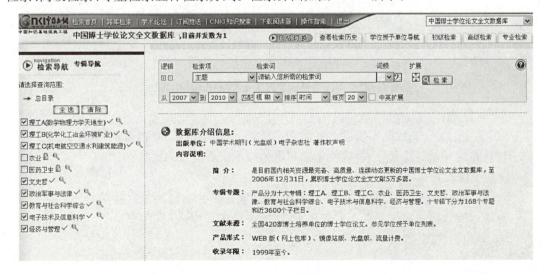

图 5-45　CDFD 检索界面

图5-46 CDFD、CMFD检索途径

CDFD、CMFD提供的检索字段包括：主题、题名、关键词、摘要、作者、作者单位、导师、第一导师、导师单位、网络出版投稿人、论文级别、学科专业名称、学位授予单位、学位授予单位代码、目录、参考文献、全文、中图分类号、学位年度、论文提交日期、网络出版投稿时间。如图5-46所示。

2. 中国学位论文全文数据库

（1）概述

中国学位论文全文数据库（CDDB）隶属于万方数据资源系统，由国家法定学位论文收藏机构中国科技信息研究所提供，收录了自1977年以来我国各学科领域的博士、博士后及硕士研究生论文，该库精选相关单位近几年来的博硕论文，内容涵盖自然科学、数理化、天文、地球、生物、医药、卫生、工业技术、航空、环境、社会科学、人文地理等各学科领域，充分展示了中国研究生教育的庞大阵容，截止2011年共收录学位论文1 855 102篇。

进入万方数据资源系统主页（http://www.wanfangdata.com.cn），点击"学位论文"子库，即可进入中国学位论文全文数据库检索界面，如图5-47所示。

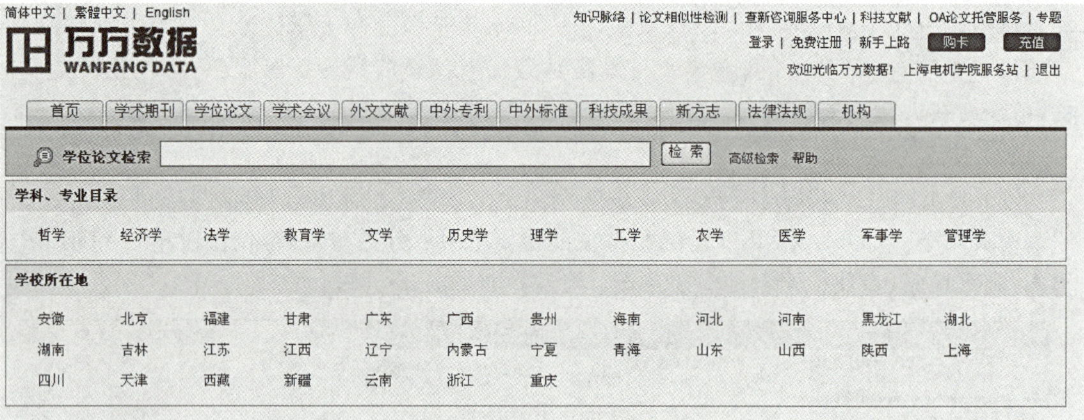

图5-47 中国学位论文万方全文数据库检索界面

（2）检索方法

中国学位论文全文数据库提供多种检索途经，包括初级检索、高级检索、学科、专业目录导航、学校所在地导航等检索方式，以便于用户迅速检索出所需要的信息。

① 初级检索

登录中国学位论文全文数据库，系统默认的检索方式为初级检索。针对具体数据资源的特点，该数据库为用户提供了一个方便易用、组配灵活的检索入口，用户只需在输入框输入检索词，点击"检索"按钮即可，适合所有用户使用。

② 高级检索

高级检索又分"高级检索"、"经典检索"和"专业检索"，它们的检索方法基本相同。

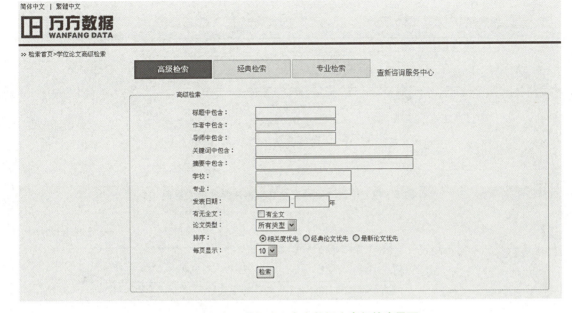

图 5‑48　中国学位论文全文数据库高级检索界面

- "高级检索"采取的是字段限制与条件限制的检索方法,检索的字段有:学位论文的标题、作者、导师、学校、专业、中图分类、关键词、摘要,条件限制主要包括:学位论文发布日期、有无全文、论文类型、排序、每页显示等。多个检索限定条件可使检索结果更加准确。图 5‑48 为高级检索界面。
- "经典检索"采用字段限制检索,检索的字段有:标题、作者、导师、学校、专业、中图分类、关键词、摘要,各检索词之间的关系为逻辑"与"。检索界面如图 5‑49 所示。
- "专业检索"使用 CQL 检索语言来构造检索表达式,提供的检索字段有:Title、Creator、Source、KeyWords、Abstract。检索界面如图 5‑50 所示。构造检索表达式须注意:
    a. 含有空格或其他特殊字符的单个检索词用引号("")括起来。
    b. 多个检索词之间根据逻辑关系使用逻辑运算符"＊"(与)、"＋"(或)、"^"(非)连接。
    c. 截断符用"$"表示,可以右截断检索词。如,在作者字段中输入"徐$",表示要检索姓徐的所有作者。
    d. 位置算符用"_"来表示,限定两个单检索词相邻。注意:"_"的前后都要加空格。如检索"机"与"电"相邻,则应表示为"机 _ 电"。
    e. 字段相邻算符用"(G)"来表示,限定两个检索词在同一字段内(即使是可重复字段也当作一个字段来处理)。如检索"计算机(G)技术",则表示命中的记录同一字段内既含有检索词"计算机",又含有"技术"。

高级检索支持布尔检索、相邻检索、右截断检索、同字段检索、同句检索和位置检索等全文

图 5‑49　中国学位论文全文数据库经典检索界面

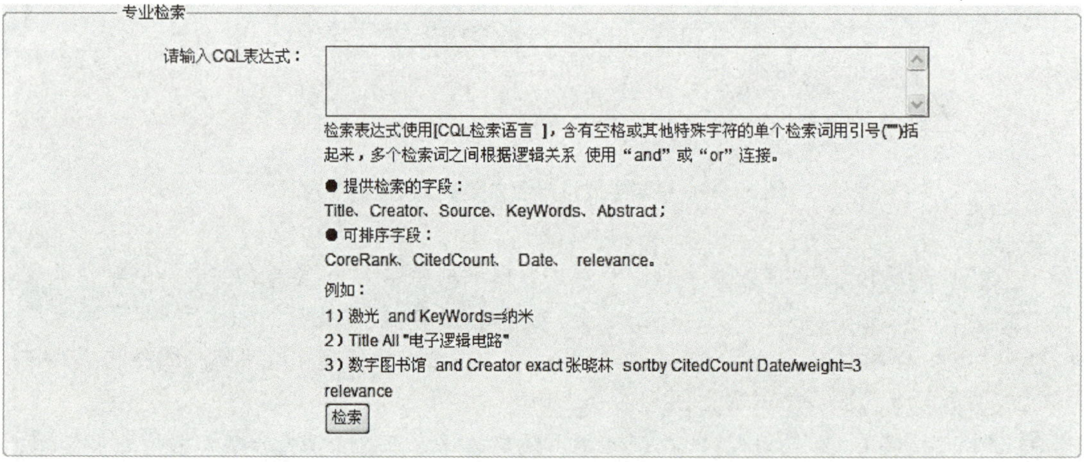

图 5‑50　中国学位论文全文数据库专业检索界面

检索技术,具有较高的查全率和查准率。高级检索功能适合对检索技术有较多了解的用户使用。

(3)"学科、专业目录"导航

用户可根据自己的需求,选择学科、专业目录,通过逐级点击,缩小范围来浏览相关学位论文的检索方式。

(4)"学校所在地"导航

根据学位论文授予单位所在地查询学位论文的方式,授予单位不仅指授予的学校还包括授予的研究机构。

3. CALIS 高校学位论文数据库

(1)概述

CALIS高校学位论文全文数据库是由国家教委投资建设的高校范围内的学位论文共建共享项目,主要收录高校范围内的博、硕士学位论文信息。目的是:(1)为高校范围内的读者通过网络利用博、硕士学位论文信息提供途径和保障,推动高校教学、科研水平的交流和提高;(2)及时传播研究生的创新性研究成果,促进研究生培养质量和学位论文水平的提高;(3)进行学位论文被检索利用的统计,对检索查询率高的论文推荐出版社正式出版。

该数据库由清华大学承建,目的是在"九五"期间建设的博、硕士学位论文文摘数据库的基础上,建设一个集中检索、分布式全文获取服务的CALIS高校博硕士学位论文文摘与全文数据库,收录包括北京大学、清华大学等全国著名大学在内的83个CALIS成员馆的硕士、博士学位论文,到目前为止收录加工数据70 000多条。内容涵盖自然科学、社会科学、医学等各个学科领域。该数据库采用IP控制使用权限,参建的高等院校和科研院所的用户都可以通过CERNET访问。CALIS高校学位论文全文数据库网址为:http://etd.calis.edu.cn/ipvalidator.do。

(2) 检索方法

CALIS高校学位论文全文数据库主要提供两种检索方式:简单检索和复杂检索。

① 简单检索

简单检索提供的检索字段有:中文题名、外文题名、论文关键词、论文摘要、作者、导师、学科。单个检索词可以实现截词检索、精确匹配、模糊匹配检索,多个检索词之间的组配方式有精确匹配、逻辑与、逻辑或3种。简单检索界面如图5-51所示。

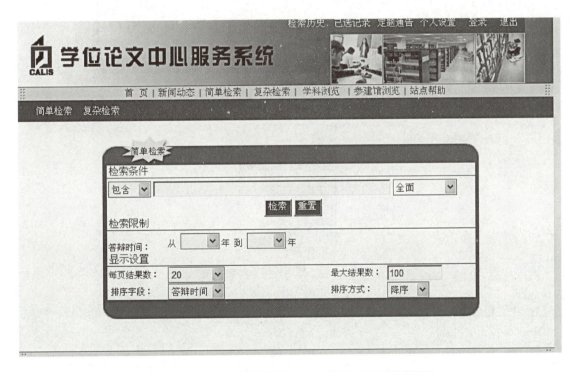

图5-51 CALIS高校学位论文全文数据库简单检索界面

② 复杂检索

复杂检索允许用户输入多个检索条件,以各种不同的检索方式和检索字段来查找相关内容并进行显示设置。复杂检索界面如图5-52所示。

复杂检索界面包括4个输入框,可以进行最多4个检索词的复合检索。检索步骤如下:

① 在第一个列单中选择检索字段:包括中文题名、外文题名、论文关键词、论文摘要、作者、导师、学科,根据检索词的匹配方式可以在一个或在所有字段里进行全面检索。

② 确定检索词的匹配模式:匹配的模式如图5-53所示。

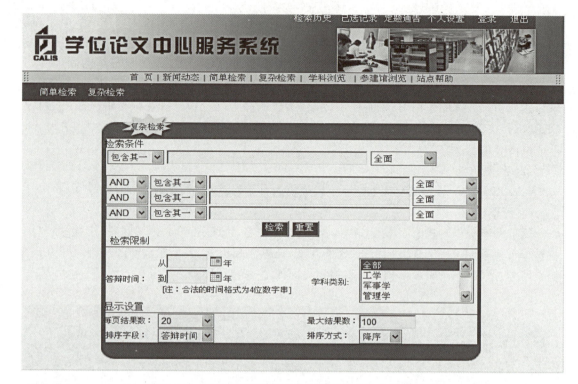

图 5-52　CALIS 高校学位论文全文数据库复杂检索界面

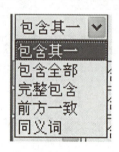

图 5-53　检索词的匹配模式

● **包含其一**：对于中间有空格的两个检索词，如"信息 检索"，以此方式查询，凡包含两个检索词中的任意一个即为命中记录。

● **包含全部**：对于中间有空格的两个检索词，如"信息 检索"，以此方式查询，命中记录须包含这两个检索词。

● **完整包含**：必须包含完整的检索词组才为命中记录，如"cultivating capacity"，以此方式查询，命中记录须包含"cultivating capacity"。

● **前方一致**：以检索条件开头的为命中记录，如："基于"检索，则"基于遗传的……"为命中记录，而"遗传是基于……"则不为命中记录。

● **同义词**：凡包含检索条件及其同义词之一的为命中记录。

③ 选择逻辑运算符：逻辑运算符有 3 种：AND、OR、NOT。

④ 检索限制：设置检索的答辩时间和学科类别。学科类别有：工学、军事学、管理学、农

学、历史学、理学、医学、经济学、哲学、法学、教育学、文学等。

⑤ 显示设置：设置检索结果的每页的结果、排序字段、排序方式等。

⑥ 输出检索结果：检索结果显示页面包括二次检索的功能、检索结果管理区、个性化功能区及检索结果命中区。检索结果管理区，包括4个功能：显示格式、查看选项、E-mail、打印、下载。如图5-54所示。

图5-54 检索结果管理区

5.3.3 国外学位论文数据库检索

1. ProQuest Digital Dissertation

（1）概述

PQDD(ProQuest Digital Dissertation，博、硕士学位论文数据库)最早是美国UMI公司出版的博、硕士学位论文数据库DAO(Dissertation Abstracts Ondisc)光盘数据库的网络版。目前该公司更名为ProQuest公司。它是世界上最早及最大的博、硕士论文收藏和供应商，该公司的学位论文文摘数据库(PQDD)收录了欧美1 000多所大学的200多万篇博、硕士学位论文的题录与文摘，是学术研究中十分重要的信息资源。从2001年开始，在文摘库的基础上，ProQuest公司开发了电子版的学位论文全文方式。自2002年起开始为满足国内对博、硕士学位论文全文的需求，国内许多高校、科研机构、公共图书馆等单位联合组成的ProQuest博、硕士学位论文全文中国集团，订购PQDD中的部分博、硕士论文全文，凡参加联合订购的集团成员(馆)均可共享整个集团订购的全部学位论文全文资源，目前中国集团可以共享的论文已经达到304 781篇，内容涵盖社会科学、哲学、宗教、环境学、生物学、语言、文学、教育、信息和艺术、心理学、应用科学、纯科学、健康科学、生物学等多个学科。数据库每年更新。网址：http://pqdt.calis.edu.cn/，主页如图5-55所示。

（2）检索方法

ProQuest博、硕士学位论文全文数据库提供两种检索途径：基本检索、高级检索。

① 基本检索

ProQuest学位论文全文数据库的主页即为基本检索的界面，在输入框中输入具有一定专指度的名词或词组、短语，单击"检索"按钮即可。PQDD还提供了二次检索的功能，在检索结果显示界面输入框的下方有"全部"、"只显示有全文的结果"、"重新检索"、"在结果中检索"4个单选按钮，右侧有"一级学科"、"发表年度"、"学位"进行选择，用户可根据具体需求，缩小检索范围。如图5-56所示。

② 高级检索

用鼠标单击高级检索，数据库即进入高级检索界面，如图5-57所示。检索步骤：

a. 根据需求，选择检索字段，检索字段主要包括：标题、摘要、学科、作者、导师、来源、ISBN号、出版号；b. 选择检索条件：所有词、任一词、短语；c. 在文本框中输入检索词；d. 选

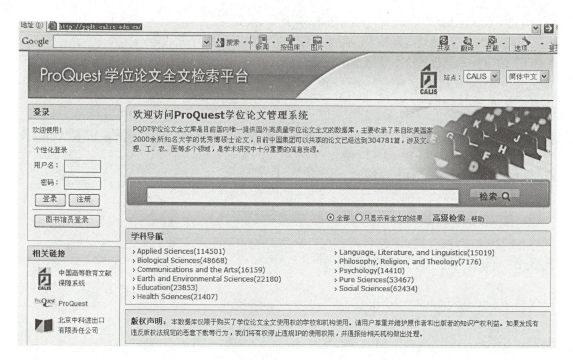

图 5-55　ProQuest 学位论文全文数据库主界面

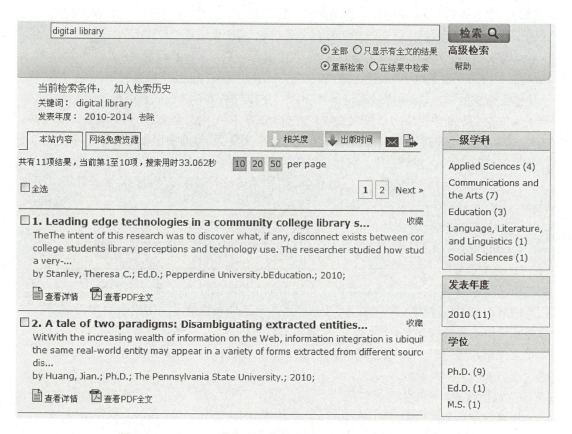

图 5-56　ProQuest 学位论文全文数据库检索结果为题录显示界面

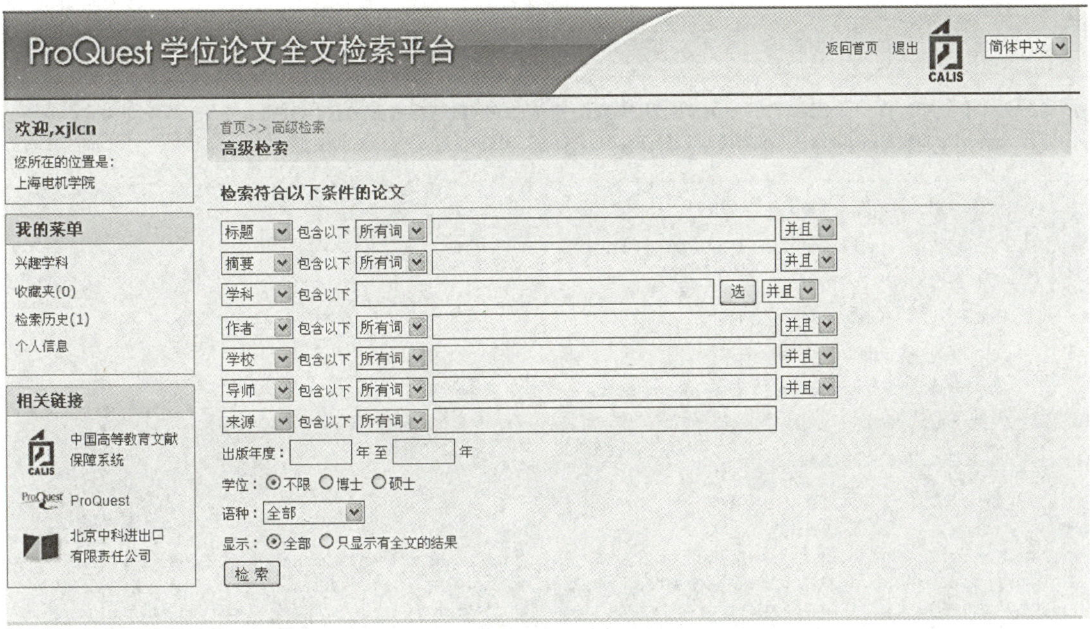

图 5-57 ProQuest 学位论文全文数据库高级检索界面

择逻辑关系：并且、或者、排除；e. 输入检索时间范围；f. 选择学位类型：不限、博士、硕士；g. 选择语种；h. 选择显示结果：全部、只显示有全文的结果；i. 单击"检索"按钮。

(3) 检索结果

无论是基本检索还是高级检索，检索结果都以题录的形式出现，内容包括：论文标题、作者、学校、学位级别、指导老师、学科、来源、出版日期等。点击论文的标题或"查看详情"，即会出现论文的题录和文摘页面，再点击该页面下方的"查看 PDF 全文"、"下载 PDF 全文"、"下载 MARC 文件"按钮，选择直接打开浏览论文或将论文保存到自己的电脑上。如图 5-58 所示。

2. NDLTD 学位论文数据库

NDLTD 全称是 Networked Digital Library of Theses and Dissertations，是由美国国家自然科学基金支持的一个网上学位论文共建共享项目，为用户提供免费的学位论文文摘，还有部分可获取的免费学位论文全文，以便加速研究生研究成果的利用。

目前全球有 170 多家图书馆、7 个图书馆联盟、20 多个专业研究所加入了 NDLTD，其中 20 多所成员已提供学位论文文摘数据库 7 万条，可以链接到的论文全文大约有 3 万篇。和 ProQuest 学位论文数据库相比，NDLTD 学位论文库的主要特点就是学校共建共享、可以免费获取。另外由于 NDLTD 的成员馆来自全球各地，所以覆盖的范围比较广，有德国、丹麦等欧洲国家和香港、台湾等地的学位论文。但是由于文摘和可获取全文都比较少，适合作为国外学位论文的补充资源利用。NDLTD 网址：http://www.ndltd.org/find，其主页如图 5-59 所示。

3. 其他学位论文网络数据库

(1) MIT 学位论文

网址：http://theses.mit.edu

该数据库在线提供美国麻省理工部分博、硕士学位论文，可在线逐页或定位浏览全文。

(2) DISSERTATION.COM

网址：http://dissertation.com

首页>> 论文详情
论文详情   返回检索结果页

A tale of two paradigms: Disambiguating extracted entities
with applications to a digital library and the Web.   出版号:3420152

作者： Huang, Jian.
学校： The Pennsylvania State University.
学位： Ph.D.
指导老师： Giles, C. Lee,eadvisor
学科： ComputerScience.
来源： Dissertation Abstracts International
出版日期： 2010
ISBN： 81124166872
语言： English

摘要
WitWith the increasing wealth of information on the Web, information integration is ubiquitous as the same real-world entity may appear in a variety of forms extracted from different sources. This dissertation proposes supervised and unsupervised algorithms that are naturally integrated in a scalable framework to solve the entity resolution problem, which lies at the heart of the information integration process. This dissertation focuses on two incarnations of the entity resolution problem that arise in the data mining and natural language processing areas. First, name disambiguation occurs when one is seeking a list of publications of an author in a digital library, who has used different name variations and when there are multiple other authors with the same name. We present an efficient integrative framework that disambiguates the extracted author metadata from paper headers in a divide-and-conquer fashion: based on the metadata records extracted from paper headers, a blocking method retrieves candidate classes of authors with similar names and a density-based clustering method, DBSCAN, clusters the records by author. The distance metric between

图 5-58   ProQuest 学位论文全文数据库检索结果为题录和文摘显示界面

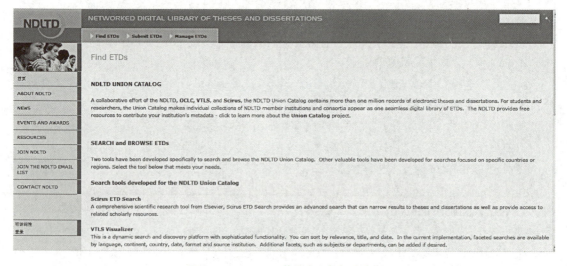

图 5-59   NDLTD 学位论文数据库主页

该数据库提供关键词、主题、题目、作者等途径进行检索，前 25 页可免费浏览，可以通过 Amazon 网上书店订购全文。

(3) The British Library Document Supply Centre (BLDSC)大英图书馆文献供应中心
网址：http://blpc.bl.UK
该数据库提供美国、加拿大、英国(自 1970 年起)的博士论文，先通过大英图书馆的馆藏查询系统,再申请全文复印服务。

(4) Australian Digital These Program:ADT

网址:http://adt.caul.edu.au

该数据库是澳大利亚国家的合作计划,目的是建立澳大利亚大学博、硕士学位论文的分布式数据库,有全文。

5.4 会议文献及其检索

5.4.1 会议文献概述

1. 会议文献的概念

会议文献是指在学术会议上宣读和交流的论文、报告及其他有关资料,包括会议前参加会议者预先提交的论文文摘、在会议上宣读或散发的论文、会上讨论的问题、交流的经验和情况等经整理编辑加工而成的正式出版物。

广义的会议文献包括会议论文、会议期间的有关文件、讨论稿、报告、征求意见稿等,而狭义的会议文献仅指会议录上发表的文献。

2. 会议文献的类型

会议文献可分为会前、会中和会后3种。

(1) 会前文献包括征文启事、会议通知书、会议日程表、预印本和会前论文摘要等。其中预印本是在会前几个月内发至与会者或公开出售的会议资料,比会后正式出版的会议录要早1~2年,但内容完备性和准确性不及会议录。有些会议因不再出版会议录,故预印本就显得更加重要。

(2) 会议期间的会议文献有开幕词、讲话或报告、讨论记录、会议决议和闭幕词等。

(3) 会后文献有会议录、汇编、论文集、报告、学术讨论会报告、会议专刊等。其中会议录是会后将论文、报告及讨论记录整理汇编而公开出版或发表的文献。

3. 会议文献的特点

(1) 会议文献的特点是传递情报比较及时,内容新颖,专业性和针对性强,种类繁多,出版形式多样。

(2) 会议文献是科技文献的重要组成部分,一般是经过挑选的,质量较高,能及时反映科学技术中的新发现、新成果、新成就以及学科发展趋向,是一种重要的情报源。

(3) 会议文献往往是围绕同一会议主题撰写相关的研究论文,因此涉及的专业内容集中、针对性强。

(4) 会议文献由于其出版不规则,因此获取比较困难。

5.4.2 会议文献检索

1. CNKI 中国重要会议论文全文数据库 CPFD

(1) 概况

《中国重要会议论文全文数据库(CPFD)》收录的文献是由国内外会议主办单位或论文汇

编单位书面授权并推荐出版的重要会议论文。由中国学术期刊(光盘版)电子杂志社编辑出版的国家级连续电子出版物专辑。重点收录1999年以来,中国科协系统及国家二级以上的学会、协会,高校、科研院所,政府机关举办的重要会议以及在国内召开的国际会议上发表的文献。其中,国际会议文献占全部文献的20%以上,全国性会议文献超过总量的70%,部分重点会议文献回溯至1953年。内容覆盖基础科学、工程科技、农业科技、医药卫生科技、哲学与人文科学、社会科学、信息科技、经济与管理科学,截至2010年10月,该库已收录出版国内外学术会议论文集近15 000本,累积文献总量130多万篇。

《中国重要会议论文全文数据库(CPFD)》特点:

- 根据会议论文检索的需求,提供了快速检索、标准检索、专业检索、作者发文检索、科研基金检索、句子检索、来源会议检索七种面向不同需要的检索方式;
- 基于会议论文查全查准的核心需求,提供了"三步骤"的标准检索模式,即首先输入检索控制条件,再输入检索内容条件,最后对检索结果分组筛选,使检索过程规范、标准、高效;
- 根据会议论文的特点,在168专题文献分类的基础上,又参照《国民经济行业分类与代码GBT 4754-2002》,自行编制了行业分类和党政分类,用户可以根据不同需求选择相应分类进行检索。另外,还在平台首页和检索结果页都提供了"文献检索"、"会议导航"、"论文集导航"和"主办单位导航"四个通用菜单,方便用户检索;
- 通过知网节功能,提供以节点文献为中心的知识网络,可以看到所引用参考文献的记录、被引用情况及相关文献的记录。

《中国重要会议论文全文数据库(CPFD)》分十大专辑:基础科学、工程科技Ⅰ、工程科技Ⅱ、农业科技、医药卫生科技、哲学与人文科学、社会科学Ⅰ、社会科学Ⅱ、信息科技、经济与管理科学。十大专辑下分为168个专题和近3 600个子栏目。其检索界面如图5-60所示。

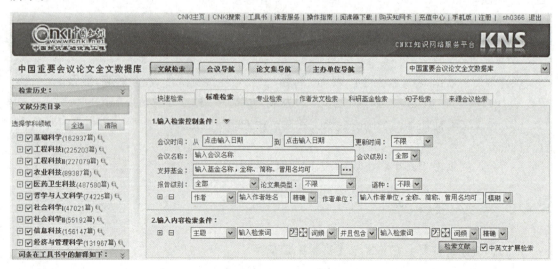

图5-60 中国重要会议论文全文数据库检索界面

(2) 检索方法

根据学术文献检索的需求,提供了快速检索、标准检索、专业检索、作者发文检索、科研基金检索、句子检索、来源会议检索 7 种面向不同需要的检索方式。

① 快速检索

快速检索界面如图 5-61 所示,用户只需要输入所要找的关键词,点击 快速检索 即可查到相关的会议文献。

图 5-61 中国重要会议论文全文数据库快速检索界面

② 标准检索

在标准检索中,将检索过程规范为三个步骤:

第一步:输入检索控制条件

输入发表时间、会议名称、会议级别、支持基金、媒体形式、作者、作者单位等检索控制条件,如图 5-62 所示。通过对检索范围的限定,便于准确控制检索的目标结果。

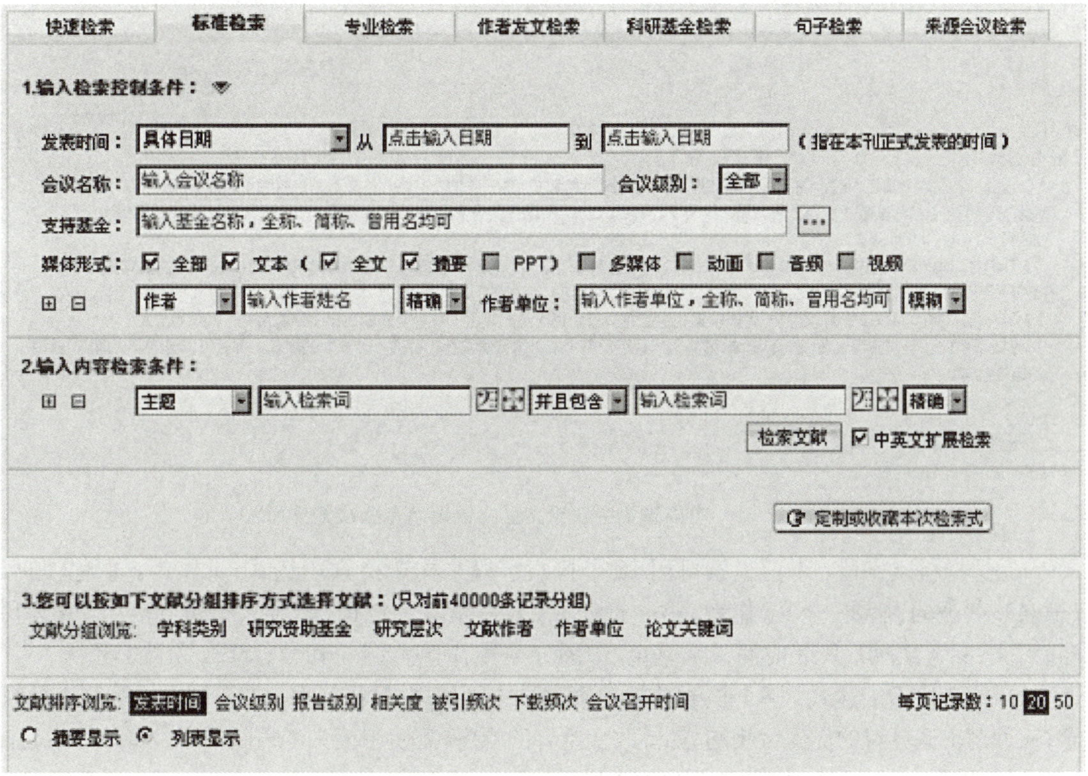

图 5-62 中国重要会议论文全文数据库标准检索界面

第二步:输入内容检索条件

检索字段包括:主题、篇名、关键词、摘要、全文、论文集名称、参考文献、中图分类号。在

下拉框中,点击所选择的检索字段,在其后的检索框中填入一个关键词;

若一个检索项需要两个关键词做控制,可选择"并且包含"、"或含"或"不含"的关系,在第二个检索框中输入另一个关键词词;

点击检索项前的 ➕ 增加逻辑检索行,添加另一个文献内容特征检索项;点击 ➖ 减少逻辑检索行;添加完所有检索项后,点击 检索文献,进行检索。如图5-63所示。

第三步:选择对检索结果分组排序的方式,具体有:学科类别、研究资助基金、研究层次、文献作者、作者单位、论文关键词,修正检索式得到最终结果。

图5-63 中国重要会议论文全文数据库标准检索界面2

③ 专业检索

专业检索就是通过使用逻辑运算符和关键词来构造检索表达式进行检索的方法。如图5-64所示。

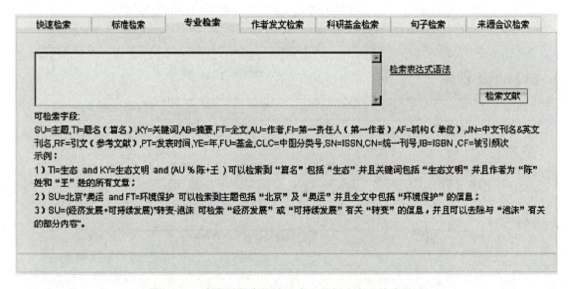

图5-64 中国重要会议论文全文数据库专业检索界面

a. 选择检索字段:专业检索可用18个检索字段来构造检索表达式,具体为:主题、题名(篇名)、关键词、摘要、全文、作者、第一责任人(第一作者)、机构(单位)、中文刊名&英文刊名、引文(参考文献)、发表时间、年、基金、中图分类号、ISSN、统一刊号、ISBN和被引频次。

b. 构造检索表达式:多个检索项的检索表达式可使用AND、OR、NOT逻辑运算符进行组合;三种逻辑运算符的优先级相同;如要改变组合的顺序,需使用英文半角圆括号()将条件括起。

c. 检索:点击 检索文献 ,进行检索。

④ 作者发文检索

作者发文检索是通过作者姓名、单位等信息,查找作者发表的全部文献及被引下载情况。通过作者发文检索不仅能找到某一作者发表的文献,还可以通过对结果的分组筛选情况全方位的了解作者主要研究领域,研究成果等情况。

检索项包括作者姓名、第一作者姓名和作者单位,可在检索框中直接输入相关名称进行检索。对于作者单位检索项,点击检索项前 ⊞ 增加逻辑检索行,点击 ⊟ 减少逻辑检索行。如图 5-65 所示。

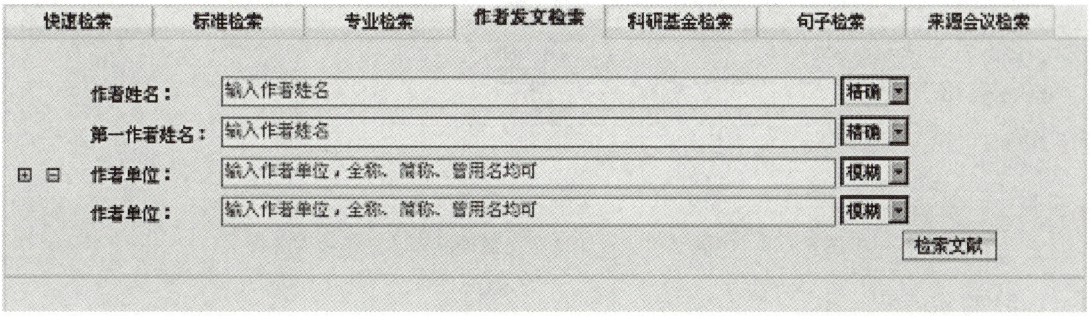

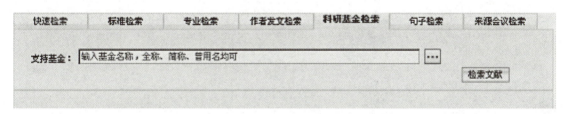

图 5-65　中国重要会议论文全文数据库作者发文检索界面

⑤ 科研基金检索

科研基金检索是通过科研基金名称,查找科研基金资助的文献。通过对检索结果的分组筛选,还可全面了解科研基金资助学科范围,科研主题领域等信息。

在检索中,可直接在检索框中输入基金名称的关键词,也可以点击检索框后的 ⋯ 按钮,选择支持基金输入检索框中。如图 5-66 所示。

图 5-66　中国重要会议论文全文数据库科研基金检索界面

⑥ 句子检索

句子检索是通过用户输入的两个关键词,查找同时包含这两个词的句子。由于句子中包含了大量的事实信息,通过检索句子可以为用户提供有关事实的问题答案。

a. 可在全文的同一段或同一句话中进行检索。同句指两个标点符号之间,同段指 5 句之内;

b. 点击 ⊞ 增加逻辑检索行,点击 ⊟ 减少逻辑检索行,在每个检索项后输入检索词,每个检索项之间可以进行三种组合:并且、或者、不包含。如图 5-67 所示。

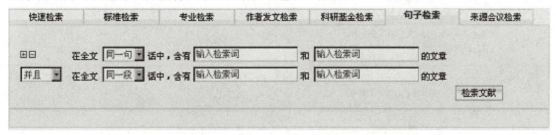

图 5-67　中国重要会议论文全文数据库句子检索界面

⑦ 来源会议检索

来源会议检索是通过输入会议时间、会议名称、会议级别和主办单位等信息，来查找包含相关信息的文献。如图5-68所示。

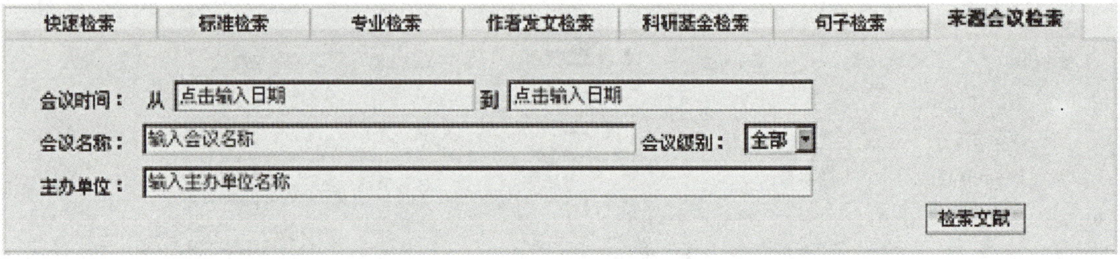

图5-68 中国重要会议论文全文数据库来源会议检索界面

(3) 检索结果

《中国重要会议论文出版总库》检索结果页面将平台检索到的结果以列表形式展示出来，并提供对检索结果进行分组分析、排序分析的方法，来准确查找文献。除了分组筛选的功能以外，还为检索结果提供了发表时间、会议级别、报告级别、相关度、被引频次、下载频次、会议召开时间等排序方式。

检索结果分组类型包括：学科类别、研究资助基金、研究层次、文献作者、作者单位、论文关键词。如图5-69所示。

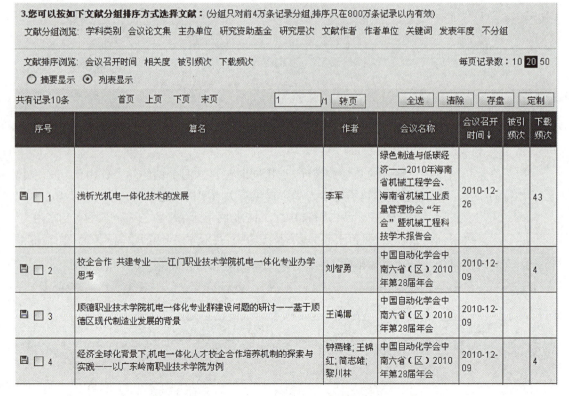

图5-69 中国重要会议论文全文数据库检索结果界面

2. NSTL 中外文会议论文数据库

国家科技图书文献中心(National Science and Technology Library,简称 NSTL)是经国务院领导批准,于 2000 年 6 月 12 日成立的一个基于网络环境的科技信息资源服务机构。中心由中国科学院文献情报中心、中国科学技术信息研究所、机械工业信息研究院、冶金工业信息标准研究院、中国化工信息中心、中国农业科学院农业信息研究所、中国医学科学院医学信息研究所、中国标准化研究院标准馆和中国计量科学研究院文献馆组成。

NSTL 中外文会议论文数据库收录由中国科技信息研究所提供的国家级学会、协会、研究会组织召开的各种学术会议论文,每年涉及 1 000 余个重要的学术会议,范围涵盖自然科学、工程技术、农林、医学等多个领域,内容包括:数据库名、文献题名、文献类型、馆藏信息、馆藏号、分类号、作者、出版地、出版单位、出版日期、会议信息、会议名称、主办单位、会议地点、会议时间、会议届次、母体文献、卷期、主题词、文摘、馆藏单位等,为用户提供最全面、详尽的会议信息,是了解国内学术会议动态、科学技术水平、进行科学研究必不可少的工具。网址是 http://www.nstl.gov.cn,NSTL 会议检索界面如图 5-70 所示。

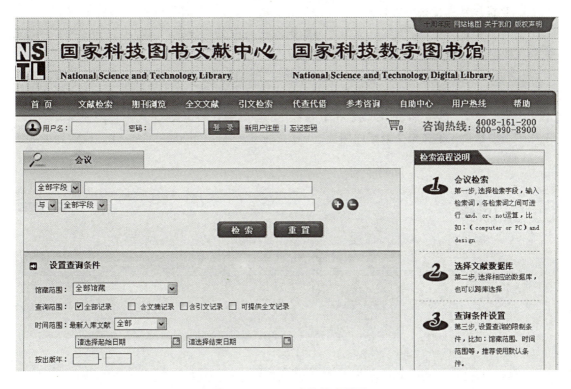

图 5-70 NSTL 会议检索界面

NSTL 的主要文献服务内容包括:文献检索、全文提供、网络版全文、目次浏览、目录查询等。非注册用户可以免费获得除全文提供以外的各项服务,注册用户同时可以获得全文提供服务。

3.《科技会议录索引》

美国《科技会议录索引》英文全称为 Index to Scientific & Technical Proceedings,简称 ISTP。它是美国科学情报研究所(Institute for Scientific Information,简称 ISI)出版的一部世界著名的综合性的科技会议文献检索工具,创刊于 1978 年。其出版形式包括印刷版期刊、光盘版及联机数据库。ISTP收录世界范围内用各种文字出版的会议文献,内容涵盖生命科学、物理、化学、农业、环境科学、临床医学、工程技术和应用科学等各个领域。ISTP收录会议文献齐全,每年报道最新出版的10 000多种会议录中逾17万篇论文,约占每年全球主要会议论文的80%~95%。ISTP的会议论文资料丰富,有会议信息(主题、日期、地点、赞助商)、论文资料(题目、作者、地址)、出版信息(出版商、地址、ISSN)。ISTP出版时间短,从ISI收到材料到索引出版,仅6~8周。在我国,ISTP与SCI、EI一起,被列为三大文献索引工具,为众多研究人员使用。

ISTP印刷版包括12期月刊和一年累计索引,每年索引4 700种会议,总计203 000篇会议论文。ISTP光盘版可一次性检索五年来的会议文献资料,每年首期包括过去四年28 000次会议960 000篇会议论文,每季更新,新增来自2 500种最近出版的53 000篇会议论文资料。

ISTP检索途径多速度快,提供分类索引、著者/编者索引、会议主办单位索引、会议地点索引、轮排主题索引、著者所在单位索引或团体著者索引。

4. 中国学术会议论文数据库

中国学术会议论文全文数据库由万方数据股份有限公司研制,是国内唯一的学术会议文献全文数据库,主要收录1998年以来国家级学会、协会、研究会组织召开的全国性学术会议论文,数据范围覆盖自然科学、工程技术、农林、医学等领域,是了解国内学术动态必不可少的帮手。中国学术会议论文全文数据库分为两个版本:中文版、英文版。其中:"中文版"所收会议论文内容是中文;"英文版"主要收录在中国召开的国际会议的论文,论文内容多为西文。

中国学术会议论文全文数据库网址:http://www.wanfangdata.com.cn。检索界面如图5-71所示。

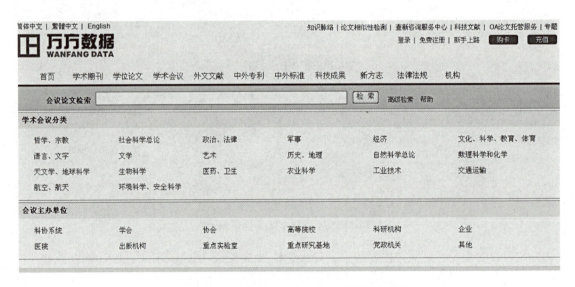

图5-71 中国学术会议论文全文数据检索界面

5. 中国学术会议在线

网址:http://www.meeting.edu.cn

"中国学术会议在线"是经教育部批准,由教育部科技发展中心主办,面向广大科技人员的科学研究与学术交流信息服务平台。该平台本着优化科研创新环境、优化创新人才培养环境的宗旨,针对当前我国学术会议资源分散、信息封闭、交流面窄的现状,通过实现学术会议资源的网络共享,为高校广大师生创造良好的学术交流环境,以利于开阔视野,拓宽学术交流渠道,促进跨学科融合,为国家培养创新型、高层次专业学术人才,创建世界一流大学作出积极贡献。

"中国学术会议在线"利用现代信息技术手段,将分阶段实施学术会议网上预报及在线服务、学术会议交互式直播/多路广播和会议资料点播三大功能。为用户提供学术会议信息预报、会议分类搜索、会议在线报名、会议论文征集、会议资料发布、会议视频点播、会议同步直播等服务。主页如图 5-72 所示。

图 5-72　中国学术会议在线主页

思考题

1. 专利有何特点?检索专利的工具有哪些?
2. 检索中外关于汽车尾气化学净化器的发明专利各 1 项,并找到获此项专利的一名中国发明人与该技术相关的同族专利。
3. 在欧洲专利法局网站上检索有关"重金属污染土壤"方面的德国专利。
4. 查找武汉工程大学申请的有关"废水处理"方面的发明专利,写出专利号、申请号、专利名称、专利说明书的页数。
5. 什么叫标准?标准文献有何特点?
6. 如何利用国际标准分类法查找外文标准文献?简述所用数据库名称及方法。
7. 简述学位论文的概念及其类型。简述一个国内学位论文数据库的使用方法。
8. 如何利用中国学位论文全文数据库中的"科研基金检索"查询基金支持的学位论文?
9. 简述 ProQuest 博、硕士论文数据库收录特点与检索方法。

10. 什么叫会议文献？会议文献有何特点？

11. 检索近3届APEC会议如开的时间、地点、会议议题和参加国等信息。

12. 检索国内外2008至2010年间关于大气污染控制的环境保护会议2个,并下载相关会议论文3篇。

第6章 信息资源的综合利用及毕业论文的写作

信息资源检索的最终目的在于文献信息的利用,信息资源作为可再生的资源已越来越受到社会的重视。随着知识经济时代的到来,信息资源数量激增并且呈现出载体多样化、网络化的趋势,如何能够有效获取资源、科学评价信息资源的质量以及正确使用所需要的信息资源,已成为每一个人应该具备的独立学习和研究的重要能力和信息素养。尤其在科技领域中,无论从研究项目的立项、研制到成果鉴定、专利的申请;从技术转让到引进新产品的开发;从一般论文写作、学位论文开题与写作到日常生活的一般性检索需求,无不需要利用信息。

6.1 信息资源的搜集、整理与分析

6.1.1 信息资源的搜集原则与方法

1. 信息资源的搜集原则

信息资源的搜集原则应根据研究课题的学科性质与其他相邻学科的关系、信息需求的目的来确定收集的深度与广度。收集信息类型主要依据研究课题的特征来确定。一般而言,基础研究侧重于利用各种著作、科技期刊、学术论文、科技报告中提供的信息,应用研究侧重于利用各种学术论文、期刊、专利、科技报告、技术标准、各种会议文献和参考工具书中提供的信息。

2. 信息资源的搜集方法

信息资源的搜集常用的方法有:

(1) 信息检索法

指利用手工检索工具和计算机检索系统,查找已公开发布的信息,这是一种省时省力并且能获得较为系统完整的信息资源的方法。通过对研究课题涉及的学科范围、主题、机构人物、文献类型、语种、地域、时代背景的分析,选择对口的检索工具或检索系统,查找与研究课题内容相关的文献信息,再通过查得的信息线索去获取原始信息。

(2) 科学实验与访问考察方法

指通过实验、访问考察获取信息资源的方法。将在实验中观察到的事物发生变化过程的细节现象、客观条件、测量的数据以及科学实验和实验时所用的仪器设备等详细记录下来;访问考察就是有目的地进行专访、座谈、实地参观或参加有关的国内外学术会议进行交流等收集

未公开发布的信息,以弥补系统检索的不足。
(3) 其他搜集方法

- 深入企业、事业单位了解实际情况;
- 召开有关人员的座谈会;
- 参加有关专业会议或现场技术交流会议;
- 参观专业展览会;
- 利用信函向有关单位或专家调查;
- 通过信息交换小组或信息网络搜集信息。

3. 信息资源搜集的注意事项

在具体搜集信息的过程中,应注意以下几点:

(1) 搜集的信息要新、准、全

应尽量从最新书刊、报纸、权威检索系统中的最新内容、政府机构中的最新文件、党政要人的最新讲话,以及国内外知名专家的最新学术报告和著作中搜集信息,这些信息内容相对新颖、准确、全面。

(2) 善于捕捉

- 要善于从大量信息中随时随地捕捉有用的素材;
- 要善于抓苗头,捕捉点滴的信息;
- 要善于从一般的信息中找出重要的信息;
- 要善于将其他学科中的科技信息移植或嫁接到本学科中;
- 要善于随时记下听到、看到的新信息、新知识;
- 要善于捕捉自己思维中瞬息即逝的思路、想法和念头,并使认识继续发展、深化、升华,发生质变和飞跃。

(3) 随记随议

对第一次接触到的新知识、新情况、新数据所产生的联想要及时归纳在搜集的信息条款下,这些联想议论会对今后全面研究问题有所启发。

(4) 记载应单元化、规范化

一篇原始文献中往往包括许多内容,为了分类保存和使用方便,摘记素材时不应以原始文献为单元,而应以内容的主题为单元进行摘记。

4. 信息搜集的形式

信息搜集可采用卡片、活页、稿纸、笔记、原文剪贴、原文复制以及摄像、录音或磁盘记录等形式。这些形式各有所长,使用中因人而异,按具体需要而定。

一般来说,从网络、检索系统中搜集到的信息可采用磁盘记录的方式下载保存,磁盘不仅容量大,而且便于加工整序,它已逐渐成为现代科技工作者、信息工作者搜集信息的一种主要方式;座谈、访问获得的信息可以采用摄像、录音等形式;阅读中的随笔、心得可以采用卡片、笔记等形式记录;报纸等载体中搜集的信息则可以原文剪贴等。

6.1.2 信息资源的整理与鉴别

1. 信息资源的整理

通过各种信息渠道搜集到的信息,还需要使用一定的方法和技巧对所收集到的信息资源加以整理,分门别类地加以归纳,使原来分散的、无序的、个别的、局部的、无系统的信息资源,变成能说明事物的过程或整体,显示其变化的轨迹或状态,论证其道理或指出其规律的系统的信息资源,形成有利于自己的信息资源库。整理信息的方法主要有以下两种:

(1) 形式整理

首先将搜集的信息按题名、编著者、信息来源出处、内容提要的顺序进行著录;其次按各条信息涉及的学科或主题进行分类,并著录分类号和主题词;第三将著录和归类后的信息,按分类或主题进行编号、整序,使之系统化、有序化。

(2) 内容整理

通读经形式整理后的信息,从信息来源、发表时间、理论技术水平及实用价值等方面进行评价鉴别,剔除实际意义不高和参考价值不大的部分。将选择出来的各条信息中涉及研究课题有关的观点(论点、论据、结论等)和图表数据提取出来,对相同的观点进行合并,相近的观点进行归纳,各种图表数据进行汇总,编好顺序供下一步分析、筛选、利用。

2. 信息资源的鉴别

对于从各种渠道收集的信息资源,必须进行科学处理,即进行鉴别、筛选以决定取舍。信息筛选主要从3个方面进行,即判断信息的可靠性、先进性及适用性。

(1) 信息的可靠性判断

信息的可靠性主要是指信息的真实性与准确性。一般从信息的内容、外部形式及外界反映等方面进行考察判断。

从信息的内容进行判断:主要看信息内容的逻辑推理是否严谨,是否有精确的实验数据为依据;内容的阐述是否清楚,是否达到一定的深度和广度;所持的观点与结论是否有充分的理论和实践作依据。对于技术文献还要看它的技术内容是否详细、具体,是处于试验探索阶段还是处于生产应用阶段。一般来说,立论科学、论据充分、数据精确、阐述完整、技术成熟的文献,可靠性较强,参考价值也较大。

从信息的外部形式进行判断:主要从文献信息的作者、出版单位、资料来源、类型等方面进行判断。一般来说,由著名专家撰写、著名出版社出版、官方或专业机构人员提供的文献可靠性较大。

从外界的反映进行判断:主要指从被引用情况判断:被别人引用的频率高者,其可信度也高;已用于指导实践的理论和已用于生产实践的技术,其可信度要比处于探索阶段的理论的可信度要高。从评论文章去判断:新理论、新技术出现一段时间以后,社会上就会出现对其各种各样的评论,凡被舆论肯定的理论和技术,可信度一般较高;文章发表时,编辑部给予肯定的评语,也可以用来判断其可靠程序。

(2) 信息的先进性判断

信息的先进性很难用简单明了的话加以概括,这是因为信息的先进性有多方面的含义。在科技信息上,先进性是指在科学技术上是否有某种创新或突破,其先进性可以从内容和形式、时间等指标进行考察。

① 从内容上看：发现新的定理或定律，研制出新的技术等信息固然新颖，但在技术发展上，这种重大的、全新的信息毕竟是少数，所以在判断先进性时，要把注意力放在"某一方面是新的"层面上，才能发现更多有价值的信息。信息内容是否在原有知识的基础上提出了新的观点、理论与事实；在原有的技术基础上提出了新的方案、新工艺、新设备、新措施；对原有技术和经验是否在新领域进行了应用，并取得了新的成就等。

② 从形式方面考察：即从资料的来源、发表的时间、有技术专长的地域、经济效益、社会反映等方面考察。通常技术先进的国家发表的、世界著名期刊相互转载的、经济效益好的、社会反映好的文献资料相对要先进一些。

③ 从时间上看：在此之前从未被披露和报道过这一内容的，则是新颖的，它是先进性的重要标志，但还需看其内容是否新颖。

(3) 信息的适用性判断

适用性是指文献信息对用户适合的程度与范围。主要从信息的内容和信息的适用范围进行考察。

① 从内容考察：主要看文献信息中介绍的理论、方法和技术，是否适合中国国情，是否适合用户需要；是适合近期需要，还是适合远期需要等。凡能适合研究需要的信息，就具有适用性。

② 从适用范围考察：主要看文献信息是否只适用于某一方面，还是适用于多个方面；是适用于特定条件的局部，还是适用于整体；是适用于少数有关人员，还是适用于较多人员；是适用于一般水平，还是适用于较高水平；是适用于科技发展较先进的地区，还是适用于比较落后的地区。

总之，对文献信息的适用性要作具体分析，应根据研究课题的目的、要求、成果应用的时间、地点、条件等进行判断。凡适合研究需要的文献，就是有参考价值的文献。

6.1.3 信息资源的分析和研究方法

信息分析，就是根据特定的课题需要，对被搜集的大量文献信息资料和其他多种有关的信息进行研究，通过分析、对比、综合、推理等逻辑思维过程和必要的数学处理，系统地提出可供用户使用的资料的一项工作。

信息分析研究是一项综合性很强的科学工作，其目的是从繁杂的原始相关信息资源中提取具有共性的、方向性或者特征性的内容，为进一步的研究或决策提供佐证和依据。用于信息分析的方法主要有逻辑学法、数学法和超逻辑想象法三大类。其中，逻辑学法是最常用的方法。逻辑学法具有定性分析、推论严密、直接性强的特点，属于这一类的常用方法有综合法和分析法。

1. 综合法

综合法是把与研究对象有关的情况、数据、素材进行归纳与综合，把事物的各个部分、各个方面和各种因素联系起来考虑，从错综复杂的现象中，探索他们之间的相互联系，以达到从整体的角度通观事物发展的全貌和全过程，获得新认识、新结论的目的。综合法可具体分为简单综合、分析综合和系统综合。

(1) 简单综合

把原理、观点、论点、方法、数据和结论等有关信息一一列举，进行综合归纳而成。

(2) 分析综合

把有关的信息在对比、分析和推理的基础上进行归纳综合，并可得出一些新的认识或结论。

(3) 系统综合

系统综合是一种范围广、纵横交错的综合方式。将获得的信息,从纵的方面综合与之有关的历史沿革、现状和发展预测,从中得到启迪,为有关决策提供借鉴;从横的方面综合与之有关的相关学科领域和相关技术,从中找出规律,博采众长,为技术创新的起点或技术革新的方案提供相关依据。

2. 分析法

分析法是将复杂的事物分解为若干简单的事物或要素,根据事物之间或事物内部的特定关系进行分析,从已知的事实中分析得到新的认识与理解,产生新的知识或结论。

分析法一般用于:总结科学技术发展中成败的经验教训;研究科学、技术、产品行业的发展趋附、途径和方法;研究科研、生产中政策管理问题;分析技术引进的适用性问题等。分析法按分析的角度不同,常用的方法有对比分析法和相关分析法。

(1) 对比分析法

对比分析法是最常用、最基本的一种信息资源定性分析方法。按对比的目的分为三种情况:

① 对同类事物不同方案、技术、用途进行对比,从对比分析中找出最佳方案、最优技术、最佳用途;

② 对同类事物不同时期技术特征进行对比,从对比分析中了解发展动向和发展趋势;

③ 对不同事物进行类比,从不同事物的类比中找出差距,取长补短。

对比分析法可以分为纵向和横向两种方法。

纵向对比法是通过同一事物在不同时期的状况,如数量、质量、性能、参数、速度、效益等特征进行对比,认识事物的过去和现在,从而分析其发展趋势。由于这是同一事物在时间上的对比,所以又称为动态比较。

横向对比法是对不同区域,如国家、地区或部门的同类事物进行对比,又称静态对比,属于同类事物在空间上的对比。横向对比可以提出区域间、部门间或同类事物间的差距,判明优劣。

通过对比分析法获得的信息结果可用文字、数字、表格或图形加以描述。

(2) 相关分析法

相关分析法就是利用事物之间或事物内部各个组成部分之间存在的某种相关关系,如事物的现象与本质、原因与结果、目标与方法和过程等相关关系,通过分析这些关系,可以从一种或几种已知事物特定的相关关系来顺次地、逐渐地预测或推知事物或获得新的结论。相关分析法的特点是由此及彼、由表及里,应用非常广泛,尤其适用于军事技术、专利及其他高难度技术和战略、战术的研究。

6.2 毕业论文写作

6.2.1 撰写毕业论文的目的及要求

毕业论文写作是高等教育的一个重要环节,是高等教育教学过程的最后阶段采用的一种总结性的实践教学环节,是大学生、研究生、博士生毕业时为申请相应学位而提交供评审用的学术论文。它体现出一个大学生的学识水平、思维能力、创新能力、科学方法的使用以及文字表达能力等的总体素质,是在教师指导下,根据所学专业的要求独立撰写的习作性的学术论文,而不是一般性的学习总结。

1. 撰写毕业论文的目的

撰写毕业论文的目的主要有两个:一是对学生的知识能力进行一次全面的考核。它集中反映了学生的基础理论和专业知识的扎实性、宽广性、系统性和深入程度,具体反映学生在本门学科中掌握知识的深度和广度,也反映了学生灵活运用基础理论解决实际问题的能力和基本实验技能。二是对学生进行科学研究基本功的训练,培养学生综合运用所学知识独立地分析问题和解决问题的能力,为以后撰写专业学术论文打下良好的基础。

撰写毕业论文的过程是训练学生独立进行科学研究的过程。通过撰写毕业论文,可以使学生了解科学研究的过程,掌握如何收集、整理和利用材料;如何观察、如何调查、作样本分析;如何利用图书馆,检索资料等方法。撰写毕业论文是学习如何进行科学研究的一个极好的机会,因为宏观世界不仅有教师的指导与传授,可以减少摸索中的一些失误,使学生少走弯路,并且由于学生直接参与和亲身体验了科学研究工作的全过程及其各环节,对学生来说是一次系统的、全面的实践机会。

撰写毕业论文的过程,也是对专业知识的学习过程,而且是更生动、更切实、更深入的对专业知识的学习过程。首先,撰写论文是结合科研课题,把学过的专业知识运用于实际,在理论和实际结合过程中进一步消化、加深和巩固所学的专业知识,并把所学的专业知识转化为分析和解决问题的能力。其次,在搜集材料、调查研究、接触实际的过程中,既可以验证学生的书本知识,又可以使学生学到许多课堂和书本里学不到的新知识。此外,学生在毕业论文的写作过程中,对所学专业的某一问题或专题作了较为深入的研究,便于培养学习的志趣,对于学生今后确定具体的专业方向大有裨益。

2. 毕业论文的基本要求

(1) 科学性

科学性是毕业论文的灵魂。具体体现在论文的立论要客观、正确;论据要可靠、充分;论证要符合逻辑,严密、有力;表述要严谨、准确。这要求作者要以科学的思想方法,实事求是的工作态度去观察问题、分析问题、解决问题,客观公允,不能人云亦云,更不能不着边际地凭空臆想,必须具备良好的科学素养,一定的理论水平和严谨的治学精神。

再次,毕业论文是否具有科学性,还取决于作者的理论基础和专业知识。写作毕业论文是在前人成就的基础上,运用前人提出的科学理论去探索新的问题。因此,必须准确地理解和掌握前人的理论,具有广博而坚实的知识基础。如果对毕业论文所涉及领域中的科学成果一无所知,那就根本不可能写出有价值的论文。

(2) 学术性

学术性是毕业论文的基本特征。毕业论文的论点和论证不能只停留在描述事物的外部现象,还须站在一定的理论高度,在立论和论证过程中尽可能触及事物内部较深的层次,深入剖析事物的内在本质提示出事物的特性。

毕业论文的学术性主要体现在以下两个方面:一是对于用实验、观察或用其他方式所得到的结果,要从一定的理论高度进行分析和总结,形成一定的科学见解,包括提出并解决一些有科学价值的问题;二是对自己提出的科学见解或问题,要用事实和理论进行严密地逻辑论证与分析说明。这需要用科学的方法去分析问题、寻找规律,把认识提高到理论的高度。因此撰写毕业论文是对大学生多年学习成果及科研能力的检验,体现了学生一定的科研水平,具有理论性、系统性和学术性和专业性。

(3) 创新性

毕业论文的创新是其价值所在。在毕业论文撰写时要注意对所研究问题采取新的分析方法,得出新的观点,所提出的问题在本专业学科领域内有一定的理论意义或实际意义,在内容上应有所发现、有所发明、有所创造,不能简单地重复前人的观点,不要大段复述已有的知识,而必须有自己的独立见解。

衡量毕业论文的创造性,可以从以下几个具体方面来考虑:

① 所提出的问题在本专业学科领域内有一定的理论意义或实际意义,并通过独立研究,提出了自己一定的认识和看法。

② 虽是别人已研究过的问题,但作者采取了新的论证角度或新的实验方法,所提出的结论在一定程度上能够给人以启发。

③ 能够以自己有力而周密的分析,澄清在某一问题上的混乱看法。虽然没有更新的见解,但能够为别人再研究这一问题提供一些必要的条件和方法。

④ 用较新的理论、较新的方法提出并在一定程度上解决了实际生产、生活中的问题,取得一定的效果,或为实际问题的解决提供新的思路和数据等。

⑤ 用相关学科的理论较好地提出并在一定程度上解决本学科中的问题。

⑥ 用新发现的材料(数据、事实、史实、观察所得等)来证明已证明过的观点。

(4) 规范性

毕业论文的目的是供审查答辩之用,所以在版式上有严格的要求,必须严格按照毕业论文的格式进行论文的写作,做到结构合理、条理清晰,要注意实验数据的确切性、图纸、图表、参考文献的引用和书写的规范性,上交的论文必须按照规定的格式打印、装订等。

6.2.2 毕业论文选题的原则

1. 毕业论文选题的重要意义

毕业论文的选题,一般是将指导老师命题与自己选题相结合。选题是论文写作的起点,也是论文成败的关键。论题选得好,选得恰当,等于完成了毕业论文写作的一半。因为,选题实际上就是确定"写什么"的问题,即确定论文的研究方向、范围、对象。如果"写什么"都不明确,"怎么写"也就无从谈起了。所以,在选择题目之前,应该查阅大量的文献信息,仔细地调查研究,尽量选择适合自己、切实可行的题目。

2. 毕业论文选题的原则

选题是毕业论文写作的起点,是指选定论文研究的范围和方向。课题的选取必须要有根据有标准,一篇好的毕业论文,应具备两个关键因素:一是课题有价值、有意义,这是写好论文的前提,如果选取一项毫无意义的研究,即使研究得再好,论文写作得再美,也是没有科学价值的;二是作者能够提出自己的独立见解,这是写好论文的基本要求。如果选取的课题虽然有意义,但作者本身并不具备研究这个课题的主观条件,提不出任何自己的见解,论文也是写不好的。

毕业论文的题材范围非常广泛,它既可以是科研项目的固定题目,也可以根据自己的研究

项目自行拟订题目。选题的前提是经过自己的研究有能力解决的问题,选题原则上应遵循以下原则:

(1) 科学性原则

① 要选亟待解决的课题。在自然科学和社会科学各个领域,总有一些尚未解决的问题,科技研究首先应该注重这些急需解决的问题;

② 选具有开创性的课题。有的课题前人没有研究过或研究不充分,还有进一步探讨的余地,是开辟新领域的研究,是科学上的新发现、新创造;

③ 选填补国内外某一个研究领域空白的课题。科学的发展是不平衡的,从学科建设上看,由于一段时期侧重于某一学科或某一方面的研究,而忽视了另外一些学科或另一方面的研究,才会出现学科上短缺或空白,选择填补科学空白的课题,也是很有价值的;

④ 选争鸣性的课题。对于这类课题,只有研究者有自己的新见解、新主张,只有本着"坚持真理,修正错误"的精神进行研究,才会在学术上取得新的突破,促进学术发展。

(2) 可行性原则

① 选题方向与专业对口。选题应在自己的专业范围内或紧密联系所学专业,因此,只有紧密结合专业选定课题,才能扬长避短,多出成果。

② 选题要考虑主、客观条件。主观条件是指研究者的知识结构、智力层次、研究能力、专业特长和兴趣爱好,要量力而行、扬长避短。客观条件是指课题研究所必需的资金设备、文献资料、研究基地、实验设备、时间以及社会上的需要和学科发展的趋势,如果资料不足、器材不足、发展趋势不明,就无法进行深入的研究。俗话说:隔行如隔山,一个人要在自己完全陌生的研究领域里做出成绩是非常困难的。

③ 选题难易、大小要适度。课题的大小是针对其论证对象的范围和规模而言。选题的难易、大小要根据研究者的知识水平、材料积累、研究能力等各方面的情况而定。就一般规律而言,选题应从易到难、从小到大。

3. 选题的步骤

选题是一个复杂的过程,一般包括选择研究课题和题目、查阅文献和调查研究、确定研究目标、拟定方案、撰写开题报告 5 个环节,如图 6-1 所示。

图 6-1 选题步骤

(1) 选择研究课题和题目

学校在毕业论文工作开始前,都会准备好可供学生选择的一批选择研究课题和题目,指导教师会向学生介绍专业、研究方向,并指导学生选定论文研究课题和题目,确定调查研究和查阅文献范围。

(2) 查阅文献和调查研究

选定了研究课题和题目之后,接下来就要开始深入进行调查研究和认真查阅文献资料,了解自己所研究课题的背景、意义、重点、难点、需要解决的问题以及研究工作所需的设备和工作条件;了解此课题国内外研究现状、最新研究进展和趋势,摸清前人的工作及达到的水平。在此基础上,经过自己的综合分析、判断和整理过程,独立写出有针对性和对深入研究有参考价值的文献综述,以此作为选题的重要依据。

(3) 确定研究目标

确定目标,是指确定毕业论文所要达到的具体目标和要达到的目的。每个学科、每个专业需要研究的课题和题目数不胜数,这时就需要确定一个研究目标,有了目标才不至于在研究的道路上"迷路"。目标过多、过大,什么都想涉猎,什么都想研究,结果往往是什么问题都不能研究透彻,自然也就写不出有价值的论文;即使目标确定,要想达到既定的目标,也不是一件轻而易举的事情,需要付出艰辛的劳动。因此,对于毕业生而言,由于时间有限,一般应选择单一的研究目标。

(4) 拟定方案

目标确定之后,就要对自己的研究有一个清晰的安排。拟定方案是实现目标的途径和方法。一般是通过周密策划、精心设计、可行性来拟定几个方案,然后对方案进行评估、比较,从中选出合理的最佳方案。

(5) 撰写开题报告

研究方案拟定后,就要开始撰写开题报告。开题报告主要内容是阐述论证过程,确定课题研究价值与方向,一般包括如下内容:① 课题研究的目的、意义和背景;② 该课题目前国内外研究现状、水平与发展趋势、相关领域前人的工作与知识空白;③ 该课题研究的理论依据;④ 该课题主要研究的内容及实现目标所采取的方案、研究方法与手段;④ 课题研究的成果形式;⑤ 主要参考文献。

6.2.3 毕业论文的写作步骤

毕业论文的写作主要分前期准备工作和毕业论文写作与答辩两个阶段。具体流程如图6-2所示。

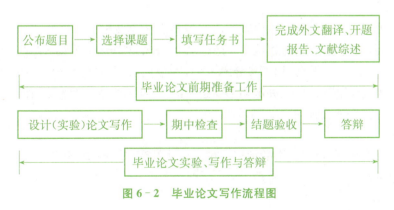

图 6-2 毕业论文写作流程图

6.2.4 毕业论文的基本格式

根据国家标准《科学技术报告、学位论文和科学论文的编写格式(GB 7713-1987)》的规定,毕业论文一般由前置、主体和附录三大部分组成。前置部分包括封面、题名、中英文摘要、关键词、目录等;主体部分包括引言、正文、结论、致谢、参考文献等;附录部分包括插图、表格等。

1. 前置部分

（1）封面

论文封面格式一般由学位授予单位统一印制，学生可根据封面的统一格式打印制作。学位论文的封面内容主要有大学的名称、论文标题、学院（系）名称、专业名称、作者姓名、指导教师姓名、论文完成时间、论文编号等。

（2）题名

题名又称标题、题目、文题，它是论文内容的高度概括，是毕业论文的中心和总纲。它的总体要求是能用准确、精练、简洁的文字揭示论文的核心内容，表明作者的写作意图，反映研究的范围、深度、水平及价值。为了更好地揭示论点，有的毕业论文也加副标题。

（3）摘要

摘要是对论文的内容不加注释和评论的简短陈述，是论文基本内容的高度概括。摘要的内容应重点包括以下几个方面：

- **目的**——研究的目的和任务，所涉及的主题范围及其在学科中的重要地位；
- **方法**——研究的主要内容及所使用的方法、理论、手段、条件、材料等；
- **结果**——研究的结果、数据，被确定的关系，得到的效果、性能等；
- **结论**——结果的分析、比较、评价、应用，提出的问题，今后的课题，启发、建议、预测等。

注意：摘要中不列举例证，不描述研究过程，不作自我评价。摘要的结构要严谨，表达要简明，语义要确切。中文摘要的字数一般为 200～300 字，外文摘要的字数一般要求控制在 250 个实词以内。

（4）关键词

关键词是为了满足文献标引或检索工作的需要而从论文中萃取出的、表示全文主题内容信息条目的单词、词组或术语，每篇论文一般选取 3～8 个词作为关键词，以显著的字符另起一行，排在摘要的左下方。关键词用逗号分隔，最后一个词后不写标点符号。如有可能，尽量选用专业主题词表提供的规范词。关键词必须是名词、名词词组或专业术语，而动词、形容词、副词和助词等都不能作为关键词。

（5）目录

目录是论文的大纲，反映论文的梗概。包括论文的章、节、附录、附件等序号、名称和页码。目录应独立成页。

2. 主体部分

（1）引言

引言又称绪言、前言、序言、绪论或文献综述，是论文的开场白，由它引出文章，所以写在正文之前。学术论文的引言往往自成一段，而学位论文的引言应作为单独的一章。引言要求能简明扼要地讲清本课题研究的背景、目的、理由、范围；简要评述前人对该问题的研究现状和存在的问题及未涉及的知识空白；提出问题，确立中心论点，包括论文的追求目标、研究范围和理论、技术方案的选取等。引言虽然很重要，但它不是论文的核心部分，因而应言简意赅，内容不宜繁琐,文字不宜过长,不要与摘要雷同,不能成为摘要的注释。引言的篇幅应视论文篇幅的大小及论文内容的多少而定,长的可达 700～800 字或 1 000 字左右,短的可不到 100 字。

(2) 正文

正文是毕业论文的主体部分,是论文的核心所在,将占据论文的主要篇幅。在正文中,应充分阐明研究的目的、原理、实验所用的材料、仪器和设备、实验的方法,具体实验的全过程及结果,对所研究的课题和获得的成果做详细表述,深刻地进行理论推导和分析,周密地进行逻辑论证,鲜明地阐明自己的思想、观点、主张和见解。总体要求是:观点明确,实事求是、理论正确、逻辑清楚、层次分明、文字流畅、数据真实、公式计算推导结果无误。一般学士学位论文要求在 1 万～2 万字左右,硕士学位论文一般要求在 2 万～3 万字左右。

虽然《科学技术报告、学位论文和科学论文的编写格式》指出:"由于研究工作涉及的学科、选题、研究方法、工作进展、结果表达方式等有很大差异,对正文内容不能作统一的规定。但是,必须实事求是,客观真切,准确完备,合乎逻辑,层次分明,简练可读",故大体可以有以下几个部分:

① 理论分析

理论分析主要阐明所从事研究课题的理论依据,并对提出的假设、原理的合理性进行简要的论证、说明。

② 实验材料和方法

主要是对材料的性质、质量、来源、材料的选取与处理等加以详细说明,以方便同行重复实验,对论文结果加以验证。

方法又称实验过程或操作步骤,主要指对实验的仪器、设备及实验条件和测试方法等事项的阐述。

③ 实验结果及分析

实验结果及其分析是论文的价值所在,是论文的关键部分。它包括给出结果并对结果进行定量或定性的分析。

结果分析应以理论为基础,以事实为依据,分析问题要切中要害,不能空泛议论,此外,对实验过程中发现的实验设计、实验方案或执行方法方面的某些不足或错误也应加以说明,以供读者借鉴。

④ 结果讨论

对结果进行讨论的目的在于阐述结果的意义,说明与前人所得结果不同的原因,根据研究结果继续阐述作者自己的见解。主要内容包括对所进行研究、试验和观察到的材料,进行归纳、概括和探讨,解决了什么问题,有何科学价值,哪些问题尚待解决,其途径是什么,前景预测。有时也可根据需要将其与"结果"一节合写。

(3) 结论

结论又称结束语,它是对论文全部观点的归纳和总结,是论文的全面概括。结论集中地反映出作者的研究成果,表达了作者对所研究课题总的观点和主张,是论文学术价值的体现,所以,结论一定要准确、完整、明确和精炼。结论主要包括三个方面的内容:一是研究结果说明了什么问题,得出了什么规律,解决了什么实际问题或理论问题;二是对前人的研究成果作了哪些补充、修改和证实,有什么创新;三是对所研究的领域还有哪些尚待解决的问题以及解决这些问题的基本思路和关键。论文结论措词要求明确、精练、完整、准确。

(4) 致谢

一个课题或技术创新,很难由一人单独完成,往往需要多方面的大力支持和帮助,在文末以简洁的文字,对课题研究和论文写作中中曾给予帮助的有关人员或单位致以谢意。

(5) 参考文献

参考文献是作者写作时所引用和参考的全部或主要的文献,是论文的科学依据,客观上体现了研究的科学性、创新性和延续性,表现了作者尊重他人研究成果而向读者提供文中引用有关资料的出处。因此,在论文中,凡是引用前人(包括作者自己过去)已发表的文献中的观点、数据和材料等,都要作为参考文献予以标明。参考文献有两类:一是论文中引用过或参考过的文献;二是论文著者向读者推荐可供参考的重要文献。参考文献应按国家标准局颁布的 GB/T 7714－2006《文后参考文献著录规则》格式著录,所列参考文献必须按其在正文中出现的先后次序,列于正文之后。

几种主要参考文献著录的格式如下,文献类型和标志代码见表6－1,电子文献和标志代码见表6－2。

① 图书

[序号]著者. 书名[文献类型标识]. 出版地:出版社,出版年:起止页码.

【实例1】

[1] 葛家澍,林志军. 现代西方财务会计理论[M]. 厦门:厦门大学出版社,2001:42.

[2] Gill, R. Mastering English Literature [M]. London: Macmillan, 1985: 42-45.

② 期刊文献

[序号]作者. 篇名[J]. 刊名,出版年份,卷号(期号):起止页码.

【实例2】

[3] 王海粟. 浅议会计信息披露模式[J]. 财政研究,2004(11):56-58.

[4] 夏鲁惠. 高等学校毕业论文教学情况调研报告[J]. 高等理科教育,2004(1):46-52.

[5] Heider, E. R. & D. C. Oliver. The structure of color space in naming and memory of two languages [J]. Foreign Language Teaching and Research, 1999, (3): 62-67.

③ 报纸

[序号]作者. 篇名[N]. 报纸名,出版日期(版次).

【实例3】

[6] 李大伦. 经济全球化的重要性[N]. 光明日报,1998-12-27(3).

[7] French, W. Between Silences: A Voice from China[N]. Atlantic Weekly, 1987-8-15(33).

④ 专利

[序号]专利申请者. 专利题名[P]. 专利国别:专利号. 出版日期

【实例4】

[8] 姜锡洲. 一种温热外敷药制备方法[P]. 中国专利：CN881056073,1989-07-26

[9] 浙江大学. 带收音机的照相机[P]. 中国专利：CN2209801Y,1995-10-26

⑤ 论文集

[序号] 作者. 篇名[C]//主编. 论文集名. 出版地：出版者,出版年份：起始页码.

【实例5】

[10] 孙品一. 高校学报编辑工作现代化特征[C]. 中国高等学校自然科学学报研究会. 科技编辑学论文集(2). 北京：北京师范大学出版社,1998：10-22

⑥ 学位论文

[序号] 作者. 篇名[D]. 出版地：保存地：保存单位,出版年份：起始页码.

【实例6】

[11] 张筑生. 微分半动力系统的不变集[D]. 北京：北京大学数学系数学研究所,1983：1-7.

⑦ 研究报告

[序号] 作者. 篇名[R]. 出版地：出版者,出版年份：起始页码.

【实例7】

[12] 冯西桥. 核反应堆压力管道与压力容器的LBB分析[R]. 北京：清华大学核能技术设计研究院,1997：9-10.

⑧ 标准文献

[序号] 标准代号,标准名称[S]. 出版地：出版者,出版年

【实例8】

[13] GB/T16159-1996,汉语拼音正词法基本规则[S]. 北京：中国标准出版社,1996

⑨ 电子文献

[序号] 主要责任者. 电子文献题名[电子文献及载体类型标识]. 电子文献的出处或可获得的地址,发表或更新日期/引用日期(任选)

【实例9】

[14] 王明亮. 关于中国学术期刊标准化数据库系统工程的进展[EB/OL]. http://www.cajcd.edu.cn/pub/wml.txt/980810.html,1998-08-16/1998-10-04

表 6-1

文献类型	图书	期刊	报纸	专利	论文集	学位论文	报告	标准	数据库	计算机程序	电子公告
标志代码	M	J	N	P	C	D	R	S	DB	CP	EB

表 6-2

载体类型	磁带(magnetic tap)	磁盘(disk)	光盘(CD-ROM)	联机网络(online)
标志代码	MT	DK	CD	OL

3. 附录部分

附录也是论文内容的组成部分,一般是列在参考文献之后,用于对正文的补充。附录包括论文中不宜收录的研究资料、数据图表、计算实例、公式推导、计算框图及译名对照表等。附录不是必需的,可视具体情况而定。附录的编号分别为:附录 A,附录 B,附录 B1,附录 B1.1,……附录中的图、表、公式及参考文献等与正文中的分开,用阿拉伯数字另行编号,但在数字前要冠以附录序号。如附录 A 中有图、表的话,用附录图 A1,附录表 A1 等表示。

详见本书附录 C《科学技术报告、学位论文和学术论文的编写格式》。

思考题

1. 结合所学专业,按本章所讲的选题方法,选择一个自己感兴趣的课题。

2. 针对自选课题,利用以下 3 种信息检索方法,检索课题相关文献资料。

（1）利用印刷型检索工具查找本课题相关文献。请注明:检索工具名称及年份、检索途径、检索结果,并对其进行著录说明,提供索取原文的方法。

（2）选择合适的数据库查找本课题相关文献。请注明:所选数据库名称;检索途径及检索式或检索词;摘录检索结果(题录或文摘);全文获取方式。

（3）利用搜索引擎查找本课题相关文献。请注明:搜索引擎名称及网址、检索过程;摘录检索结果。

3. 对上述检索信息进行整理,撰写文献检索综述报告,字数不限。

附录 A　中国图书馆图书分类法（简表）

A　马克思主义、列宁主义、毛泽东思想、邓小平理论

　　A1　马克思、恩格斯著作
　　A11　选集、文集
　　A12　单行著作
　　A13　书信集、日记、函电、谈话
　　A14　诗词
　　A15　手迹
　　A16　专题汇编
　　A18　语录
　　A2　列宁著作
　　A3　斯大林著作
　　A4　毛泽东著作
　　A49　邓小平著作
　　A5　马克思、恩格斯、列宁、斯大林、毛泽东、邓小平著作汇编
　　A7　马克思、恩格斯、列宁、斯大林、毛泽东、邓小平生平和传记
　　A8　马克思主义、列宁主义、毛泽东思想、邓小平理论的学习和研究

B　哲学、宗教

　　B0　哲学理论
　　B1　世界哲学
　　B2　中国哲学
　　B3　亚洲哲学
　　B4　非洲哲学
　　B5　欧洲哲学
　　B6　大洋洲哲学
　　B7　美洲哲学
　　B80　思维科学
　　B81　逻辑学（论理学）

B82 伦理学(道德哲学)

B83 美学

B84 心理学

B9 宗教

C 社会科学总论

C0 社会科学理论与方法论

C1 社会科学现状及发展

C2 社会科学机构、团体、会议

C3 社会科学研究方法

C4 社会科学教育与普及

C5 社会科学丛书、文集、连续性出版物

C6 社会科学参考工具书

[C7] 社会科学文献检索工具书

C8 统计学

C91 社会学

C92 人口学

C93 管理学

[C94] 系统科学

C95 民族学

C96 人才学

C97 劳动科学

D 政治、法律

D0 政治理论

D1 国际共产主义运动

D2 中国共产党

D33/37 各国共产党

D4 工人、农民、青年、妇女运动与组织

D5 世界政治

D6 中国政治

D73/77 各国政治

D8 外交、国际关系

D9 法律

D90 法的理论(法学)

D91 法学各部门

D92 中国法律

D93/97 各国法律

D99 国际法

E 军事

E0　军事理论
E1　世界军事
E2　中国军事
E3/7　各国军事
E8　战略学、战役学、战术学
E9　军事技术
E99　军事地形学、军事地理学

F 经济

F0　经济学
F0-0　马克思主义政治经济学(总论)
F01　经济学基本问题
F02　前资本主义社会生产方式
F03　资本主义社会生产方式
F04　社会主义社会生产方式
F05　共产主义社会生产方式
F06　经济学分支科学
F08　各科经济学
F09　经济思想史
F1　世界各国经济概况、经济史、经济地理
F11　世界经济、国际经济关系
F12　中国经济
F13/17　各国经济
F2　经济计划与管理
F20　国民经济管理
F21　经济计划
F22　经济计算、经济数学方法
F23　会计
F239　审计
F24　劳动经济
F25　物质经济
F27　企业经济
F28　基本建设经济
F29　城市与市政经济
F3　农业经济
F4　工业经济
F49　信息产业经济(总论)
F5　交通运输经济
F59　旅游经济

F6　邮电经济
F7　贸易经济
　　F71　国内贸易经济
　　F72　中国国内贸易经济
　　F73　世界各国国内贸易经济
　　F74　世界贸易
　　F75　各国对外贸易
　　F76　商品学
F8　财政、金融
　　F81　财政、国家财政
　　F82　货币
　　F83　金融、银行
　　F84　保险

G　文化、科学、教育、体育

G0　文化理论
G1　世界各国文化与文化事业
G2　信息与知识传播
G3　科学、科学研究
G4　教育
　　G64　高等教育
G8　体育

H　语言、文字

H0　语言学
H1　汉语
　　H11　语音
　　H12　文字学
　　H13　语义、词汇、词义(训诂学)
　　H14　语法
　　H15　写作、修辞
　　H159　翻译
　　H16　字书、字典、词典
　　H17　方言
　　H19　汉语教学
H2　中国少数民族语言
H3　常用外国语
　　H31　英语
　　H32　法语
　　H33　德语
　　H34　西班牙语

H35　俄语
H36　日语
H37　阿拉伯语
H4　汉藏语系
H5　阿尔泰语系(突厥-蒙古-通古斯语系)
H61　南亚语系(澳斯特罗-亚细亚语系)
H62　南印语系(达罗毗荼语系、德拉维达语系)
H63　南岛语系(马来亚-波利尼西亚语系)
H64　东北亚诸语言
H65　高加索语系(伊比利亚-高加索语系)
H66　乌拉尔语系(芬兰-乌戈尔语系)
H67　闪-含语系(阿非罗-亚细亚语系)
H7　印欧语系
H81　非洲诸语言
H83　美洲诸语言
H84　大洋洲诸语言
H9　国际辅助语

I　文学

I0　文学理论
I1　世界文学
I2　中国文学
I200　方针政策及其阐述
I206　文学评论和研究
I207　各体文学评论和研究
I209　文学史、文学思想史
I21　作品集
I22　诗歌、韵文
I23　戏剧文学
I239　曲艺
I24　小说
I25　报告文学
I26　散文
I269　杂著
I27　民间文学
I28　儿童文学
I29　少数民族文学
I299　宗教文学
I3/7　各国文学

J　艺术

J0　艺术理论

J1　世界各国艺术概况
J2　绘画
J29　书法、篆刻
J3　雕塑
J4　摄影艺术
J5　工艺美术
[J59]　建筑艺术
J6　音乐
J7　舞蹈
J8　戏剧艺术
J9　电影、电视艺术

K　历史、地理

K0　史学理论
K1　世界史
K2　中国史
K3　亚洲史
K4　非洲史
K5　欧洲史
K6　大洋洲史
K7　美洲史
K81　传记
K85　文物考古
K89　风俗习惯
K9　地理
K90　地理学
K91　世界地理
K92　中国地理
K93/97　各国地理
K99　地图

N　自然科学总论

N0　自然科学理论与方法论
N1　自然科学现状及发展
N2　自然科学机构、团体、会议
N3　自然科学研究方法
N4　自然科学教育与普及
N5　自然科学丛书、文集、连续性出版物
N6　自然科学参考工具书
[N7]　自然科学文献检索工具
N8　自然科学调查、考察

N91 自然科学研究、自然历史
N93 非线性科学
N94 系统科学
N941 系统学、现代系统理论
N945 系统工程
N949 系统科学在各方面的应用
[N99] 情报学、情报工作

O 数理科学和化学

O1 数学
O1-0 数学理论
O1-8 计算工具
O11 古典数学
O119 中国数学
O12 初等数学
O13 高等数学
O14 数理逻辑、数学基础
O15 代数、数论、组合理论
O17 数学分析
O18 几何、拓扑
O19 动力系统理论
O21 概率论与数理统计
O22 运筹学
O23 控制论、信息论(数学理论)
O24 计算数学
O29 应用数学
O3 力学
O31 理论力学(一般力学)
O32 振动理论
O33 连续介质力学(变形体力学)
O34 固体力学
O35 流体力学
O369 物理力学
O37 流变学
O38 爆炸力学
O39 应用力学
O4 物理学
O41 理论物理学
O42 声学
O43 光学
O44 电磁学、电动力学
O45 无线电物理学

O46　真空电子学(电子物理学)
O469　凝聚态物理学
O47　半导体物理学
O48　固体物理学
O51　低温物理学
O52　高压与高温物理学
O53　等离子体物理学
O55　热学与物质分子运动论
O56　分子物理学、原子物理学
O57　原子核物理学、高能物理学
O59　应用物理学
O6　化学
O61　无机化学
O62　有机化学
O63　高分子化学(高聚物)
O64　物理化学(理论化学)、化学物理学
O65　分析化学
O69　应用化学
O7　晶体学
071　几何晶体学
O72　X射线晶体学
O73　晶体物理
O74　晶体化学
O75　非晶态和类晶态
O76　晶体结构
O77　晶体缺陷
O78　晶体生长
O79　晶体物理化学过程
O799　应用晶体学

P　天文学、地球科学

P1　天文学
P2　测绘学
P3　地球物理学
P31　大地(岩石界)物理学
P33　水文科学(水界物理学)
P35　空间物理
P4　大气科学(气象学)
P5　地质学
P51　动力地质学
P52　古生物学
P53　历史地质学、地层学

P54　　构造地质学

P55　　地质力学

P56　　区域地质学

P57　　矿物学

P58　　岩石学

P59　　地球化学

P61　　矿床学

P62　　地质、矿产普查与勘探

P64　　水文地质学与工程地质学

[P65]　地震地质学

[P66]　环境地质学

[P67]　海洋地质学

P68　　宇宙地质学

P691　行星地质学

P692　灾害地质学

P7　　海洋学

P71　　海洋调查与观测

P72　　区域海洋学

P73　　海洋基础科学

P74　　海洋资源与开发

P75　　海洋工程

[P76]　海洋环境科学

[P77]　潜水医学

[P79]　军事海洋学

P9　　自然地理学

P90　　一般理论与方法

P91　　数理地理学

[P92]　古地理学

P93　　部门自然地理学

P94　　区域自然地理学

[P951]　环境地理学

[P954]　灾害地理学

P96　　自然资源学

[P97]　地理探险与发现

P98　　自然地理图

Q　生物科学

Q1　　普通生物学

Q2　　细胞生物学

Q3　　遗传学

Q4　　生理学

Q5　　生物化学

Q6 生物物理学
Q7 分子生物学
Q81 生物工程学（生物技术）
［Q89］ 环境生物学
Q91 古生物学
Q93 微生物学
Q94 植物学
Q95 动物学
Q96 昆虫学
Q98 人类学

R 医药、卫生

R1 预防医学、卫生学
R2 中国医学
R3 基础医学
R4 临床医学
R5 内科学
R6 外科学
R71 妇产科学
R72 儿科学
R73 肿瘤学
R74 神经病学与精神病学
R75 皮肤病学与性病学
R76 耳鼻咽喉科学
R77 眼科学
R78 口腔科学
R79 外国民族医学
R8 特种医学
R9 药学

S 农业科学

S1 农业基础科学
S2 农业工程
S3 农学（农艺学）
S4 植物保护
S5 农作物
S6 园艺
S7 林业
S8 畜牧、动物医学、狩猎、蚕、蜂
S9 水产、渔业

T 工业技术

TB 一般工业技术
TB1　工程基础科学
TB2　工程设计与测绘
TB3　工程材料学
TB4　工业通用技术与设备
TB5　声学工程
TB6　制冷工程
TB7　真空技术
TB8　摄影技术
TB9　计量学

TD 矿业工程
TD1　矿山地质与测量
TD2　矿山设计与建设
TD3　矿山压力与支护
TD4　矿山机械
TD5　矿山运输与设备
TD6　矿山电工
TD7　矿山安全与劳动保护
TD8　矿山开采
TD9　选矿
TD98　矿产资源的综合利用

TE 石油、天然气工业
TE0　能源与节能
TE1　石油、天然气地质与勘探
TE2　钻井工程
TE3　油气田开发与开采
TE4　油气田建设工程
TE5　海上油气田勘探与开发
TE6　石油、天然气加工工业
TE8　石油、天然气储存与运输
TE9　石油机械设备与自动化
[TE99]　石油、天然气工业环境保护与综合利用

TF 冶金工业
TF0　一般性问题
TF1　冶金技术
TF3　冶金机械、冶金生产自动化
TF4　钢铁冶金（黑色金属冶炼）（总论）
TF5　炼铁
TF6　铁合金冶炼
TF7　炼钢

TF79　其他黑色金属冶炼
TF8　有色金属冶炼

TG　金属学与金属工艺

TG1　金属学与热处理
TG2　铸造
TG3　金属压力加工
TG4　焊接、金属切割及金属粘接
TG5　金属切削加工及机床
TG7　刀具、磨料、磨具、夹具、模具和手工具
TG8　公差与技术测量及机械量仪
TG9　钳工工艺与装配工艺

TH　机械、仪表工业

TH11　机械学(机械设计基础理论)
TH12　机械设计、计算与制图
TH13　机械零件及传动装置
TH14　机械制造用材料
TH16　机械制造工艺
TH17　机械运行与维修
TH18　机械工厂(车间)
TH2　起重机械与运输机械
TH3　泵
TH4　气体压缩与输送机械
TH6　专用机械与设备
TH7　仪器、仪表

TJ　武器工业

TK　能源与动力工业

TL　原子能技术

TM　电工技术

TM0　一般性问题
TM1　电工基础理论
TM2　电工材料
TM3　电机
TM4　变压器、变流器及电抗器
TM5　电器
TM6　发电、发电厂
TM7　输配电工程、电力网及电力系统
TM8　高电压技术
TM91　独立电源技术(直接发电)
TM92　电气化、电能应用
TM93　电气测量技术及仪器

TN　无线电电子学、电信技术

TN0　一般性问题
TN1　真空电子技术

TN2	光电子技术、激光技术
TN3	半导体技术
TN4	微电子技学、集成电路(IC)
TN6	电子元件、组件
TN7	基本电子电路
TN8	无线电设备、电信设备
TN91	通信
TN92	无线通信
TN93	广播
TN94	电视
TN95	雷达
TN96	无线电导航
TN97	电子对抗(干扰及抗干扰)
[TN98]	无线电、电信测量技术及仪器
TN99	无线电电子学的应用

TP 自动化技术、计算机技术

TP1	自动化基础理论
TP2	自动化技术及设备
TP3	计算技术、计算机技术
TP30	一般性问题
TP31	计算机软件
TP311	程序设计、软件工程
TP312	程序语言、算法语言
TP313	汇编程序
TP314	编译程序、解释程序
TP315	管理程序、管理系统
TP316	操作系统
TP317	程序包(应用软件)
TP319	专用应用软件
TP32	一般计算器和计算机
TP33	电子数字计算机
TP34	电子模拟计算机
TP35	混合电子计算机
TP36	微型计算机
TP37	多媒体技术与多媒体计算机
TP38	其他计算机
TP39	计算机的应用
TP391	信息处理
TP392	各种专用数据库
TP393	计算机网络
TP399	在其他方面的应用
TP6	射流技术(流控技术)
TP7	遥感技术
TP8	远动技术

TQ 化学工业
TS 轻工业、手工业
TU 建筑科学
TU1 建筑基础科学
TU19 建筑勘测
TU2 建筑设计
TU3 建筑结构
TU4 土力学、地基基础工程
TU5 建筑材料
TU6 建筑施工机械和设备
TU7 建筑施工
TU8 房屋建筑设备
TU9 地下建筑
TU97 高层建筑
TU98 区域规划、城乡规划
TU99 市政工程
TV 水利工程

U 交通运输

U1 综合运输
U2 铁路运输
U4 公路运输
U6 水路运输
[U8] 航空运输

V 航空、航天

V1 航空、航天技术的研究与探索
V2 航空
V4 航天(宇宙航行)
[V7] 航空、航天医学

X 环境科学、安全科学

X1 环境科学基础理论
X2 社会与环境
X3 环境保护管理
X4 灾害及其防治
X5 环境污染及其防治
X7 废物处理与综合利用
X8 环境质量评价与环境监测

X9　安全科学

Z　综合性图书

Z1　丛书
Z2　百科全书、类书
Z3　辞典
Z4　论文集、全集、选集、杂著
Z5　年鉴、年刊
Z6　期刊、连续性出版物
Z8　图书目录、文摘、索引

附录 B 常用网络学术资源网址

综合

中国知网 CNKI(http://www.edu.cnki.net)
万方数据资源系统(http://g.wanfangdata.com.cn/Default.aspx)
维普资讯网(http://www.cqvip.com)
中国高等教育文献保障系统 CALIS(http://www.calis.edu.cn/calisnew)
国家科技图书文献中心(http://www.nstl.gov.cn)
中国科学院国家科学图书馆(http://www.las.ac.cn/index.jsp)
中国人民大学复印报刊资料数据库(http://www.zlzx.org)
北京文献服务处全文数据库(http://www.cetin.net.cn)
中国科技论文在线(http://www.paper.edu.cn)
中国预印本服务系统(http://prep.istic.ac.cn/eprint/index.jsp)
ISI Web of Knowledge(http://www.isiknowledge.com)
Engineering Village2(http://www.engineeringvillage2.org.cn)
OCLC Firstsearch(http://firstsearch.oclc.org)
ProQuest 数据库平台(http://proquest.umi.com/pqdweb)
SciFinder(http://scifinder.cas.org)
Science Direct 系统(http://www.sciencedirect.com)
EBSCOhost 系统(http://search.ebscohost.com)
Dialog 联机检索系统(http://www.dialog.com)
剑桥科学文摘(http://www.csa.com)
Google 学术搜索(http://scholar.google.cn)
读秀学术搜索(http://edu.duxiu.com)

数据事实

Gale 集团(http://gale.cengage.com)
LexisNexis 参考资料数据库(http://www.lexisnexis.com.cn)
DIALOG 商情数据库(http://www.dialogweb.com)
中国经济信息网(http://www.cei.gov.cn)
中国科学院科学数据库系统(http://www.csdb.cn)

中国资讯行(http://www.infobank.cn)
Dictionary.com(http://dictionary.reference.com)
Allwords.com(http://www.allwords.com)
The Oxford English Dictionary(http://www.oed.com)
Longman Dictionary of Contemporary English(http://www.Idoceonline.com)
中国辞书(http://www.chinalanguage.com)
中文字典网(http://www.zhongwen.com/zi.htm)
CNKI翻译助手(http://dict.cnki.net)
万方汉英英汉双语科技词典(http://libwf.gdut.edu.cn/kjxx/yhcb.htm)
网络缩略语服务(http://www.chemie.fu-berlin.de/cgi-bin/acronym)
Encyclopedia.com(http://www.encyclopedia.com)
McGraw-Hill/Access Science(http://www.accessscience.com)
在线中国大百科全书(http://www.cndbk.com.cn)
互动百科(http://www.hudong.com)
World Book Encyclopedia(http://www.worldbookonline.com)
The Canadian Encyclopedia(http://www.thecanadianencyclopedia.com)
Online Encyclopedia(http://www.informationsphere.com)
World Encyclopedia(http://www.countryreports.org)
中文百科在线(http://www.zwbk.org)
百度百科(http://baike.baidu.com)
知识词典(http://www.eqie.com)
中华人民共和国国家统计局网站(http://www.stats.gov.cn)
CNKI中国知网(http://www.cnki.net)
中国年鉴网(http://www.yearbook.cn)
国际名人网(http://www.8999.net/gm)
雅虎People Search(http://people.yahoo.com)
世界大学索引(http://www.oxford.com.tw/roadofstudy/worlduniversity.htm)
College and University Rankings(http://www.library.uiuc.edu/edx/rankings.htm)
加拿大高校名录(http://oraweb.aucc.ca)

电子图书

方正Apabib电子图书(http://ebook.lib.apabi.com)
书生之家数字图书馆(http://edu.21dmedia.com)
超星数字图书馆(http://www.ssreader.com)
中国数字图书馆(http://www.d-library.com.cn)
高等教育出版社(http://www.hep.edu.cn)
新华书店(http://www.xinhuabookstore.com)
当当网上书店(http://book.dangdang.com)
亚马逊网上书店(http://www.amazon.com)
国学网站(http://www.guoxue.com)

学科信息门户

物理数学学科信息门户(http://phymath.csdl.cn)

中国科学院国家科学数字图书馆(http://www.csdl.ac.cn)
中国科学院高能物理研究所(http://www.ihep.ac.cn)
中国汽车信息网(http://www.autoinfo.gov.cn/autoinfo_cn/index.htm)
中国制造业信息化门户(http://www.e-works.net.cn)

学会/协会

中国地球物理学会(http://www.cgs.org.cn)
中国计算机学会(http://www.ccf.org.cn)
中国仪器仪表学会(http://www.cis.org.cn)
中国力学学会(http://www.cstam.org.cn)
中国核学会(http://www.ns.org.cn)
中国物理学会(http://www.cps-net.org.cn)
中国数学学会(http://www.cms.org.cn)
美国计算机学会(http://portal.acm.org/portal.cfm)
美国物理研究所(http://www.aip.org)
美国物理学会(http://aps.org)
美国机械工程师协会(http://www.asme.org)
美国航天工业协会(http://www.aia-aerospace.org)
美国电子电气工程师学会(http://www.ieeee.org/web/services/mps)
美国机动车工程师协会(http://www.sae.org/servlets/index)
美国光学工程师协会(http://spie.org)
美国焊接学会(http://www.aws.org)
英国工程技术学会(http://www.theiet.org)
英国测量与控制学会(http://www.instmc.org)

会议信息

中国会议网(http://www.meeting163.com)
中国学术会议在线(http://www.meeting.edu.cn)
CNKI中国学术会议网(http://conf.cnki.net)
香山科学会议(http://www.xssc.ac.cn)
美国会议论文索引数据库(http://www.csa.com)
AllConferences.Com(http://www.allconferences.com)
Conference Alerts(http://www.conferencealerts.com)
ECI(http://www.engconfintl.org)

学位论文

万方数据资源系统中国学位论文数据库(http://c.wanfangdata.com.cn/thesis.aspx)
CNKI中国博士学位论文全文数据库
(http://acad.cnki.net/kns55/brief/result.aspx?dbPrefix=CDFD)
CNKI中国优秀硕士学位论文全文数据库

(http://acad.cnki.net/kns55/brief/result.aspx?dbPrefix=CMFD)
国家科技图书文献中心的中外文学位论文库(http://www.nstl.gov.cn/index.html)
中国香港大学学位论文在线查询系统(http://www.nstl.gov.cn/index.html)
CALIS 高校学位论文库(http://etd.calis.edu.cn/ipvalidator.do)
PQDT(http://proquest.umi.com/pqdweb)

专利信息

中华人民共和国国家知识产权局(http://www.cpo.cn.net)
中国知识产权网(http://www.cnipr.com)
中国发明专利技术信息网(http://www.lst.com.cn)
中国专利信息中心(http://www.cnpat.com.cn)
中国专利网(http://www.cnpatent.com)
中华专利网(http://www.cnpat.org)
中国专利技术网(http://www.zlfm.com)
美国专利数据库(http://palft.uspto.gov)
esp@cenet 检索系统(http://ep.espacenet.com)
世界知识产权组织 IPDL(http://www.wipo.int/portal/index.html.en)
Derwent Innovations Index(http://www.pencils.co.uk)
加拿大 CIPO 数据库(http://patents.ic.gc.ca)

科技报告

中国航天科技信息网文献数据库(http://www.space.cetin.net.cn)
国研网的研究报告数据库(http://www.drcnet.com.cn/)
国家科技成果网(http://www.tech110.net)
国家科技图书文献中心(http://www.nstl.gov.cn)
美国政府科技报告 NTIS 数据库(http://www.ntis.gov)
NASA 技术报告服务(http://ntrs.nasa.gov/search.jsp)
NASA 航天科技报告(http://www.sti.nasa.gov)
美国能源部信息通道(http://www.osti.gov/bridge)

标准

国家科技图书文献中心标准数据库(http://www.nstl.gov.cn/index.html)
中国标准服务网(CSSN)(http://www.cssn.net.cn)
中国标准咨询网(http://www.chinastandard.com.cn)
标准网(http://www.standardcn.com)
国家标准化管理委员会(http://www.sac.gov.cn)
中国国家标准咨询服务网(http://www.chinagb.org)
中国标准网(http://www.standard.net.cn)
中国标准化研究院(http://www.cnis.gov.cn)
中国环境标准网(http://www.es.org.cn)

国际标准化组织(ISO)(http://www.iso.org)
国际电工委员会(IEC)(http://www.iec.ch)
国际电联 ITU(http://www.itu.int)
Open Standard(http://www.open-std.org)
全球标准化资料库(http://www.nssn.org)
美国国家标准化学会(http://www.ansi.org)
全球标准化资料库(http://www.nssn.org)
英国标准学会(http://www.bsi-golbal.com)
日本工业标准调查会(http://www.jisc.go.jp)
加拿大标准协会(CSA)(http://www.csa-international.org)

附录C 科学技术报告、学位论文和学术论文的编写格式 GB 7713-87

1 引言

1.1 制订本标准的目的是为了统一科学技术报告、学位论文和学术论文(以下简称报告、论文)的撰写和编辑的格式,便利信息系统的收集、存储、处理、加工、检索、利用、交流、传播。

1.2 本标准适用于报告、论文的编写格式,包括形式构成和题录著录,及其撰写、编辑、印刷、出版等。

本标准所指报告、论文可以是手稿,包括手抄本和打字本及其复制品;也可以是印刷本,包括发表在期刊或会议录上的论文及其预印本、抽印本和变异本;作为书中一部分或独立成书的专著;缩微复制品和其他形式。

1.3 本标准全部或部分适用于其他科技文件,如年报、便览、备忘录等,也适用于技术档案。

2 定义

2.1 科学技术报告

科学技术报告是描述一项科学技术研究的结果或进展或一项技术研制试验和评价的结果;或是论述某项科学技术问题的现状和发展的文件。

科学技术报告是为了呈送科学技术工作主管机构或科学基金会等组织或主持研究的人等。科学技术报告中一般应该提供系统的或按工作进程的充分信息,可以包括正反两方面的结果和经验,以便有关人员和读者判断和评价,以及对报告中的结论和建议提出修正意见。

2.2 学位论文

学位论文是表明作者从事科学研究取得创造性的结果或有了新的见解,并以此为内容撰写而成、作为提出申请授予相应的学位时评审用的学术论文。

学士论文应能表明作者确已较好地掌握了本门学科的基础理论、专门知识和基本技能,并具有从事科学研究工作或担负专门技术工作的初步能力。

硕士论文应能表明作者确已在本门学科上掌握了坚实的基础理论和系统的专门知识,并对所研究课题有新的见解,有从事科学研究工作或独立担负专门技术工作的能力。

博士论文应能表明作者确已在本门学科上掌握了坚实宽广的基础理论和系统深入的专门知识,并具有独立从事科学研究工作的能力,在科学或专门技术上做出了创造性的成果。

2.3 学术论文

学术论文是某一学术课题在实验性、理论性或观测性上具有新的科学研究成果或创新见解和知识的科学记录；或是某种已知原理应用于实际中取得新进展的科学总结，用以提供学术会议上宣读、交流或讨论；或在学术刊物上发表；或作其他用途的书面文件。

学术论文应提供新的科技信息，其内容应有所发现、有所发明、有所创造、有所前进，而不是重复、模仿、抄袭前人的工作。

3 编写要求

报告、论文的中文稿必须用白色稿纸单面缮写或打字；外文稿必须用打字。可以用不褪色的复制本。

报告、论文宜用 A4(210 mm×297 mm)标准大小的白纸，应便于阅读、复制和拍摄缩微制品。报告、论文在书写、扫描或印刷时，要求纸的四周留足空白边缘，以便装订、复制和读者批注。每一面的上方(天头)和左侧(订口)应分别留边 25 mm 以上，下方(地脚)和右侧(切口)应分别留边 20 mm 以上。

4 编写格式

4.1 报告、论文章、条的编号参照国家标准 GB 1.1《标准化工作导则标准编写的基本规定》第 8 章"标准条文的编排"的有关规定，采用阿拉伯数字分级编号。

4.2 报告、论文的构成(略)

5 前置部分

5.1 封面

5.1.1 封面是报告、论文的外表面，提供应有的信息，并起保护作用。

封面不是必不可少的。学术论文如作为期刊、书或其他出版物的一部分，无需封面；如作为预印本、抽印本等单行本时，可以有封面。

5.1.2 封面上可包括下列内容：

a. 分类号　在左上角注明分类号，便于信息交换和处理。一般应注明《中国图书资料类法》的类号，同时应尽可能注明《国际十进分类法 UDC》的类号。

b. 本单位编号　一般标注在右上角。学术论文无必要。

c. 密级　视报告、论文的内容，按国家规定的保密条例，在右上角注明密级。如系公开发行，不注密级。

d. 题名和副题名或分册题名　用大号字标注于明显地位。

e. 卷、分册、篇的序号和名称　如系全一册，无需此项。

f. 版本　如草案、初稿、修订版等。如系初版，无需此项。

g. 责任者姓名　责任者包括报告、论文的作者、学位论文的导师、评阅人、答辩委员会主席，以及学位授予单位等。必要时可注明个人责任者的职务、职称、学位、所在单位名称及地址；如责任者系单位、团体或小组，应写明全称和地址。

在封面和题名页上，或学术论文的正文前署名的个人作者，只限于那些对于选定研究课题和制订研究方案、直接参加全部或主要部分研究工作并作出主要贡献，以及参加撰写论文并能对内容负责的人，按其贡献大小排列名次。至于参加部分工作的合作者、按研究计划分工负责具体小项的工作者、某一项测试的承担者，以及接受委托进行分析检验和观察的辅助人员等，均不列入。这些人可以作为参加工作的人员——列入致谢部分，或排于脚注。

如责任者姓名有必要附注汉语拼音时，必须遵照国家规定，即姓在名前，名连成一词，不加连字符，不缩写。

h. 申请学位级别应按《中华人民共和国学位条例暂行实施办法》所规定的名称进行标注。

i. 专业名称　系指学位论文作者主修专业的名称。

j. 工作完成日期　包括报告、论文提交日期,学位论文的答辩日期,学位的授予日期,出版部门收到日期(必要时)。

k. 出版项　出版地及出版者名称,出版年、月、日(必要时)。

5.2 封二

报告的封二可标注送发方式,包括免费赠送或价购,以及送发单位和个人;版权规定;其他应注明事项。

5.3 题名页

题名页是对报告、论文进行著录的依据。

学术论文无需题名页。

题名页置于封二和衬页之后,成为另页的右页。

报告、论文如分装两册以上,每一分册均应各有其题名页。在题名页上注明分册名称和序号。

题名页除 5.1 规定封面应有的内容并取得一致外,还应包括下列各项:

单位名称和地址,在封面上未列出的责任者职务、职称、学位、单位名称和地址,参加部分工作的合作者姓名。

5.4 变异本

报告、论文有时适应某种需要,除正式的全文正本以外,要求有某种变异本,如:节本、摘录本、为送请评审用的详细摘要本、为摘取所需内容的改写本等。

变异本的封面上必须标明"节本、摘录本或改写本"字样,其余应注明项目,参见 5.1 的规定执行。

5.5 题名

5.5.1 题名是以最恰当、最简明的词语反映报告、论文中最重要的特定内容的逻辑组合。题名所用每一词语必须考虑到有助于选定关键词和编制题录、索引等二次文献可以提供检索的特定实用信息。

题名应该避免使用不常见的缩略词、首字母缩写字、字符、代号和公式等。

题名一般不宜超过 20 字。

报告、论文用作国际交流,应有外文(多用英文)题名。外文题名一般不宜超过 10 个实词。

5.5.2　下列情况可以有副题名:

题名语意未尽,用副题名补充说明报告论文中的特定内容。

报告、论文分册出版,或是一系列工作分几篇报道,或是分阶段的研究结果,各用不同副题名区别其特定内容。

其他有必要用副题名作为引申或说明者。

5.5.3　题名在整本报告、论文中不同地方出现时,应完全相同,但眉题可以节略。

5.6 序或前言

序并非必要。报告、论文的序,一般是作者或他人对本篇基本特征的简介,如说明研究工作缘起、背景、它旨、目的、意义、编写体例,以及资助、支持、协作经过等;也可以评述和对相关问题研究阐发。这些内容也可以在正文引言中说明。

5.7 摘要

5.7.1　摘要是报告、论文的内容不加注释和评论的简短陈述。

5.7.2　报告、论文一般均应有摘要,为了国际交流,还应有外文(多用英文)摘要。

5.7.3　摘要应具有独立性和自含性,即不阅读报告、论文的全文,就能获得必要的信息。摘要中有数据、有结论,是一篇完整的短文,可以独立使用,可以引用,可以用于工艺推广。摘要的内容应包含与报告、论文同等量的主要信息,供读者确定有无必要阅读全文,也供文摘等二次文献采用。摘要一般应说明研究工作目的、实验方法、结果和最终结论等,而重点是结果和结论。

5.7.4　中文摘要一般不宜超过 200~300 字;外文摘要不宜超过 250 个实词。如遇特殊需要字数可以略多。

5.7.5　除了实在无变通办法可用以外,摘要中不用图、表、化学结构式、非公知公用的符号和术语。

5.7.6 报告、论文的摘要可以用另页置于题名页之后,学术论文的摘要一般置于题名和作者之后、正文之前。

5.7.7 学位论文为了评审,学术论文为了参加学术会议,可按要求写成变异本式的摘要,不受字数规定的限制。

5.8 关键词 关键词是为了文献标引工作从报告、论文中选取出来用以表示全文主题内容信息款目的单词或术语。

每篇报告、论文选取 3～8 个词作为关键词,以显著的字符另起一行,排在摘要的左下方。如有可能,尽量用《汉语主题词表》等词表提供的规范词。

为了国际交流,应标注与中文对应的英文关键词。

5.9 目次页

长篇报告、论文可以有目次页,短文无需目次页。

目次页由报告、论文的篇、章、条、附录、题录等的序号、名称和页码组成,另页排在序之后。

整套报告、论文分卷编制时,每一分卷均应有全部报告、论文内容的目次页。

5.10 插图和附表清单 报告、论文中如图表较多,可以分别列出清单置于目次页之后。图的清单应有序号、图题和页码。表的清单应有序号、表题和页码。

5.11 符号、标志、缩略词、首字母缩写、计量单位、名词、术语等的注释表符号、标志、缩略词、首字母缩写、计量单位、名词、术语等的注释说明汇集表,应置于图表清单之后。

6 主体部分

6.1 格式

主体部分的编写格式可由作者自定,但一般由引言(或绪论)开始,以结论或讨论结束。

主体部分必须由另页右页开始。每一篇(或部分)必须另页起。如报告、论文印成书刊等出版物,则按书刊编排格式的规定。

全部报告、论文的每一章、条的格式和版面安排,要求划一,层次清楚。

6.2 序号

6.2.1 如报告、论文在一个总题下装为两卷(或分册)以上,或分为两篇(或部分)以上,各卷或篇应有序号。可以写成:第一卷、第二分册;第一篇、第二部分等。用外文撰写的报告、论文,其卷(分册)和篇(部分)的序号,用罗马数字编码。

6.2.2 报告、论文中的图、表、附注、参考文献、公式、算式等,一律用阿拉伯数字分别依序连续编排序号。序号可以就全篇报告、论文统一按出现先后顺序编码,对长篇报告、论文也可以分章依序编码。其标注形式应便于互相区别,可以分别为:图1、图 2.1;表 2、表 3.2;附注(1);文献[4];式(5)、式(3.5)等。

6.2.3 报告、论文一律用阿拉伯数字连续编页码。页码由书写、打字或印刷的首页开始,作为第 1 页,并为右页另页。封面、封二、封三和封底不编入页码。可以将题名页、序、目次页等前置部分单独编排页码。页码必须标注在每页的相同位置,便于识别。

力求不出空白页,如有,仍应以有页作为单页页码。

如在一个总题下装成两册以上,应连续编页码。如各册有其副题名,则可分别独立编页码。

6.2.4 报告、论文的附录依序用大写正体 A、B、C、……编序号,如:附录 A。

附录中的图、表、式、参考文献等另行编序号,与正文分开,也一律用阿拉伯数字编码,但在数码前冠以附录序码,如:图 A1;表 B2;式(B3);文献〔A5〕等。

6.3 引言(或绪论)

引言(或绪论)简要说明研究工作的目的、范围、相关领域的前人工作和知识空白、理论基础和分析、研究设想、研究方法和实验设计、预期结果和意义等。应言简意赅,不要与摘要雷同,不要成为摘要的注释。一般教科书中有的知识,在引言中不必赘述。

比较短的论文可以只用小段文字起着引言的效用。

学位论文为了需要反映出作者确已掌握了坚实的基础理论和系统的专门知识,具有开阔的科学视野,对研究方案作了充分论证,因此,有关历史回顾和前人工作的综合评述,以及理论分析等,可以单独成章,用足够的文字叙述。

6.4 正文

报告、论文的正文是核心部分,占主要篇幅,可以包括:调查对象、实验和观测方法、仪器设备、材料原料、实验和观测结果、计算方法和编程原理、数据资料、经过加工整理的图表、形成的论点和导出的结论等。

由于研究工作涉及的学科、选题、研究方法、工作进程、结果表达方式等有很大的差异,对正文内容不能作统一的规定。但是,必须实事求是,客观真切,准确完备,合乎逻辑,层次分明,简练可读。

图包括曲线图、构造图、示意图、图解、框图、流程图、记录图、布置图、地图、照片、图版等。

图应具有"自明性",即只看图、图题和图例,不阅读正文,就可理解图意。

图应编排序号(见6.2.2)。

每一图应有简短确切的题名,连同图号置于图下。必要时,应将图上的符号、标记、代码,以及实验条件等,用最简练的文字,横排于图题下方,作为图例说明。

曲线图的纵横坐标必须标注"量、标准规定符号、单位"。此三者只有在不必要标明(如无量纲等)的情况下方可省略。坐标上标注的量的符号和缩略词必须与正文中一致。

照片图要求主题和主要显示部分的轮廓鲜明,便于制版。如用放大缩小的复制品,必须清晰,反差适中。照片上应该有表示目的物尺寸的标度。

6.4.2 表

表的编排,一般是内容和测试项目由左至右横读,数据依序竖排。表应有自明性。

表应编排序号(见6.2.2)。

每一表应有简短确切的题名,连同表号置于表上。必要时应将表中的符号、标记、代码,以及需要说明事项,以最简练的文字,横排于表题下,作为表注,也可以附注于表下。

附注序号的编排,见6.2.2。表内附注的序号宜用小号阿拉伯数字并加圆括号置于被标注对象的右上角,如:×××1),不宜用星号"*",以免与数学上共轭和物质转移的符号相混。

表的各栏均应标明"量或测试项目、标准规定符号、单位"。只有在无必要标注的情况下方可省略。表中的缩略调和符号,必须与正文中一致。

表内同一栏的数字必须上下对齐。表内不宜用"同上"、"同左"、"〃"和类似词,一律填入具体数字或文字。表内"空白"代表未测或无此项,"-"或"…"(因"-"可能与代表阴性反应相混)代表未发现,"0"代表实测结果确为零。

如数据已绘成曲线图,可不再列表。

6.4.3 数学、物理和化学式

正文中的公式、算式或方程式等应编排序号(见6.2.2),序号标注于该式所在行(当有续行时,应标注于最后一行)的最右边。

较长的式,另行居中横排。如式必须转行时,只能在+,-,×,÷,<,>处转行。上下式尽可能在等号"="处对齐。

示例1:

$$W(N_1) = H_{0.1} + \int_{e^{-1}}^{-e^{-1+1}} L_{ae}^{r-2\pi i a N_1} d_a$$

$$= R(N_0) + \int_{e^{-1}}^{-e^{-1}+1} L_a^r e^{-2\pi i a N_1} d_a + O(P^{r-n-v}) \quad \cdots\cdots\cdots\cdots\cdots\cdots (1)$$

示例2:

$$f(x, y) = f(0, 0) + \frac{1}{1!}\left(x\frac{\partial}{\partial x} + y\frac{\partial}{\partial y}\right)f(0, 0)$$
$$+ \frac{1}{2!}\left(x\frac{\partial}{\partial x} + \frac{\partial}{\partial y}\right)^2 f(0, 0) + K$$
$$+ \frac{1}{n!}\left(x\frac{\partial}{\partial x} + \frac{\partial}{\partial y}\right)^n f(0, 0) + K \quad \cdots\cdots (2)$$

示例 3：
$$-\frac{8\mu}{Nz}\frac{\partial}{\partial S}\ln Q = -\left[\left(1 + \sum_{1}^{4} z_v\right) - \frac{2\mu}{z}\right]\ln\frac{\theta_\alpha(1-\theta_\beta)}{\theta_\beta(1-\theta_\alpha)}$$
$$+ \ln\frac{\lambda_\alpha}{\lambda_\beta} - z_1\ln\frac{\in_1}{\zeta_1} + \sum z_v\ln\frac{\in_v}{\zeta_v}$$
$$= 0 \quad \cdots\cdots (3)$$

小数点用"."表示。大于 999 的整数和多于三位数的小数，一律用半个阿拉伯数字符的小间隔分开，不用千位撇。对于纯小数应将 0 列于小数点之前。

示例：应该写成 94 652.023 567； 0.314 325；
　　　不应写成 94,652.023,567； .314,325。

应注意区别各种字符，如：拉丁文、希腊文、俄文、德文花体、草体；罗马数字和阿拉伯数字；字符的正斜体、黑白体、大小写、上下角标（特别是多层次，如"三踏步"）、上下偏差等。

示例：I, l, 1, i; C, c; K, k, κ; O, o, (°); S, s, 5; Z, z, 2; B, β; W, w, ω。

6.4.4　计量单位

报告、论文必须采用 1984 年 2 月 27 日国务院发布的《中华人民共和国法定计量中位》，并遵照《中华人民共和国法定计量单位使用方法》执行。使用各种量、单位和符号，必须遵循附录 B 所列国家标准的规定执行。单位名称和符号的书写方式一律采用国际通用符号。

6.4.5　符号和缩略词

符号和缩略词应遵照国家标准（见附录 B）的有关规定执行。如无标准可循，可采纳中学科或本专业的权威性机构或学术固体所公布的规定；也可以采用全国自然科学名词审定委员会编印的各学科词汇的用词。如不得不引用某些不是公知公用的、且又不易为同行读者所理解的、或系作者自定的符号、记号、缩略词、首字母缩写字等时，均应在第一次出现时一一加以说明，给以明确的定义。

6.5　结论

报告、论文的结论是最终的、总体的结论，不是正文中各段的小结的简单重复。结论应该准确、完整、明确、精练。

如果不可能导出应有的结论，也可以没有结论而进行必要的讨论。

可以在结论或讨论中提出建议、研究设想、仪器设备改进意见、尚待解决的问题等。

6.6　致谢

可以在正文后对下列方面致谢：

国家科学基金、资助研究工作的奖学金基金、合同单位、资助或支持的企业、组织成个人；协助完成研究工作和提供便利条件的组织或个人；在研究工作中提出建议和提供帮助的人；给予转载和引用权的资料、图片、文献、研究思想和设想的所有者；其他应感谢的组织或个人。

6.7　参考文献表

按照 GB 7714-87《文后参考文献著录规则》的规定执行。

7　附录

附录是作为报告、论文主体的补充项目，并不是必需的。

7.1 下列内容可以作为附录编于报告、论文后,也可以另编成册。

  a. 为了整篇报告、论文材料的完整,但编入正文又有损于编排的条理和逻辑性,这一类材料包括比正文更为详尽的信息、研究方法和技术更深入的叙述,建议可以阅读的参考文献题录,对了解正文内容有用的补充信息等;

  b. 由于篇幅过大或取材于复制品而不便于编入正文的材料;

  c. 不便于编入正文的罕见珍贵资料;

  d. 对一般读者并非必要阅读,但对本专业同行有参考价值的资料;

  e. 某些重要的原始数据、数学推导、计算程序、框图、结构图、注释、统计表、计算机打印输出件等。

7.2 附录与正文连续编页码。每一附录的各种序号的编排见 4.2 和 6.2.4。

7.3 每一附录均另页起。如报告、论文分装几册。凡属于某一册的附录应置于该册正文之后。

8 结尾部分(必要时)

  为了将报告、论文迅速存储入电子计算机,可以提供有关的输入数据。可以编排分类索引、著者索引、关键词索引等。封三和封底(包括版权页)。

附录D 《文后参考文献著录规则》（GB/T 7714—2005）

GB/T 7714-2005《文后参考文献著录规则》规定"顺序编码制"和"著者-出版年制"两种参考文献的著录方法为我国文后参考文献著录的国家标准。凡是引用已发表的文献中的观点、数据和材料等，都要在文中予以标注，并在文末列出参考文献表。

按照新的国家标准《文后参考文献著录规则》(GB/T 7714-2005)，参考文献标注法中的顺序编码制的主要要求如下：

1. 参考文献与注释应分别标注

(1) 参考文献是为撰写论文而引用的有关文献的信息资源。参考文献采用实引方式，即在文中用上角标（序号[1]、[2]……）标注，并与文末参考文献表列示的参考文献的序号及出处等信息形成一一对应的关系。同一文献被多次引用的，全文中始终标注第一次引用的序号。

文中同一处引用多个文献时，将各个文献的序号在方括号内全部列出，各序号间用","隔开；如为连续序号，可用"-"标注起讫序号。

示例：张三[1]指出……李四[2,3]认为……形成了多种数学模型[11-13]……

一篇文献如只被引用一次，页码在文末的参考文献表中著录；一篇文献如被多次引用，页码标注在文中上角标"[ ]"之外（如：[1]32、[15]256……）。

(2) 注释是对文中有关内容的解释、说明或补充，使用上角标（序号①、②……）标注，并采用脚注方式。

2. 参考文献著录项目与著录格式

(1) 专著

专著的基本著录项目与著录格式为：

[序号] 主要责任者. 题名[文献类型标志]. 出版地：出版者，出版年：引文页码.

如有其他题名信息、其他责任者等需著录的信息，其一般著录格式为：

[序号] 主要责任者. 题名：其他题名信息[文献类型标志]. 其他责任者. 版本项. 出版地：出版者，出版年：引文页码.

示例：

[1] 江平. 民法学[M]. 北京：中国政法大学出版社，2000：179-193.

[2] 金子宏. 日本税法原理[M]. 刘多田，等译. 北京：中国财政经济出版社，1989.

[3] 辛希孟. 信息技术与信息服务国际研讨会论文集：A集[C]. 北京：中国社会科学出版社，1994.

[4] 孙章法. 理性经济人的制度规则[D]. 北京：北京大学出版社，2000.

(2) 连续出版物

期刊、报纸等连续出版物的基本著录项目与著录格式为：

［序号］主要责任者.文献题名［文献类型标志］.连续出版物题名,年,(期)：页码.

如有其他题名信息、出版物卷次等需著录的信息,其一般著录格式为：

［序号］主要责任者.文献题名［文献类型标志］.连续出版物题名：其他题名信息,年,卷(期)：页码.

示例：

［1］李炳穆.理想的图书馆员和信息专家的素质与形象［J］.图书情报工作,2000,(2)：58.

［2］李晓东,张庆红,叶瑾琳.气候学研究的若干理论问题［J］.北京大学学报：自然科学版,1999,35(1)：101-106.

［3］丁文祥.数字革命与国际竞争［N］.中国青年报,2000-11-20(15).

(3) 电子文献

电子文献的基本著录项目与著录格式为：

［序号］主要责任者.题名［文献类型标志/文献载体标志］.［引用日期］.获取和访问路径.

如有其他题名信息、出版项、更新或修改日期等需著录的信息,其一般著录格式为：

［序号］主要责任者.题名：其他题名信息［文献类型标志/文献载体标志］.出版地：出版者,出版年(更新或修改日期)［引用日期］.获取和访问路径.

注：纯电子文献的出版地、出版者、出版年可省略。

电子文献转载其他非电子文献,应在源文献的著录格式后著录电子文献的引用日期和获取和访问路径,其文献类型标志使用复合标志,即［文献类型标志/文献载体标志］。

示例：

［1］Online Computer Library Center, Inc. History of OCLC［EB/OL］.［2000-01-08］. http：//www.oclc.org/about/history/default.htm.

［2］萧钰.出版业信息化迈入快车道［EB/OL］.(2001-12-19)［2002-04-15］. http：//www.creader.com/news/200112190019.htm.

(4) 析出文献

从专著、论文集等析出的文献的基本著录项目与著录格式为：

［序号］析出文献主要责任者.析出文献题名［文献类型标志］//源文献主要责任者.源文献题名.出版地：出版者,出版年：析出文献的页码.

如有其他责任者、版本项等需著录的信息,其一般著录格式为：

［序号］析出文献主要责任者.析出文献题名［文献类型标志］.析出文献其他责任者//源文献主要责任者.源文献题名.版本项.出版地：出版者,出版年：析出文献的页码.

示例：

［1］白书农.植物开花研究［M］//李承森.植物科学进展.北京：高等教育出版社,1998：146-163.

［2］韩吉人.论职工教育的特点［G］//中国职工教育研究会.职工教育研究文集.北京：人民出版社,1985：90-99.

3. 文献类型标志

文献类型标志如下：普通图书 M,会议录 C,汇编 G,报纸 N,期刊 J,学位论文 D,报告 R,标准 S,专利 P,数据库 DB,计算机程序 CP,电子公告 EB。

电子文献载体类型标志如下：磁带 MT,磁盘 DK,光盘 CD,联机网络 OL。

附录 E 2009年EI收录的中国期刊

ISSN	期　刊　名	相关链接
0567-7718	Acta Mechanica Sinica	
1006-7191	Acta Metallurgica Sinica (English Letters)	
0253-4827	Applied Mathematics and Mechanics (English Edition)	
0890-5487	China Ocean Engineering	
1004-5341	China Welding	
1004-9541	Chinese Journal of Chemical Engineering	
1022-4653	Chinese Journal of Electronics	
1000-9345	Chinese Journal of Mechanical Engineering (English Edition)	学报网站
1671-7694	Chinese Optics Letters	学报网站
1673-7350	Frontiers of Computer Science in China	期刊网址
1006-6748	High Technology Letters	
1674-4799	International Journal of Minerals, Metallurgy and Materials	
1004-0579	Journal of Beijing Institute of Technology (English Edition)	学报编辑部
1005-9784	Journal of Central South University of Technology	
1672-5220	Journal of Donghua University (English Edition)	
1005-9113	Journal of Harbin Institute of Technology (New Series)	
1001-6058	Journal of Hydrodynamics	
1005-0302	Journal of Materials Science and Technology	
1002-0721	Journal of Rare Earths	
1007-1172	Journal of Shanghai Jiaotong University (Science)	
1003-7985	Journal of Southeast University (English Edition)	
1004-4132	Journal of Systems Engineering and Electronics	
1009-6124	Journal of Systems Science and Complexity	
1003-2169	Journal of Thermal Science	

续表

ISSN	期刊名	相关链接
1000-2413	Journal of Wuhan University of Technology - Materials Science Edition	
1673-565X	Journal of Zhejiang University SCIENCE A	
1674-5264	Mining Science and Technology	
1001-0521	Rare Metals	
1006-9291	Science in China, Series B: Chemistry	
1672-1799	Science in China, Series G: Physics, Astronomy	
1005-8885	The Journal of China Universities of Posts and Telecommunications	
1005-1120	Transactions of Nanjing University of Aeronautics and Astronautics	
1003-6326	Transactions of Nonferrous Metals Society of China	
1006-4982	Transactions of Tianjin University	
1007-0214	Tsinghua Science and Technology	Editor Information
0253-4177	半导体学报	学报编辑部
1001-1455	爆炸与冲击	
0254-0037	北京工业大学学报	
1001-5965	北京航空航天大学学报	学报编辑部
1001-053X	北京科技大学学报	学报编辑部
1001-0645	北京理工大学学报	学报编辑部
1007-5321	北京邮电大学学报	学报编辑部
1000-1093	兵工学报	
1001-4381	材料工程	
1005-0299	材料科学与工艺	
1009-6264	材料热处理学报	学报网站
1005-3093	材料研究学报	
1673-3363	采矿与安全工程学报	
1001-1595	测绘学报	学报编辑部
1007-7294	船舶力学	
1000-8608	大连理工大学学报	
1004-499X	弹道学报	
1000-2383	地球科学	学报网站
1005-0388	电波科学学报	
1000-6753	电工技术学报	
1007-449X	电机与控制学报	

续 表

ISSN	期 刊 名	相关链接
1674-3415	电力系统保护与控制	学报网站
1000-1026	电力系统自动化	学报网站
1006-6047	电力自动化设备	
1001-0548	电子科技大学学报	
0372-2112	电子学报	
1009-5896	电子与信息学报	
1005-3026	东北大学学报（自然科学版）	
1001-0505	东南大学学报（自然科学版）	
1673-0224	粉末冶金材料科学与工程	
1000-3851	复合材料学报	
1003-6520	高电压技术	
1000-7555	高分子材料科学与工程	
1002-0470	高技术通讯	
1003-9015	高校化学工程学报	
1000-5773	高压物理学报	
1000-4750	工程力学	
0253-231X	工程热物理学报	
1001-9731	功能材料	
1006-2793	固体火箭技术	
0254-7805	固体力学学报	
1005-0086	光电子.激光	
1000-0593	光谱学与光谱分析	编辑部网站
1004-924X	光学精密工程	学报网站
0253-2239	光学学报	学报网站
0454-5648	硅酸盐学报	
1001-2486	国防科技大学学报	
1006-7043	哈尔滨工程大学学报	学报网站
0367-6234	哈尔滨工业大学学报	
0253-360X	焊接学报	
1005-5053	航空材料学报	
1000-8055	航空动力学报	编辑部网站
1000-6893	航空学报	学报网站

续 表

ISSN	期 刊 名	相关链接
0258-0926	核动力工程	
1001-9014	红外与毫米波学报	
1007-2276	红外与激光工程	
1000-2472	湖南大学学报（自然科学版）	
1000-565X	华南理工大学学报（自然科学版）	编辑部网站
1671-4512	华中科技大学学报（自然科学版）	
0438-1157	化工学报	
1002-0446	机器人	学报网站
0577-6686	机械工程学报	学报网站
1671-5888	吉林大学学报（地学版）	
1671-5497	吉林大学学报（工学版）	学报编辑部
1003-9775	计算机辅助设计与图形学学报	
1006-5911	计算机集成制造系统	编辑部网站
0254-4164	计算机学报	
1000-1239	计算机研究与发展	学报网站
1007-4708	计算力学学报	
1001-246X	计算物理	
1007-9629	建筑材料学报	
1000-6869	建筑结构学报	
1671-7775	江苏大学学报（自然科学版）	
1009-3443	解放军理工大学学报（自然科学版）	
0412-1961	金属学报	
0258-1825	空气动力学学报	
1000-8152	控制理论与应用	学报网站
1001-0920	控制与决策	
0459-1879	力学学报	学报网站
0253-9993	煤炭学报	学报网站
1003-6059	模式识别与人工智能	
1004-0595	摩擦学学报	
1672-6030	纳米技术与精密工程	
1005-2615	南京航空航天大学学报	
1005-9830	南京理工大学学报（自然科学版）	

续表

ISSN	期刊名	相关链接
1000-0925	内燃机工程	
1000-0909	内燃机学报	
1002-6819	农业工程学报	学报编辑部
1000-1298	农业机械学报	学报编辑部
1005-6254	排灌机械	
1001-4322	强激光与粒子束	学报编辑部
1000-0054	清华大学学报（自然科学版）	
0253-2409	燃料化学学报	
1006-8740	燃烧科学与技术	
1000-985X	人工晶体学报	无机材料期刊网
1000-9825	软件学报	学报编辑部
1006-2467	上海交通大学学报	
1000-2618	深圳大学学报（理工版）	
1000-1646	沈阳工业大学学报	学报网站
0371-0025	声学学报	
1000-7210	石油地球物理勘探	
1000-0747	石油勘探与开发	
0253-2697	石油学报	
1001-8719	石油学报：石油加工	学报网站
1672-9897	实验流体力学	学报网站
1001-6791	水科学进展	
0559-9350	水利学报	学报编辑部
1003-1243	水力发电学报	
1009-3087	四川大学学报（工程科学版）	学报编辑部
0254-0096	太阳能学报	学报编辑部
0493-2137	天津大学学报	学报编辑部
1001-8360	铁道学报	
1000-436X	通信学报	
0253-374X	同济大学学报（自然科学版）	
1000-131X	土木工程学报	学报网站
1674-4764	土木建筑与环境工程	学报网站
1001-4055	推进技术	

续表

ISSN	期刊名	相关链接
1000-324X	无机材料学报	
1671-8860	武汉大学学报(信息科学版)	
1001-2400	西安电子科技大学学报	学报网站
0253-987X	西安交通大学学报	
1000-2758	西北工业大学学报	
0258-2724	西南交通大学学报	学报网站
1002-185X	稀有金属材料与工程	
1000-6788	系统工程理论与实践	
1001-506X	系统工程与电子技术	
1007-8827	新型炭材料	
1000-6915	岩石力学与工程学报	学报网站
1000-4548	岩土工程学报	
1000-7598	岩土力学	期刊编辑部
0254-3087	仪器仪表学报	
1005-0930	应用基础与工程科学学报	学报网站
1000-6931	原子能科学技术	
1008-973X	浙江大学学报（工学版）	
1672-7126	真空科学与技术学报	
1004-6801	振动测试与诊断	
1004-4523	振动工程学报	
1000-3835	振动与冲击	
0258-8013	中国电机工程学报	
1001-7372	中国公路学报	
0258-7025	中国激光	学报网站
1000-1964	中国矿业大学学报	
1673-5005	中国石油大学学报（自然科学版）	
1001-4632	中国铁道科学	
1004-0609	中国有色金属学报	
1672-7207	中南大学学报（自然科学版）	
1000-582X	重庆大学学报	学报网站
0254-4156	自动化学报	学报网站

参考文献

[1] 邰峻,刘文科. 网络信息检索实用教程[M]. 北京:电子工业出版社,2010
[2] 刘廷元. 数字信息检索教程[M]. 上海:华东理工大学出版社,2006
[3] 刘振西,李润松,叶茜. 实用信息检索技术概论[M]. 北京:清华大学出版社,2006
[4] 刘双魁. 信息检索与利用[M]. 南京:东南大学出版社,2010
[5] 肖珑. 数字信息资源的检索与利用[M]. 北京:北京大学出版社,2003
[6] 康桂英. 网络环境下信息资源检索及毕业论文写作[M]. 北京:北京理工大学出版社,2009
[7] 胡光林,李雪萍. 电子文献检索教程[M]. 北京:北京理工大学出版社,2010
[8] 储开稳,朱昆耕. 文理信息检索与利用[M]. 武汉:华中科技大学出版社,2010
[9] 徐军玲,洪江龙. 科技文献检索(第二版)[M]. 上海:复旦大学出版社,2006
[10] 周为谋,彭豪. 大学信息检索教程[M]. 北京:北京理工大学出版社,2010
[11] 袁丽芬. 实用科技信息资源检索与利用[M]. 南京:南京大学出版社,2007
[12] 史红改,方芳. 实用网络文献信息资源检索与利用[M]. 北京:清华大学出版社,北京交通大学出版社,2009
[13] 赵乃瑄. 实用信息检索方法与利用[M]. 北京:化学工业出版社,2008
[14] 谢新洲. 网络信息检索技术与案例[M]. 北京:北京图书馆出版社,2005
[15] 张天桥,李霞. 科技论文检索、写作与投稿指南[M]. 北京:国防工业出版社,2008
[16] 隋莉萍. 网络信息检索与利用[M]. 北京:清华大学出版社,2008

图书在版编目(CIP)数据

实用科技信息检索与利用/徐军玲,徐荣华编著. —上海:复旦大学出版社,
2011.8(2020.8 重印)
(复旦博学·大学公共课系列)
21 世纪高等院校基础教育课程体系规划教材
ISBN 978-7-309-08287-6

Ⅰ. 实… Ⅱ. ①徐…②徐… Ⅲ. 科技情报-情报检索-高等学校-教材 Ⅳ. G252.7

中国版本图书馆 CIP 数据核字(2011)第 144255 号

实用科技信息检索与利用
徐军玲　徐荣华　编著
责任编辑/黄　乐

复旦大学出版社有限公司出版发行
上海市国权路 579 号　邮编:200433
网址:fupnet@fudanpress.com　http://www.fudanpress.com
门市零售:86-21-65102580　团体订购:86-21-65104505
外埠邮购:86-21-65642846　出版部电话:86-21-65642845
浙江临安曙光印务有限公司

开本 787×1092　1/16　印张 15.75　字数 383 千
2020 年 8 月第 1 版第 8 次印刷
印数 37 301—38 400

ISBN 978-7-309-08287-6/G·1002
定价:38.00 元

如有印装质量问题,请向复旦大学出版社有限公司出版部调换。
版权所有　侵权必究